最適化の数理 I

最適化の数理 I

―― 数理計画法の基礎 ――

小宮英敏 著

数理経済学叢書

知泉書館

編集委員

岩本 誠一　楠岡 成雄　武隈 愼一
原 千秋　俣野 博　丸山 徹

刊行の辞

　数理経済学研究センターは，数学・経済学両分野に携わる学徒の密接な協力をつうじて，数理経済学研究の一層の進展を図ることを目的に，平成9年に設立された．以来十数年にわたり，各種研究集会の開催，研究成果の刊行と普及などの活動を継続しつつある．

　活動の一環として，このほど知泉書館の協力により，数理経済学叢書の刊行が実現のはこびに到ったことは同人一同の深く喜びとするところである．

　この叢書は研究センターに設置された編集委員会の企画・編集により，（一）斯学における新しい研究成果を体系的に論じた研究書，および（二）大学院向きの良質の教科書を逐次刊行するシリーズである．

　数学の成果の適切な応用をつうじて経済現象の分析が深まり，また逆に経済分析の過程から数学への新たな着想が生まれるならば，これこそ研究センターの目指す本懐であり，叢書の刊行がそのための一助ともなることを祈りつつ努力したいと思う．

　幸いにしてこの叢書刊行の企てが広範囲の学徒のご賛同とご理解を得て，充実した成果に結実するよう読者諸賢のお力添えをお願いする次第である．

　本叢書の刊行にあたっては一般社団法人樫の会より助成を受けた．特に記して謝意を表する．

　　2011年4月

　　　　　　　　　　　　　　数理経済学叢書　編集委員一同

序

　本書の目的は，実数をスカラーとする有限次元線形空間における最適化理論の厳密な数学的基礎を提供することである．このような線形空間は，その次元を m とすると，数ベクトル空間 R^m と線形同形であるので，R^m を話題の中心に据えて議論することももちろん可能である．しかし，本書ではあえて抽象的な有限次元線形空間を採用した．数ベクトル空間 R^m からは，ユークリッド内積やそれに付随するユークリッドノルムという概念がほぼ自動的に連想される．ユークリッドノルム以外のいくつかのノルムへと連想が続く場合もあるだろう．しかし，本書で扱う概念にはリプシッツ連続性を除いてノルムに依存するものは無く，すべて線形構造のみに依存している．誤解の無いように申し添えるが，これらの概念はノルムを使っては定義できないということを主張しているのではない．ノルムを使っても定義できるのであるがノルムを使う必然性が無いということである．また，順序構造も取り扱うが R^m から連想される順序はいわゆる第 1 象限を正象限とする．しかし，対称行列の正定値性から導入される順序を考えてみれば直ちに了解されるように，この場合の正象限は第 1 象限とは全く異なっている．このように一般の線形空間を扱う利点は，問題の本質を明確にすることが可能となり，思考の節約を図り問題点を最短距離で理解する道筋が見え易くなることである．
　本書では有限次元線形空間を舞台として，連続性，微分可能性などの概念を再三取り上げるので位相空間に関する概念は必然的に取り扱うことになる．従って一般位相空間論の基本的な知識を読者に仮定する．そして線形代数と 2 変数関数の微分法の知識も仮定するが，それ以外の項目については自足的に解説をするつもりである．
　線形空間における位相として，線形空間の基本的演算である加法とスカラー乗法を連続にするものを考察の対象とすることは自然なことである．このよ

うな位相を一般に線形位相とよぶ．ハウスドルフの分離公理を前提とすると，幸いなことに有限次元線形空間に導入しうる線形位相はただ 1 つであることが分っている（本書定理 1.1.4）．従って，みかけ上違ってみえる点列の収束概念は実はすべて同じであることが判明する．また，ノルムから導入される距離を使って定義される位相はハウスドルフ線形位相であることは容易に確認できる．従って，いかなるノルムによる位相も上記の線形位相に他ならないことも判明するのである．本書に現れる議論は常にこの一意的に定まる線形位相を意識しながら進めていく．このことはノルムを一切使用しないと主張しているわけではない．むしろ逆で，どのノルムを使用したとしても得られる結果に差異は生じないということである．

抽象的な線形空間を積極的に扱う他の理由として，無限次元線形空間の理論への移行を容易にすることが挙げられる．無限次元最適化理論の舞台となるヒルベルト空間やバナハ空間は通常抽象線形空間に内積やノルムが与えられたという状況で理論展開がなされる．特に，バナハ空間においてはそのノルムは特別な役割を果す．すなわち，本質的に異なる様々なノルムが存在し研究対象となる概念がノルムに依存しているのである．本書の記述はこのような有限次元と無限次元の決定的な差異を明確に意識するためにも適当と判断している．

第 1 章では上述の主旨に従い本書の議論を展開する準備として有限次元線形空間の線形位相の理解を目指す．また最適化問題の理解の基礎となる凸集合の基礎理論を展開する．線形位相と凸集合は密接な関係をもっており様々な興味深い事実が知られている．そのうちで以後の議論に深く関係すると思われる結果を中心にその周辺の話題も取り上げる．そして線形写像，双線形写像の基本的性質も議論する．

第 2 章では凸解析の基本的な道具である凸集合の分離定理について解説する．分離定理は凸解析や関数解析の解説書では必ず取り上げられる題材であるが，本書では凸集合の分離定理を基礎に楔や錐の分離定理と閉性についても議論する．

最適化問題で不等式制約を考察した瞬間から何らかの順序関係を扱うことになる．第 3 章では線形空間と親和性の高い半順序としてベクトル順序を議論する．さらにその順序で 2 点の上限と下限を定義することができる線形束

まで議論を進めその特徴付けを行なう。

　第4章では凸集合の端点や端半直線といった特殊な形状と位置を占める図形に注目しこれらの凸結合として閉凸集合が表現されるという事実を紹介する。この事実は閉凸集合が自身の内部構造により表現されるという意味で内的表現と理解される。一方分離定理により閉凸集合は閉半空間の交わりとして表現することも可能である。これは外側から閉凸集合を規定していることになりその外的表現と理解することができる。この理解の下にアルキメデス的線形束の正錐の特徴付けを紹介する。さらにこれまで議論してきたことを基礎に線形不等式の族で定義される多面体の構造を明らかにする。そしてその知見に基づいて線形計画問題の双対性を議論する。

　ここまでは線形空間とその凸部分集合に関する議論が主であるが，以降線形空間あるいはその部分集合上で定義された関数の議論が始まる。第5章ではアフィン写像を興味の対象とする。アフィン写像の基本性質を研究したのち，経済学やゲーム理論で議論される多くの状況でその理論的基礎をなす期待効用理論の数学的構造を研究する。

　第6章では経済学，ゲーム理論で解の存在性の根拠となるブラウアの不動点定理の初等的な証明を紹介するとともに，凸集合の不動点性質を議論する。そして不動点定理の応用として極大元の存在定理を証明し，これを根拠にナッシュ均衡や変分不等式の解の理解を深める。

　第7章では微分法の基礎理論を展開する。これを基礎に第8章では微分可能な写像を対象とした古典的な等式制約最適化問題と不等式制約最適化問題を研究する。これらの結果と第4章の結果は第10章の議論のベンチマークとしても重要な役割を果す。

　第9章は微分可能な凸関数の基本的性質を明らかにすることが主目的である。そして，凸関数の拡張概念である準凸関数，擬凸関数も取り上げる。

　第10章では凸解析において凸関数を研究する標準的手法を紹介する。通常凸関数は線形空間の凸集合を定義域とするが，定義域以外の点ではこの凸関数は ∞ を値としてとるとし，問題としている凸関数の定義域を線形空間全体に広げて考えるという手法をとる。これは不等式制約を表す関数や最適化を目指す目的関数が凸関数である場合には合理的な手法であるため，凸解析の分野では広く使われているのである。この手法に従って必ずしも微分可能で

はない凸関数の基礎理論を展開する．そして凸関数の双対理論として有名なファンシェルの双対理論を紹介し，さらにこれまで議論してきた結果を基礎に凸写像の不等式制約下の凸関数の最適化問題の双対性を研究する．

　本書の上梓まで多くの方々のお世話になった．丸山徹慶應義塾大学教授は本書の執筆を勧めてくださった．この機会が無ければずぼらな著者は一生涯単著書を物にすることはなかったと思われる．岩本誠一九州大学名誉教授は原稿を通読くださり，的確な指摘を数多く示してくださった．また，古くからの友人である竹内幸雄氏には，著者の思慮浅薄より完成度の低い段階の原稿の通読をお願いし多大な時間の浪費を強いた．それにもかかわらずA4用紙50枚を越す有益な助言をいただいた．そして，著者の恩師である東京工業大学名誉教授高橋渉先生には本書の骨格をなす関数解析学と凸解析学の指導を学生の時より40年に亘り賜わり続けている．本書がその御恩返しとなるようであればこれに勝る幸せはない．最後になるが出版に際し知泉書館小山光夫社長は著者の遅筆を辛抱強く待ってくださった．これらの方々に深く感謝の意を表したい．

平成24年正月

小　宮　英　敏

目　次

序 …………………………………………………………………… vii

第1章　有限次元線形空間の基本性質 …………………………… 3
1.1　線形位相 ……………………………………………………… 3
1.2　凸集合の基本性質 …………………………………………… 14
1.3　劣線形汎関数とノルム ……………………………………… 19
1.4　集合の有界性と凸集合 ……………………………………… 25
1.5　線形写像とその空間 ………………………………………… 36

第2章　分離定理とその周辺 ……………………………………… 49
2.1　凸集合の分離定理 …………………………………………… 49
2.2　楔と錐の分離定理 …………………………………………… 55
2.3　凸集合，楔，錐の閉性 ……………………………………… 63

第3章　順序線形空間と線形束 …………………………………… 69
3.1　順序線形空間 ………………………………………………… 69
3.2　線形束 ………………………………………………………… 75

第4章　凸集合の端構造 …………………………………………… 93
4.1　閉凸集合の端構造 …………………………………………… 93
4.2　錐の端構造と線形束 ………………………………………… 104
4.3　多面体 ………………………………………………………… 110
4.4　線形計画問題 ………………………………………………… 119

第 5 章 アフィン写像と期待効用理論 …………………………… **127**
5.1 アフィン写像の基本性質……………………………………127
5.2 期待効用………………………………………………………132

第 6 章 不動点定理 ………………………………………………… **145**
6.1 ブラウアの不動点定理………………………………………145
6.2 非協力ゲームの基本定理……………………………………153
6.3 変分不等式……………………………………………………155

第 7 章 微 分 法 …………………………………………………… **159**
7.1 微分可能写像とその基本性質………………………………159
7.2 連続微分可能写像……………………………………………178

第 8 章 可微分最適化問題 ………………………………………… **185**
8.1 制約無しの理論………………………………………………185
8.2 等式制約下の理論……………………………………………187
8.3 不等式制約下の理論…………………………………………199

第 9 章 可微分凸関数類 …………………………………………… **213**
9.1 凸関数…………………………………………………………213
9.2 準凸関数と擬凸関数…………………………………………234

第 10 章 双対理論と凸計画問題 ………………………………… **239**
10.1 無限値をもつ凸関数…………………………………………239
10.2 ファンシェルの双対理論……………………………………249
10.3 真凸関数の双対性……………………………………………257
10.4 凸計画問題とラグランジュ双対性…………………………267

参考文献……………………………………………………………………277
索 引………………………………………………………………………279

最適化の数理 I
―― 数理計画法の基礎 ――

第1章
有限次元線形空間の基本性質

本章では有限次元線形空間の線形位相と，それに関連して凸集合特有の性質や，線形写像，双線形写像の基本的な性質を議論し，本書を読み進むための基礎的知識を確認する。

1.1 線形位相

本書では一貫して実数をスカラーとする有限次元線形空間が議論の舞台となる。従って，特に強調する必要がないかぎり「有限次元」あるいは「実」という形容詞は線形空間に付けずに議論を進める。実数空間は R と表し R には通常の位相が与えられているものとする。

線形空間に常にある種の位相を考えて議論を進めていく。一般にひとつの集合には複数の位相を導入することが可能であるが，有限次元線形空間に対しては標準的な位相が存在しその位相を前提として議論を進めていくことができる。この位相を的確に理解することが本節の目的である。読者に一般位相空間論の初歩的な素養を期待している。従って，開集合，閉集合，コンパクト，近傍系などという基本的な用語は断りなしに使っていく。

線形空間 E 上の位相 τ は，この位相に関し加法とスカラー乗法が連続であるとき線形位相であるという。加法およびスカラー乗法の連続性の正確な意味は以下のとおりである。E と E の直積 $E \times E$ に τ の直積位相を導入し，

$E \times E$ から E への写像 $a : E \times E \to E$ を

$$a(x, y) = x + y, \quad x, y \in E$$

と定義する．この写像 a が連続であるとき**加法**が**連続**であるという．また，直積 $R \times E$ に直積位相を導入し

$$m(\lambda, x) = \lambda x, \quad \lambda \in R, \, x \in E$$

と写像 $m : R \times E \to E$ を定義する．この写像 m が連続であるとき**スカラー乗法**は**連続**であるという．

　線形位相の特徴をいくつか確認してみよう．まず，E の点 x_0 を任意にとりそれを固定する．そして写像 $a_{x_0} : E \to E$ を

$$a_{x_0}(x) = x + x_0, \quad x \in E$$

と定義する．即ち，a_{x_0} は E 上の x_0 だけの平行移動を表す写像である．線形位相の定義からこの a_{x_0} は連続である．また，a_{x_0} の逆写像 $a_{x_0}^{-1}$ は

$$a_{x_0}^{-1}(x) = x - x_0$$

となっているのでこれも連続である．従って，a_{x_0} は位相同形写像であるので線形位相において原点 0 の近傍系と任意の点 x_0 の近傍系は同じ構造をもっていて，特に原点 0 の近傍系の構造を理解すれば線形位相の理解が完全にえられることになる．そこで線形位相 τ の原点 0 の近傍系を $\mathcal{N}(\tau)$ と表すことにする．また，0 でない実数 λ をひとつとり固定し，写像 $m_\lambda : E \to E$ を

$$m_\lambda(x) = \lambda x, \quad x \in E$$

と定義するとこれも連続である．そして，その逆写像 m_λ^{-1} は $m_{\lambda^{-1}}$ に等しいことは容易に確認できるので m_λ も位相同形写像である．

　線形位相 τ の 0 の近傍系 $\mathcal{N}(\tau)$ の基本的な性質を明示したものが次の命題 1.1.1 である．その第 1 の主張は $(0, 0)$ における加法 a の連続性から，第 2 と第 3 の主張は $(0, 0)$ におけるスカラー乗法 m の連続性から導かれるものである．命題 1.1.1 の主張に現れる記号や集合間の加法やスカラー乗法に関する

記法の約束をここでしておこう．$]-\delta, \delta[$ は $-\delta$ と δ を端点とする R における開区間を表す．線形空間 E の部分集合 A, B と実数空間 R の部分集合 Λ に対し，$A+B$ は E の部分集合 $\{a+b : a \in A, b \in B\}$ を表し，ΛA は E の部分集合 $\{\lambda a : \lambda \in \Lambda, a \in A\}$ を表すものとする．特に A が一点集合 $A = \{a\}$ である場合には ΛA の代わりに適宜 Λa などと略記することにする．

命題 1.1.1 線形空間 E とその上の線形位相 τ が与えられたとする．このとき以下の主張が成立する．

(1) 任意の $U \in \mathcal{N}(\tau)$ に対し，
$$V + V \subset U$$
を満たす $V \in \mathcal{N}(\tau)$ が存在する．

(2) 任意の $U \in \mathcal{N}(\tau)$ に対し，
$$]-\delta, \delta[\ V \subset U$$
を満たす $\delta > 0$ と $V \in \mathcal{N}(\tau)$ が存在する．

(3) 任意の $U \in \mathcal{N}(\tau)$ と任意の $x \in E$ に対し，
$$]-\delta, \delta[\ x \subset U$$
を満たす $\delta > 0$ が存在する．

証明

(1) 加法 $a : E \times E \to E$ は $(0,0)$ で連続であるので，$a(0,0) = 0+0 = 0$ の任意の近傍 $U \in \mathcal{N}(\tau)$ に対し，$V \in \mathcal{N}(\tau)$ が存在し，$a(V \times V) \subset U$ となっているはずである．ここで $a(V \times V) = V+V$ が成立していることに注意すれば求める結果をえる．

(2) スカラー乗法 $m : R \times E \to E$ は $(0,0)$ で連続であるので，$m(0,0) = 0 \cdot 0 = 0$ の任意の近傍 U に対し，$\delta > 0$ と $V \in \mathcal{N}(\tau)$ が存在し，$m(]-\delta, \delta[\times V) \subset U$ が成立している．$m(]-\delta, \delta[\times V) =]-\delta, \delta[\ V$ であることより求める結果をえる．

(3) 写像 $m_x : R \to E$ を
$$m_x(\lambda) = \lambda x, \quad \lambda \in R$$
と定義すると，これは連続であるので上記 2 の議論と同様にして求める結果をえる．

□

命題 1.1.1 について若干注意をしておこう．第 1 の主張を繰り返し適用することにより 3 以上の任意の自然数 n に対しても
$$\underbrace{V + V + \cdots + V}_{n \text{ 個}} \subset U$$
を満たす $V \in \mathcal{N}(\tau)$ の存在を保証することができる．また，第 2 の主張に表れる $]-\delta, \delta[\, V$ という集合は特別な形状をもっており，この集合に属する任意の点に $|\lambda| \leq 1$ なるスカラー λ をかけても再びこの集合に属する．このような集合は円形であるという．即ち，E の部分集合 A は任意の $|\lambda| \leq 1$ なる $\lambda \in R$ に対し，$\lambda A \subset A$ が成立するとき円形であるという．集合 $]-\delta, \delta[\, V$ は $(\delta/2)V$ を含み 0 の近傍であることは明らかなので，第 2 の主張は線形位相の 0 の近傍系は円形近傍からなる基本近傍系をもつと言い換えることができる．第 3 の主張は $U \in \mathcal{N}(\tau)$ を固定して考えると，E のいかなる点 x についても十分小さいスカラー λ を乗ずることにより U 内に取り込むことが可能であることを主張している．このような性質をもって U は吸収的であると表現する．即ち，E の部分集合 A は，任意の $x \in E$ について，ある $\delta > 0$ が存在し，$|\lambda| < \delta$ を満たすすべての λ について $\lambda x \in A$ が成立するとき，吸収的であるという．

これまで近傍系の考察に絡めて円形や吸収的といった線形空間 E の部分集合の形状や性質に関する定義を与えてきた．ここで本書で頻繁に登場し中心的な役割を果し近傍系とも密接な関係をもつ凸集合の定義を与えよう．E の部分集合 C は，任意の $x, y \in C$ と任意の $\lambda \in]0, 1[$ について，
$$(1-\lambda)x + \lambda y \in C$$
が成立するとき，凸集合であるという．線形部分空間や線形多様体は凸集合である．E の線形位相と凸集合は良い相性をもっており，興味深い結果がい

くつも確認されている．E の任意の部分集合 A に対し，それを含む凸集合のうちで最小であるものが存在する．実際 A を含む凸集合をすべて集め（この中にはいつも線形空間 E が含まれる）それらの共通部分を考えれば，それは A を含むことは明らかであり，どのような凸集合の族でもそれらの共通部分が凸集合となることは容易に確認できるので，これが求める A を含む最小の凸集合となる．この集合を A の凸包といい $\operatorname{co} A$ と表す．また，$\operatorname{co} A$ は A に属する点を使って，

$$\operatorname{co} A = \left\{ \sum_{i=1}^{k} \lambda_i a_i : k = 1, 2 \ldots ; \lambda_i \geq 0, \sum_{i=1}^{k} \lambda_i = 1; a_i \in A \right\}$$

と書けることは容易に確認できる．

　線形空間 E の部分集合 A は $A = -A$ を満たすとき，**対称**であるという．対称な凸集合は円形であり，0 を含むことに注意しよう．線形位相は線形空間の線形構造との関連で様々な性質をもっているが，ここではそのうちのひとつとして多角形の位相的性質を確認しておく．E 内の有限集合 A の凸包 $\operatorname{co} A$ を**多角形**とよぶ．次の定理 1.1.2 の証明に現れる標準単体について復習しておく．m を自然数とし，通常の位相をもつ実数空間 R の m 個の直積空間を R^m とかく．即ち，$R^m = \underbrace{R \times \cdots \times R}_{m \text{ 個}}$ であり R^m には直積位相を導入する．R^m の部分集合

$$S = \left\{ (\lambda_1, \ldots, \lambda_m) \in R^m : \sum_{i=1}^{m} \lambda_i = 1, \ \lambda_i \geq 0 \right\}$$

は R^m の**標準単体**とよばれ，これはコンパクトである．実際，S はコンパクト集合 $[0,1]^m = \underbrace{[0,1] \times \cdots \times [0,1]}_{m \text{ 個}}$ の閉部分集合であることは容易に確認できるのでコンパクトとなる．

定理 1.1.2 線形空間 E に線形位相 τ が与えられているとき，E 内の多角形は τ に関しコンパクトである．

証明　$A = \{a_1, \ldots, a_m\}$ を有限集合とする．写像 $f : R^m \to E$ を $f(\lambda) = \sum_{i=1}^{m} \lambda_i a_i$ と定義すると f は τ に関し連続である．コンパクトである R^m の

標準単体 S について $\operatorname{co} A = f(S)$ が成立している。従って $\operatorname{co} A$ はコンパクト集合の連続像であるのでコンパクトである。□

線形位相の定義は線形演算の連続性のみからなされるため，概念としては簡明であるが複雑な議論を展開する際には鈍重さを感じる場合もある。線形位相を計算で議論するための便利な道具としてノルムを導入する。

線形空間 E 上の実数値関数 $p: E \to R$ は，任意の $x, y \in E$ と $\lambda \in R$ に対し，以下の性質

(1) $p(x) \geq 0; \quad p(x) = 0 \Leftrightarrow x = 0$

(2) $p(\lambda x) = |\lambda| p(x)$

(3) $p(x+y) \leq p(x) + p(y)$

をもつとき，E 上のノルムであるという。線形空間 E 上にノルム p が与えられると，
$$d(x, y) = p(x - y), \quad x, y \in E$$
と写像 $d: E \times E \to R$ を定義することにより E 上の距離 d がえられ，この距離から自然に E の位相 τ_p が定義される。この位相 τ_p は距離から定義されているのでハウスドルフの分離公理を満たしている。ハウスドルフの分離公理とは，位相空間の異なる任意の 2 点 x と y について，x の近傍 U と y の近傍 V で $U \cap V = \emptyset$ を満たすものが存在することを要請する公理のことである。ハウスドルフの分離公理から保証される顕著な性質を挙げるならば，点列あるいは一般化点列の極限が一意的に定まることである。そして 1 点集合は常に閉集合であることである。

ノルム p から定義される位相 τ_p に関する著しい性質は，それがハウスドルフの分離公理を満たす線形位相であることである。

定理 1.1.3 線形空間 E 上のノルム p より定義される位相 τ_p は E のハウスドルフ線形位相である。そして，p は τ_p に関し連続である。

証明 τ_p がハウスドルフの分離公理を満たすことは明らか。加法の連続性を示すために，$x, y \in E$ を任意にとり固定し，τ_p について $x_n \to x$, $y_n \to y$

となっている E 内の任意の収束点列 $\{x_n\}$ と $\{y_n\}$ を考える。不等式

$$p((x_n + y_n) - (x + y)) \leq p(x_n - x) + p(y_n - y)$$

より $x_n + y_n \to x + y$ が導かれ加法の連続性が証明される。スカラー乗法の連続性については，$x \in E$ と $\lambda \in R$ を任意にとり固定し，τ_p について $x_n \to x$ となっている任意の収束点列 $\{x_n\}$ と $\lambda_n \to \lambda$ となっている収束数列 $\{\lambda_n\}$ を考える。このとき

$$p(\lambda_n x_n - \lambda x) = p(\lambda_n x_n - \lambda_n x + \lambda_n x - \lambda x)$$
$$\leq |\lambda_n| p(x_n - x) + |\lambda_n - \lambda| p(x)$$

より，$\lambda_n x_n \to \lambda x$ が導かれスカラー乗法の連続性が確認される。

一方，ノルムの性質より不等式

$$|p(x_n) - p(x)| \leq p(x_n - x)$$

が成立するので，τ_p に関し $x_n \to x$ ならば $p(x_n) \to p(x)$ が導かれ，p が τ_p に関し連続であることが証明される。□

線形空間 E 上のノルムと線形位相についてこれまで考察してきたが，実際に E 上のノルムや線形位相が存在することを確かめることはせずに議論を進めてきた。この辺でノルムの具体的な例をあげこれまでの考察が空虚なものではないことを明確にしておこう。E の次元を $m(m \geq 1)$ とし，E の双対空間を E^* で表す。即ち，E^* は E 上の線形汎関数全体の集合であり，線形汎関数に対し通常の加法とスカラー乗法を定義し線形空間とみなしたものである。ここで**線形汎関数**とは実数値線形写像のことを意味している。E^* の次元は E の次元 m に等しい。E の基底 $\{b_1, \ldots, b_m\}$ を1つ任意にとり，E^* におけるその双対基底を $\{b_1^*, \ldots, b_m^*\}$ とする。即ち，各 b_i^* は

$$b_i^*(b_j) = \begin{cases} 1 & j = i \\ 0 & j \neq i \end{cases}$$

を満たす E 上の線形汎関数である。

この双対基底を使い E 上の実数値関数 p_1 を

$$p_1(x) = \sum_{i=1}^m |b_i^*(x)|, \quad x \in E$$

と定義すると p_1 が E 上のノルムであることは容易に検証できる. 以上の準備の下で本書の議論の基礎をなす次の定理 1.1.4 を証明する.

定理 1.1.4 線形空間 E 上のハウスドルフ線形位相が唯一つ存在する.

証明 上記のノルム p_1 により定義される E 上のハウスドルフ線形位相を τ_1 とする. そして τ を E 上の任意のハウスドルフ線形位相とすると, τ は τ_1 に等しいことを以下に示す. 線形空間 E の次元を m とする.

線形位相 τ に関し, 命題 1.1.1 の直後の注意より, 任意の $U \in \mathcal{N}(\tau)$ に対し,

$$\underbrace{V + \cdots + V}_{m \text{ 個}} \subset U$$

となる $V \in \mathcal{N}(\tau)$ が存在する. そして命題 1.1.1(3) より, $\delta > 0$ が存在し,

$$]-\delta, \delta[b_i \subset V, \quad i = 1, \ldots, m$$

となっている. ここで, 0 を中心とし半径 δ のノルム p_1 に関する開球を B_δ とする. 即ち,

$$B_\delta = \{x \in E : p_1(x) < \delta\}$$

とする. 任意の $x \in B_\delta$ について考える. p_1 の定義よりすべての $i = 1, \ldots, m$ について $|b_i^*(x)| < \delta$ となっているので, $b_i^*(x) b_i \in V$ が成立し, よって $x = \sum_{i=1}^{m} b_i^*(x) b_i \in U$ が成立する. 従って, $B_\delta \subset U$ となり $\tau \subset \tau_1$ が証明されたことになる.

逆の包含関係を示すために S をノルム p_1 に関する単位球面とする. 即ち,

$$S = \{x \in E : p_1(x) = 1\}$$

とする. $M = \{1, \ldots, m\}$ とおき, その部分集合の全体を $\mathcal{M}$ とし, 任意の $A \in \mathcal{M}$ に対し, $B_A = \{b_i, -b_j : i \in A, j \in M \setminus A\}$ とおくと,

$$S = \bigcup_{A \in \mathcal{M}} \operatorname{co} B_A$$

が成立することは容易に確認できる. 従って, 定理 1.1.2 より S は位相 τ に関しコンパクトである. τ はハウスドルフなので S は τ に関し閉である. 明

らかに $0 \notin S$ なので，命題 1.1.1 の直後の注意より，線形位相 τ に関する 0 の円形近傍 $V \in \mathcal{N}(\tau)$ で $V \cap S = \emptyset$ となっているものが存在する。ここでノルム p_1 に関する開単位球

$$B_1 = \{x \in E : p_1(x) < 1\}$$

について，$V \subset B_1$ が成立している。もしそうでないとすると，$x \in V \setminus B_1$ なる点 x が存在するが，この場合 $p_1(x) \geq 1$ であり，V は 0 の円形近傍なので

$$\frac{1}{p_1(x)} x \in V \cap S$$

となり矛盾が生じる。よって，$\tau_1 \subset \tau$ が成立し，$\tau_1 = \tau$ をえる。□

上記のノルム p_1 の定義に際し E の基底を選びそれに依存して定義した。従って，異なる基底を選びそれに基づいて同様の仕方でノルムを定義すればそれらのノルムが相異なることは明らかである。しかし，それらのノルムから定義されるハウスドルフ線形位相はすべて等しいことを定理 1.1.4 は主張している。さらに，ノルムを経由しなくても何らかの仕方で定義されたハウスドルフ線形位相はすべて等しいことになる。以後考察の対象とする線形空間は常にこの唯一のハウスドルフ線形位相をもつものとしいちいちこの線形位相には言及しない。従って線形空間を議論の対象としたときは常にこの線形位相を考えていることになる。

ノルム p_1 の閉単位球は多角形 $\mathrm{co}\{b_i, -b_i : i = 1, \ldots, m\}$ であり，これは対称である。また，ノルムから導入される位相の原点の基本近傍系は閉単位球を B としたとき $\{\frac{1}{n} B\}_{n=1}^{\infty}$ で与えられる。そして，定理 1.1.4 より線形空間 E 上のハウスドルフ線形位相は p_1 より定義される線形位相に等しいので次の系 1.1.5 をえる。その第 2 の主張は定理 1.1.2 を根拠とする。

系 1.1.5 線形空間の原点は可算個の対称な多角形からなる基本近傍系をもつ。よって，原点は可算個のコンパクト対称凸集合からなる基本近傍系をもつ。

系 1.1.5 より E の線形位相は第 1 可算公理を満たすのでこの線形位相は点列で記述することができる。ノルム p_1 の定義から，このノルムから定義されるハウスドルフ線形位相について E 内の点列 $\{x_n\}$ が $x \in E$ に収束す

るための必要十分条件は，すべての $i=1,\ldots,m$ について数列 $\{b_i^*(x_n)\}$ が $b_i^*(x)$ に収束することであることは明らかである．そして，任意の線形汎関数 $x^* \in E^*$ は $b_1^*,\ldots,b_m^*$ の線形結合として表せるので，この同値性は任意の $x^* \in E^*$ について数列 $\{x^*(x_n)\}$ が $x^*(x)$ に収束するとしても保たれる．よって次の系 1.1.6 をえる．

系 1.1.6 線形空間 E 内の点列 $\{x_n\}$ が点 $x \in E$ に収束するための必要十分条件は，すべての $x^* \in E^*$ について数列 $\{x^*(x_n)\}$ が $x^*(x)$ に収束することである．従って，E 上の任意の線形汎関数 $x^* \in E^*$ は連続である．

次の系 1.1.7 は定理 1.1.3 と定理 1.1.4 より明らかである．

系 1.1.7 線形空間 E 上のいかなるノルムから定義される線形位相もすべて同一で，それは E 上の唯一のハウスドルフ線形位相と一致する．

系 1.1.6 において，いかなる線形汎関数も連続であることを確認したが，定理 1.1.3 と系 1.1.7 より次の系 1.1.8 が成立する．

系 1.1.8 線形空間 E 上のすべてのノルムは連続である．

次に完備性の議論に移ろう．線形空間 E の唯一のハウスドルフ線形位相を τ とする．線形空間 E 内の点列 $\{x_n\}$ は，任意の $U \in \mathcal{N}(\tau)$ に対し自然数 n_0 が存在し，$m, n \geq n_0$ なる任意の自然数 m と n について $x_m - x_n \in U$ が成立するとき，**コーシー列**であるという．E の部分集合 A は，A 内の任意のコーシー列が収束し A 内にその極限をもつとき，**完備**であるという．まず最初にコーシー列に関する特徴的な補題を証明しておく．

補題 1.1.9 収束部分列をもつコーシー列はその収束部分列の極限に収束する．

証明 $\{x_n\}$ は線形空間 E のコーシー列とし，$y \in E$ を極限とする収束部分列 $\{x_{n_k}\}$ をもつとする．任意の $U \in \mathcal{N}(\tau)$ をとる．命題 1.1.1(1) より $V+V \subset U$ を満たす $V \in \mathcal{N}(\tau)$ が存在する．$x_{n_k} \to y$ より自然数 k_0 が存在し $k \geq k_0$ なるすべての k について $x_{n_k} - y \in V$ が成立する．一方自然数 n_0 が存在し $m, n \geq n_0$ を満たすすべての m と n について $x_m - x_n \in V$ が成立してい

る。$k_1 \geq k_0$ かつ $n_{k_1} \geq n_0$ を満たす自然数 k_1 をとる。このとき，$n \geq n_{k_1}$ を満たす任意の自然数 n について

$$x_n - y = x_n - x_{n_{k_1}} + x_{n_{k_1}} - y \in V + V \subset U$$

が成立する。従って，$\{x_n\}$ は y に収束している。□

　線形空間 E が完備であることを確認する。これが確認されれば，E の任意の線形部分空間 F の E から導入される相対位相は F 自身を線形空間とみなしたときに一意的に定まるハウスドルフ線形位相と一致するので完備である。従って，F は E の閉部分集合であることが確認できる。

定理 1.1.10 線形空間 E は完備である。従って，E の線形部分空間は E の閉部分集合である。

証明 $\{x_n\}$ を E 内のコーシー列とする。系 1.1.5 より原点のコンパクト近傍 $U \in \mathcal{N}(\tau)$ をとることができるが，この U に対し自然数 n_0 が存在し $n \geq n_0$ なる任意の n について $x_n - x_{n_0} \in U$ が成立している。よって，$\{x_n\}$ の収束部分列 $\{x_{n_k}\}$ とその極限 $y \in x_{n_0} + U$ が存在する。$\{x_n\}$ がコーシー列であるので補題 1.1.9 より $\{x_n\}$ も y に収束する。よって E は完備である。□

　次の定理 1.1.11 の主張は幾何的なイメージを思い浮かべると当然と思われる内容であるが後に必要となるので証明しておく。

定理 1.1.11 線形空間 E の開かつ閉である部分集合は空集合 $\emptyset$ と全体集合 E のみである。

証明 空集合でも全体集合でもない E の開かつ閉部分集合 A が存在したとして矛盾を導く。この場合 A もその補集合 A^c も非空であり閉集合である。それぞれの集合から点 $a \in A$ と点 $b \in A^c$ をとる。

$$\lambda_0 = \sup\{\lambda \in [0,1] : (1-\lambda)a + \lambda b \in A\}$$

と定義し，$c = (1-\lambda_0)a + \lambda_0 b$ とおくと，線形演算の連続性より c は A の集積点でもあり A^c の集積点でもある。よって $c \in A \cap A^c$ をえて矛盾が生じる。□

本節の最後に線形空間 E の第 2 双対空間 E^{**} について議論しておこう。E の双対空間 E^* は線形空間となっているので，E^* の双対空間 $(E^*)^*$ を考えることができる。これを簡単に E^{**} と以後表すことにし，E の第 2 双対空間とよぶ。E の次元を m とすると E^* の次元はそれに等しい m なので，E^{**} の次元も m である。E の任意の点 x に対し E^* 上の実数値関数 $\hat{x}$ を

$$\hat{x}(x^*) = x^*(x), \quad x^* \in E^*$$

と定義すると，$\hat{x} \in E^{**}$ が成立することは容易に確認できる。これより写像

$$\hat{} : E \to E^{**}$$

をえるが，これが単射線形写像であることは容易に確認できる。そして E と E^{**} の次元が等しいことからこれは実は全単射である。本書では常にこの線形同形写像によって E と E^{**} を同一視して議論を進めていく。

1.2　凸集合の基本性質

　線形空間 E の線形位相の基本的概念として，開集合，閉集合といったものを取り上げることができるが，これらの概念は凸集合に関しては 1 次元的な概念で完全に規定される。これを理解することが本節の目的である。
　凸集合の性質を理解するときにその補助的な役割を果すものとして線形多様体の概念があるのでこれについて復習しておこう。線形空間 E の部分集合 M は E のある線形部分空間 S を平行移動したものであるとき**線形多様体**という。即ち，線形部分空間 S と E の点 x が存在し，

$$M = S + x$$

が成立するとき M は線形多様体とよばれる。このとき線形部分空間 S は一意的に定まり，x は M のいずれの点であってもよい。この S を M を生成する線形部分空間といい，S の次元のことを M の次元という。線形空間 E の線形多様体 M には E のハウスドルフ線形位相の相対位相が導入されている

と考えるが，これは M を生成する線形部分空間 S の E から導入される相対位相と同相である。S の相対位相は明らかにハウスドルフ線形位相であるので，これは S が固有にもつ定理 1.1.4 よりその存在と一意性が保証されるハウスドルフ線形位相と一致する。従って，M の相対位相は S の固有のハウスドルフ線形位相と同相となるので，定理 1.1.10 より線形多様体は完備である。よって線形多様体は E の閉部分集合である。この事実は重要なので定理の形で明示しておく。

定理 1.2.1 線形空間の任意の線形多様体は閉集合である。

E の 1 次元線形多様体のことを簡単に**直線**と表現する。線形空間 E の部分集合 A を考える。E の任意の直線 L をとり，A との交わり $A \cap L$ が常に L 内の開集合であるとき A は**線形開集合**であるという。そしてもうひとつ関連した概念を定義する。A の点 x は，x を通る任意の直線 L について，$A \cap L$ の L 内の内点となっているとき，A の**線形内点**あるいは**代数的内点**であるという。従って，点 x が A の線形内点であることは，任意の $d \in E$ に対し，$\lambda_0 > 0$ が存在し，任意の $\lambda \in [0, \lambda_0[$ について $x + \lambda d \in A$ が成立することに他ならない。一般に A の内点は線形内点であることは命題 1.1.1(3) より明らかであるが，次の定理 1.2.2 は，A が凸集合であるときは，その逆が成立することを主張している。

定理 1.2.2 線形空間 E の凸部分集合 C と C 内の点 x に対し，x が C の内点であるための必要十分条件は x が C の線形内点であることである。

証明 x は C の線形内点とする。平行移動は位相同形であるので，$x = 0$ と仮定しても一般性は失われない。0 が C の線形内点であることより，E の基底 $b_1, \ldots, b_m$ ですべての i について $\pm b_i \in C$ となっているものが存在する。この基底から第 1.1 節で定義したノルム p_1 を考えると，その閉単位球は $\{\pm b_1, \ldots, \pm b_m\}$ の凸包であるので C に含まれる。そしてこの閉単位球は 0 の近傍であるので 0 は C の内点である。

逆に x が C の内点であるとき C の線形内点であることは命題 1.1.1(3) より明らかである。□

定理 1.2.2 は凸集合が開集合であるための必要十分条件が線形開であることを主張していることになる。これを系として明示しておく。

系 1.2.3 線形空間 E の凸部分集合 C について，C が開集合であるための必要十分条件は C が線形開集合であることである。

定理 1.2.2 の他の系として凸集合の内部の性質を明らかにしておく。線形空間 E の部分集合 A の内部を記号では $\mathrm{int}\, A$ と表す。

系 1.2.4 線形空間 E の凸部分集合 C に対し，x は C の内点で y は C の点であり $\lambda \in [0,1[$ とする。このとき点 $(1-\lambda)x + \lambda y$ は C の内点である。従って凸集合 C の内部 $\mathrm{int}\, C$ は凸集合である。

証明 $z = (1-\lambda)x + \lambda y$ とおく。x は C の線形内点であるので任意の $d \in E$ に対し $\alpha > 0$ が存在し任意の $\mu \in]0, \alpha[$ に対し $x + \mu d \in C$ となっている。C は凸なので
$$z + (1-\lambda)\mu d = (1-\lambda)(x + \mu d) + \lambda y \in C$$
が成立する。よって，任意の $\nu \in]0, (1-\lambda)\alpha[$ について $z + \nu d \in C$ となり，z は C の線形内点である。従って，z は C の内点である。□

系 1.2.4 で凸集合の内部にその凸性が遺伝することを確認したが，閉包についても凸性が遺伝することを確かめておこう。線形空間 E の部分集合 A の閉包は記号では $\mathrm{cl}\, A$ と表す。

命題 1.2.5 線形空間 E の凸部分集合 C の閉包 $\mathrm{cl}\, C$ は凸集合である。

証明 $\mathrm{cl}\, C$ の任意の 2 点 x, y と $\lambda \in]0,1[$ を考える。C 内の点列 $\{x_n\}$ と $\{y_n\}$ が存在し $x_n \to x$, $y_n \to y$ となっている。加法とスカラー乗法の連続性より $(1-\lambda)x_n + \lambda y_n \to (1-\lambda)x + \lambda y$ が成立し，C の凸性より $(1-\lambda)x_n + \lambda y_n \in C$ が成立するので $(1-\lambda)x + \lambda y \in \mathrm{cl}\, C$ をえる。□

線形空間 E の部分集合 A について，A を含む最小の線形多様体を M_A と表し A から**生成される線形多様体**という。A を含む最小の線形多様体が存在することは，A を含むすべての線形多様体を考えるとそこには E が含まれそれらの交わりが A を含む最小の線形多様体となっていることを確認すればよ

いがこれは容易である．線形多様体 M_A の次元をもって部分集合 A の次元と定義する．A の点 x は M_A 内での A の内点となっているとき A の相対的内点という．また，点 x を通る M_A 内の任意の直線 L について，x が $L \cap A$ の L 内の内点となっているとき，x は A の相対的線形内点という．A が凸集合であれば，定理 1.2.2 より相対的内点と相対的線形内点は同値な概念である．

線形空間の凸部分集合は一般に内点を持つとは限らないが，相対的内点は必ず持つ．これを主張するのが次の定理 1.2.6 である．

定理 1.2.6 線形空間 E の凸部分集合 C は相対的内点をもつ．

証明 定理 1.2.2 より C が相対的線形内点をもつことを示せばよい．C が 1 点集合である場合は明らかなので，$x \in C$ で C の次元 m は 1 以上とする．凸集合 $C - x$ を C の代わりに考えることにより E の原点 0 が C に属すると仮定しても一般性は失われない．E の線形部分空間 M_C の基底 $\{b_1, \ldots, b_m\}$ ですべての i について $b_i \in C$ となっているものをとる．このとき $m+1$ 個の点 $0, b_1, \ldots, b_m$ の重心

$$a = \frac{1}{m+1} \sum_{i=1}^{m} b_i$$

を考えると，この a が C の相対的線形内点であることを以下のようにして確認できる．

任意の $d \in M_C$ をとり，$d = \sum_{i=1}^{m} \lambda_i b_i$ と実数 λ_i を使い表されているとする．任意の $\mu \in R$ について

$$a + \mu d = \sum_{i=1}^{m} \left(\frac{1}{m+1} + \mu \lambda_i \right) b_i$$

が成立する．各 b_i の係数の和 $s(\mu)$ は

$$s(\mu) = \sum_{i=1}^{m} \left(\frac{1}{m+1} + \mu \lambda_i \right) = \frac{m}{m+1} + \mu \sum_{i=1}^{m} \lambda_i$$

と計算される．従って，十分小さく μ をとれば，$0 < s(\mu) \leq 1$ で，すべての i について

$$\frac{1}{m+1} + \mu \lambda_i \geq 0$$

とすることができる。これは $a+\mu d$ が $0, s(\mu)b_1, \ldots, s(\mu)b_m$ の凸結合であることを示しているので $a+\mu d \in C$ をえる。よって a は C の相対的線形内点である。□

線形空間 E の部分集合 A について，A の相対的内点をすべて集めた集合を A の相対的内部とよび $\mathrm{ri}\, A$ と表す。そして $\mathrm{cl}\, A \setminus \mathrm{ri}\, A$ を A の相対的境界とよび $\mathrm{rb}\, A$ と表す。定理 1.2.1 より線形多様体 M_A は E の閉部分集合である。よって $\mathrm{rb}\, A$ は M_A の閉部分集合となるが，再び M_A が E の閉部分集合であることより $\mathrm{rb}\, A$ は E の閉部分集合である。そして，$\mathrm{rb}\, A = \mathrm{cl}\, A \cap \mathrm{cl}(M_A \setminus A)$ が成立する。

系 1.2.7 線形空間 E の凸部分集合 C の相対的内部 $\mathrm{ri}\, C$ は非空凸集合である。そして
$$\mathrm{cl}\, C = \mathrm{cl}(\mathrm{ri}\, C)$$
が成立する。

証明 定理 1.2.6 と系 1.2.4 より $\mathrm{ri}\, C$ が非空凸集合であることはよい。等式に関しては $\mathrm{cl}\, C \supset \mathrm{cl}(\mathrm{ri}\, C)$ は明らかであるので逆の包含関係を示す。任意の $x \in \mathrm{cl}\, C$ について x に収束する C 内の点列 $\{x_n\}$ をとる。そして y を C の相対的内点とすると
$$x = \lim_{n \to \infty} \left[\left(1 - \frac{1}{n}\right)x_n + \frac{1}{n}y\right]$$
が成立し，系 1.2.4 より $(1-1/n)x_n + y/n$ は C の相対的内点であるので x は $\mathrm{cl}(\mathrm{ri}\, C)$ に属する。□

線形空間 E の部分集合 A について，$A \cap L$ が L 内の閉集合であるとき A は線形閉集合であるという。定理 1.2.2 に示したように，凸集合に対しては開集合であることと線形開集合であることは同値であるが，閉性についても同様の関係が成立する。これを示すために補題をひとつ証明しておく。

補題 1.2.8 線形空間 E の 0 の凸近傍 U に対し，
$$\mathrm{cl}\, U = \bigcap_{\lambda > 1} \lambda U$$
が成立する。

証明 x が右辺に属していると仮定する．任意の自然数 n について，$x \in (1+1/n)U$ が成立しているので，$x_n = (n/(n+1))x$ とおくと $x_n \in U$ であり点列 $\{x_n\}$ はスカラー乗法の連続性より x に収束する．よって，$x \in \mathrm{cl}\,U$ をえる．

逆に $x \in \mathrm{cl}\,U$ と仮定する．任意の $\lambda > 1$ について，$(\lambda-1)(-U)$ は 0 の近傍である．よって，$(x + (\lambda-1)(-U)) \cap U \neq \emptyset$ となる．U が凸集合であることに注意すると，
$$x \in (\lambda-1)U + U = \lambda U$$
をえて，x は右辺に属することが証明される．□

定理 1.2.9 線形空間 E の凸部分集合 C に対し，C が閉集合であるための必要十分条件は C が線形閉集合であることである．

証明 定理 1.2.1 より直線は閉集合なので，C が閉集合であるときそれが線形閉であることは明らかである．よってその逆を示す．

$x \in \mathrm{cl}\,C$ とする．ここで，C から生成される線形多様体 M_C は閉集合なので，定理 1.2.6 を考慮すると C の内部は空ではなく，さらに 0 が C の内点であるとしても一般性は失われない．もし，x も C の内点であったとすると $x \in C$ は明らかであるので，x は内点ではないと仮定する．よって，$x \neq 0$ である．0 と x を通る直線 L と C の交わりを考えよう．補題 1.2.8 より $x \in (1+1/n)C$ がすべての自然数 n について成立する．よって，$(n/(n+1))x \in C \cap L$ が成立し，この点列は x に収束する．C が線形閉であるという仮定より $x \in C$ をえて証明が完了する．□

系 1.2.10 線形空間の線形閉凸集合はその相対的内部の閉包に等しい．

証明 定理 1.2.9 と系 1.2.7 を考え合わせれば明らかである．□

1.3 劣線形汎関数とノルム

線形空間 E 上の線形汎関数とノルムの共通の拡張概念として劣線形汎関数

がある．E 上の実数値関数 s は，任意の $x, y \in E$ と $\lambda \geq 0$ について

(1) $s(x+y) \leq s(x) + s(y)$

(2) $s(\lambda x) = \lambda s(x)$

を満たすとき**劣線形汎関数**であるという．次の命題 1.3.1 は劣線形汎関数の基本的な性質を列挙しているが，どの主張もその定義から簡単に導くことができるので証明は省略する．

命題 1.3.1 線形空間 E 上の劣線形汎関数 s について，任意の $x, y \in E$ に対し，

(1) $s(0) = 0$

(2) $-s(-x) \leq s(x)$

(3) $\max\{s(x), s(-x)\} \geq 0$

(4) $s(x) - s(y) \leq s(x-y)$

が成立する．

系 1.1.6 で線形汎関数が，そして系 1.1.8 でノルムが連続であることを示したが，劣線形汎関数という条件だけからもその連続性を結論することができる．

定理 1.3.2 線形空間 E 上の劣線形汎関数は連続である．

証明 問題とする劣線形汎関数を s とする．最初に s が下半連続であること，即ち，任意の $\alpha \in R$ について集合 $A = \{x \in E : s(x) \leq \alpha\}$ が閉集合であることを示す．A が凸集合なので定理 1.2.9 よりそれが線形閉集合であることを示せば十分である．$x_0 \in A$, $d \in E$, $\lambda_n \to \lambda$ であり，$x_0 + \lambda_n d \in A$ と仮定する．このとき

$$s(x_0 + \lambda d) = s(x_0 + \lambda_n d + \lambda d - \lambda_n d)$$
$$\leq s(x_0 + \lambda_n d) + s((\lambda - \lambda_n)d)$$

1.3 劣線形汎関数とノルム

$$\leq \alpha + |\lambda_n - \lambda| \max\{s(d), s(-d)\}$$

が成立するので, $s(x_0 + \lambda d) \leq \alpha$ となり $x_0 + \lambda d \in A$ が結論される。よって s は下半連続であることが証明された。

次に s が上半連続であること, 即ち, 任意の $\alpha \in R$ について集合 $B = \{x \in E : s(x) < \alpha\}$ が開集合であることを示そう。B は凸集合なので, 系 1.2.3 より B が線形開集合であることを示せば十分である。$x_0 \in B$ を任意にとる。さらに, $d \in E$ を任意にとる。$\lambda > 0$ として,

$$s(x_0 + \lambda d) \leq s(x_0) + \lambda s(d)$$

であり, $s(x_0) < \alpha$ であるので, $\lambda > 0$ を十分小さくとれば

$$s(x_0 + \lambda d) \leq s(x_0) + \lambda s(d) < \alpha$$

となる。従って, $x_0 + \lambda d \in B$ となり x_0 は B の線形内点であることが確認でき B は線形開集合である。これより s が上半連続であることが示せたが, すでに s が下半連続であることは示してあるので, これらを総合して s が連続であることの証明が完了した。□

線形空間 E の原点の凸近傍は特別な性質を有するのでこれについてしばらくの間考察してみよう。E の原点の凸近傍 U より E 上の非負実数値関数 $p_U : E \to [0, \infty[$ を以下のように定義することができる。

$$p_U(x) = \inf\{\lambda > 0 : x \in \lambda U\}, \quad x \in E$$

ここで下限をとる集合 $\{\lambda > 0 : x \in \lambda U\}$ は命題 1.1.1(3) より空ではないので $p_U(x)$ の値は非負実数として定まることに注意しよう。

この定義の意味を解釈してみれば明らかであるが, U を $p_U(x)$ 倍し拡大縮小したときに, ぎりぎり x を擦る倍率を表している。この汎関数 p_U は U の**ミンコフスキー汎関数**とよばれ以下の定理 1.3.3 に示すような性質をもつ。

定理 1.3.3 線形空間 E の原点の凸近傍 U に対し, そのミンコフスキー汎関数 p_U は E 上の非負値劣線形汎関数である。従って, p_U は連続である。そして, 集

合 $\{x \in E : p_U(x) \leq 1\}$ は U の閉包 $\operatorname{cl} U$ に等しく，集合 $\{x \in E : p_U(x) < 1\}$ は U の内部 $\operatorname{int} U$ に等しい。

$$\bigcap_{n=1}^{\infty} \frac{1}{n} U = \{0\}$$

が成立しているとき，$p_U(x) = 0$ であるための必要十分条件は $x = 0$ である。さらに，U が対称であるならば，p_U はノルムである。このとき，集合族

$$\left\{\frac{1}{n} U\right\}_{n=1}^{\infty}$$

は E の原点の基本近傍系をなしている。

証明 p_U が非負値であることはその定義から明らかである。p_U が劣線形汎関数であることを示す。x, y を E の任意の 2 点とする。そして $p_U(x) < \lambda$, $p_U(y) < \mu$ を満たす任意の実数 λ と μ をとる。$\lambda, \mu > 0$ と U が 0 を含む凸集合であることより，

$$x + y \in \lambda U + \mu U = (\lambda + \mu) U$$

が成立するので，$p_U(x+y) \leq \lambda + \mu$ をえる。これより

$$p_U(x+y) \leq p_U(x) + p_U(y)$$

が成立する。また，任意の $\lambda \geq 0$ に対し，$p_U(\lambda x) = \lambda p_U(x)$ が成立することは p_U の定義より明らかである。以上で p_U が劣線形汎関数であることが証明された。よって定理 1.3.2 より p_U は連続である。

p_U の連続性より以下の包含関係

$$\{x \in E : p_U(x) < 1\} \subset \operatorname{int} U \subset \operatorname{cl} U \subset \{x \in E : p_U(x) \leq 1\}$$

は明らかである。$x \in \operatorname{int} U \setminus \{0\}$ とし，0 と x を通る直線 L を考える。$L \cap U$ は x を越えて延びているので $p_U(x) < 1$ をえる。よって，

$$\operatorname{int} U = \{x \in E : p_U(x) < 1\}$$

が成立する。また，$p_U(x) = 1$ とすると p_U の定義より任意の $\lambda > 1$ に対し $x \in \lambda U$ が成立している。よって，$x \in \bigcap_{\lambda > 1} \lambda U$ がえられ，補題 1.2.8 より $x \in \mathrm{cl}\, U$ をえる。従って，

$$\mathrm{cl}\, U = \{x \in E : p_U(x) \leq 1\}$$

が成立する。

次に，$\bigcap_{n=1}^{\infty} \frac{1}{n} U = \{0\}$ とする。0 と異なる点 $x \in E$ を任意にとると，ある自然数 n について $x \notin \frac{1}{n} U$ となっている。U の凸性より $0 < \lambda \leq 1/n$ ならば $x \notin \lambda U$ が成立するので $p_U(x) \geq 1/n$ が演繹され $p_U(x) > 0$ をえる。p_U は劣線形汎関数であるので $p_U(0) = 0$ は明らかであるので以上で $p_U(x) = 0$ と $x = 0$ の同値性が証明された。

さらに U が対称であると仮定すると，$p_U = p_{-U}$ が成立する。また，ミンコフスキー汎関数の定義より，すべての $x \in E$ について $p_{-U}(-x) = p_U(x)$ が成立するので，$p_U(x) = p_U(-x)$ が成立する。よって，$\lambda < 0$ とすると

$$p_U(\lambda x) = p_U((-\lambda)(-x)) = -\lambda p_U(-x) = |\lambda| p_{-U}(-x) = |\lambda| p_U(x)$$

が成立するので p_U はノルムである。

p_U がノルムであることが確認できたので，系 1.1.7 より E の 0 の任意の近傍 V に対し，

$$\left\{ x \in E : p_U(x) \leq \frac{1}{n} \right\} \subset V$$

となる自然数 n が存在する。包含関係

$$\frac{1}{n} U \subset \left\{ x \in E : p_U(x) \leq \frac{1}{n} \right\}$$

は容易に確認できるので，これより $\{(1/n)U\}_{n=1}^{\infty}$ は E のハウスドルフ線形位相の 0 の基本近傍系をなすことが分る。□

定理 1.3.3 によると線形空間 E の異なる 0 の対称閉凸近傍のミンコフスキー汎関数は異なる。従って，E 上のノルムは非常に多く存在することが実感できるだろう。次にノルムと劣線形汎関数との間の大小関係について考察する。

定理 1.3.4 線形空間 E 上のノルム p と劣線形汎関数 s を考える。このとき，$\alpha > 0$ が存在してすべての $x \in E$ について

$$s(x) \leq \alpha p(x)$$

が成立する。

証明 $s = 0$ の場合は明らかに成立するので $s \neq 0$ とする。E の原点のコンパクト近傍をひとつとりそれを $U \in \mathcal{N}(\tau)$ とする。系 1.1.5 よりこのような U の存在は保証されている。系 1.1.7 より十分小さい $\delta > 0$ をとれば，

$$\{x \in E : p(x) \leq \delta\} \subset U$$

となっている。そして，

$$S = \{x \in E : p(x) = \delta\}$$

とおくと，系 1.1.8 より p は連続なので S はコンパクト集合 U に含まれる閉集合である。よって S はコンパクトである。定理 1.3.2 より s は連続であり S 上で最大値をとるので

$$\gamma = \max_{x \in S} s(x)$$

とおく。命題 1.3.1(3) より $\gamma \geq 0$ であるが，$s \neq 0$ なので $\gamma > 0$ である。そして 0 とは異なる任意の点 x をとる。このとき $\delta x / p(x) \in S$ となっているので，

$$\frac{\delta s(x)}{p(x)} = s\left(\frac{\delta x}{p(x)}\right) \leq \gamma$$

より，

$$s(x) \leq \frac{\gamma}{\delta} p(x)$$

が成立する。□

　系 1.1.7 によると，線形空間 E 上のすべてのノルムは E に同一の位相を導入する。ノルムが劣線形汎関数であることに留意すると，定理 1.3.4 より系 1.1.7 を精緻化した次の系 1.3.5 をえる。

系 1.3.5 線形空間 E 上の2つのノルム p と q に対し, 2つの正実数 $\alpha, \beta > 0$ が存在して, すべての $x \in E$ について

$$\alpha p(x) \leq q(x) \leq \beta p(x)$$

が成立する.

次の命題1.3.6は劣線形汎関数が線形汎関数となるための条件を示している.

命題 1.3.6 線形空間 E 上の劣線形汎関数 s について, s が線形汎関数であるための必要十分条件は, 任意の $x \in E$ に対し,

$$s(x) = -s(-x)$$

が成立することである.

証明 必要性は明らかなので十分性を示す. 任意の $x, y \in E$ について,

$$\begin{aligned} s(x+y) &= -s(-x-y) \\ &\geq -(s(-x) + s(-y)) \\ &= s(x) + s(y) \end{aligned}$$

が成立するが, 逆向きの不等号は明らかに成立するので, $s(x+y) = s(x)+s(y)$ をえる. また, 任意の $\lambda < 0$ と $x \in E$ について,

$$s(\lambda x) = s((-\lambda)(-x)) = -\lambda s(-x) = \lambda s(x)$$

が成立するので, 任意の実数 λ について, $s(\lambda x) = \lambda s(x)$ をえる. 以上で s が線形であることが示せた. □

1.4 集合の有界性と凸集合

本節では線形空間 E の部分集合の有界性を議論する. E 内の多角形は有限集合から生成される凸集合なので, 有界集合の代表的なものとみなすことが

できるだろう．従って，E の部分集合 A はある多角形に含まれるとき有界であると定義する．この有界性の定義からすぐに結論できるが，有界集合の部分集合は有界であり，有限個の有界集合の和集合は有界である．

我々は有界集合をある多角形に含まれる集合として直感的に定義したが，次の命題 1.4.1 に示すように実はこの有界性の定義は線形空間の線形位相と深い繋がりがある．

命題 1.4.1 線形空間 E の部分集合 A が有界であるための必要十分条件は，E の原点の任意の近傍 U に対し，$\lambda > 0$ が存在し $\lambda U \supset A$ となることである．

証明 十分性．系 1.1.5 より E の原点は多角形の近傍 U をもつ．仮定より $\lambda U \supset A$ となる $\lambda > 0$ が存在するが，λU が多角形であることは明らかなので A の有界性がえられる．

必要性．A が有界であると仮定すると多角形 $P = \mathrm{co}\{x_1, \ldots, x_m\}$ が存在し $A \subset P$ が成立している．一方，U を E の原点の任意の近傍とすると，系 1.1.5 より $V \subset U$ なる原点の凸近傍 V が存在する．命題 1.1.1(3) より $\delta > 0$ が存在し，すべての $i = 1, \ldots, m$ について $\delta x_i \in V$ となっている．よって

$$\delta A \subset \delta \mathrm{co}\{x_1, \ldots, x_m\} = \mathrm{co}\{\delta x_1, \ldots, \delta x_m\} \subset V \subset U$$

が成立し，$A \subset (1/\delta)U$ をえる．□

次の命題は集合の有界性をノルムや線形汎関数を使い特徴付けたものであり，我々の有界性の定義の正当性を支持するものと考えられる．実数空間 R の部分集合が有界であることは，その集合がある有限閉区間に含まれることである．

命題 1.4.2 線形空間 E の部分集合 A について，以下のそれぞれの主張は互いに同値である．

(1) A は有界である．

(2) E 上のあるノルム p について $p(A)$ は有界である．

(3) E 上のすべてのノルム p について $p(A)$ は有界である．

(4) E 上のすべての線形汎関数 $x^* \in E^*$ について $x^*(A)$ は有界である。

証明 (1)⇒(3) p を E 上の任意のノルムとする。A を含む多角形を $P = \mathrm{co}\{x_1, \ldots, x_n\}$ とすると，任意の $x \in A$ について

$$p(x) \leq \max_{i=1,\ldots,n} p(x_i)$$

が成立するので (3) が成立することは明らかである。

(3)⇒(4) 任意の $x^* \in E^*$ をとる。これに $y_2^*, \ldots, y_m^* \in E^*$ を付け加えて $\{x^*, y_2^*, \ldots, y_m^*\}$ が双対空間 E^* の基底となるようにする。ここで E の次元を m としている。そして，

$$p(x) = \max\{|x^*(x)|, |y_2^*(x)|, \ldots, |y_m^*(x)|\}, \quad x \in E$$

とおけば，p が E 上のノルムであることは容易に確認できる。仮定より $p(A)$ は有界であるので $x^*(A)$ も有界となる。

(4)⇒(2) $\{x_1^*, \ldots, x_m^*\}$ を E^* のひとつの基底とする。上記と同様

$$p(x) = \max_{i=1,\ldots,m} |x_i^*(x)|$$

は E 上のノルムである。そして仮定より $x_i^*(A)$ がすべての $i = 1, \ldots, m$ について有界なので $p(A)$ は有界である。

(2)⇒(1) P を多角形である E の原点の近傍とする。このような P の存在は系 1.1.5 より保証されている。系 1.1.7 よりノルム p に関する原点を中心とし半径 λ の閉球 B_λ が $B_\lambda \subset P$ を満たすような $\lambda > 0$ が存在する。$p(A)$ が有界であるとの仮定より $\sup p(A) = \alpha$ とおくと，

$$A \subset \frac{\alpha}{\lambda} B_\lambda \subset \frac{\alpha}{\lambda} P$$

が成立することは容易に確認できるので，A は多角形 $(\alpha/\lambda)P$ に含まれ有界である。□

以下有界性との関連で期待される基本的な主張を挙げておく。まず収束点列の有界性である。

系 1.4.3 線形空間内の収束点列は有界である。

証明 様々な証明法があるが一例として，系 1.1.6 より任意の線形汎関数は連続であることと命題 1.4.2(4) を考え合わせればよい．□

次の定理 1.4.4 はコンパクト性の特徴付けである．

定理 1.4.4 線形空間 E の部分集合 K について，K がコンパクトであるための必要十分条件はそれが有界閉集合であることである．

証明 定理 1.1.2 より任意の多角形はコンパクトであり，有界集合はある多角形に含まれるので，十分性は明らかである．

必要性については，コンパクトであれば閉集合であることは E の線形位相がハウスドルフの分離公理を満たすことよりよい．また，系 1.1.5 より E の原点は有界な近傍をもつのでそれを U とすると，K のコンパクト性より有限個の点 $x_1,\ldots,x_n \in E$ が存在し $K \subset \bigcup_{i=1}^{m}(x_i + U)$ が成立している．各 $x_i + U$ は有界であるので K は有界である．□

ここで有限次元ハウスドルフ線形位相の特徴的な事実を証明しておく．この結果自身基本的で興味深いものであるが第 6 章で必要となる．

定理 1.4.5 線形空間 E の原点の任意のコンパクト凸近傍は互いに位相同形である．

証明 U と V を E の原点のコンパクト凸近傍とする．

$$W = U \cap V \cap (-U) \cap (-V)$$

とおくと W は原点の対称コンパクト凸近傍である．W と U が位相同形であることを示す．これが示されれば同様にして W と V が位相同形であることをえて証明が完了する．

定理 1.4.4 より W と U は有界であるので命題 1.4.2 を考慮すると

$$\bigcap_{n=1}^{\infty} \frac{1}{n}W = \bigcap_{n=1}^{\infty} \frac{1}{n}U = \{0\}$$

が成立する．従って定理 1.3.3 より W のミンコフスキー汎関数 p_W はノルムであり，U のミンコフスキー汎関数 p_U は劣線形汎関数で $x \neq 0$ である $x \in E$

に対し $p_U(x) > 0$ が成立する。E から E への写像 $f\colon E \to E$ を

$$f(x) = \begin{cases} \dfrac{p_U(x)}{p_W(x)}x & x \neq 0 \\ 0 & x = 0 \end{cases}$$

と定義する。この f が $E \setminus \{0\}$ 上で連続であることは p_U, p_W が連続であることより明らかである。また，f が $x = 0$ において連続であることは以下のようにして確認できる。系 1.3.5 より $p_U \leq \beta p_W$ を満たす $\beta > 0$ が存在するので，任意の $x \in E$ と $x^* \in E^*$ について $|x^*(f(x))| \leq \beta |x^*(x)|$ が成立する。従って 0 に収束する任意の点列 $\{x_n\}$ について数列 $\{x^*(f(x_n))\}$ は 0 に収束する。系 1.1.6 より点列 $\{f(x_n)\}$ は 0 に収束しているので f は 0 で連続である。

f が単射であることを以下のようにして示すことができる。$x, y \in E$ で $f(x) = f(y)$ が成立しているとする。$f(x) = f(y) = 0$ の場合は $x = y = 0$ が演繹される。従って，$f(x) = f(y) \neq 0$ と仮定しても一般性は失われない。このとき f の定義より，x も y も 0 ではなく，$y = \lambda x$ を満たす $\lambda > 0$ が存在する。よって，

$$f(x) = f(y) = f(\lambda x) = \lambda f(x)$$

が演繹される。これより $\lambda = 1$ となり $x = y$ をえる。従って，f は単射である。

次に $f(W) = U$ を示す。任意の $x \in W$ をとる。$x = 0$ のときは $f(x) = 0 \in U$ をえるので $x \neq 0$ とする。$W \subset U$ なのでミンコフスキー汎関数の定義より $p_W \geq p_U$ が成立している。そして，定理 1.3.3 より $p_W(x) \leq 1$ であるので，

$$p_U(f(x)) = p_U\left(\frac{p_U(x)}{p_W(x)}x\right) = \frac{p_U(x)^2}{p_W(x)} \leq 1$$

が成立する。よって再び定理 1.3.3 より $f(x) \in U$ をえる。従って $f(W) \subset U$ が成立する。

$y \in U$ を任意にとる。$y = 0$ のときは $x = 0$ とすれば $f(x) = y$ となるので $y \neq 0$ とする。このとき，

$$x = \frac{p_W(y)}{p_U(y)}y$$

とおくと，$f(x) = y$ が成立することは容易に確認できる。従って，$f(W) = U$ が証明できた。

f は連続であり，W がコンパクトで E の線形位相がハウスドルフの分離公理を満たしているので，W と U は位相同形である。□

線形空間 E の部分集合で，$e \in E$ と 0 と異なる $d \in E$ を使って

$$e + [0, \infty[d = \{e + \lambda d : \lambda \in [0, \infty[\}$$

とかける集合を e を始点とし d 方向にのびる**閉半直線**という。そして $\lambda = 0$ をゆるさない場合，即ち，

$$e +]0, \infty[d = \{e + \lambda d : \lambda \in]0, \infty[\}$$

を e を始点とし d 方向にのびる**開半直線**という。開半直線と閉半直線をまとめて**半直線**という。また，上記 d のことを半直線の方向ベクトルとよぶこともある。

命題 1.4.6 半直線は有界ではない。

証明 開半直線を $e +]0, \infty[d$ が有界でないことを示せば十分である。$d \neq 0$ なので $x^*(d) = 1$ となる $x^* \in E^*$ が存在する。このとき，$x^*(e +]0, \infty[d) =]x^*(e), \infty[$ であることは容易に確認できるので命題 1.4.2(4) に留意すれば $e +]0, \infty[d$ は有界ではない。□

線形空間において凸集合と線形部分空間との間に位置する概念として楔と錐がある。線形空間 E の部分集合 W は次の 2 つの性質を満たすとき**楔**であるという。

(1) $W + W \subset W$

(2) $\lambda W \subset W, \quad \lambda \geq 0$

明らかに楔は凸集合であり，$L_W = W \cap (-W)$ とおくと，L_W は E の線形部分空間である。この線形部分空間 L_W は W に含まれる最大の線形部分空間である。この L_W を W の線形要素空間という。L_W が 0 次元，即ち，$\{0\}$ に等しい場合 W は**錐**であるという。即ち，E の部分集合 K は次の 3 つの性質を満たすとき錐であるという。

(1) $K + K \subset K$

(2) $\lambda K \subset K, \quad \lambda \geq 0$

(3) $K \cap (-K) = \{0\}$

原点のみの集合 $\{0\}$ は楔でも錐でもあるが，これを自明な楔または自明な錐とよぶことにする．さらに，これは線形部分空間でもあるがやはり自明な線形部分空間ともいうことにする．これらの言葉使いはその状況に応じて使い分けることにする．また，1点集合を自明な線形多様体とよぶこともある．文献によっては本書で楔と定義している概念を凸錐とよび，本書の錐を尖凸錐とよぶことがある．そしてこれらの用語の方が広く使われているが，本書では図形的なイメージを尊重して上記の用語を使うことにした．

命題 1.4.6 より，自明でない楔，錐，線形多様体はすべて有界ではない．この楔や錐という概念は今後本書では再三再四現れる重要な概念である．

線形空間 E の閉凸部分集合 C に対し，その遠離楔 0^+C を

$$0^+C = \{d \in E : \exists x \in C, \ x + [0, \infty[d \subset C\}$$

と定義する．この定義の意味するところは，d が 0^+C に属するならば，x から d の方向にいくら遠くまで離れていっても C から飛び出すことはないということである．このことをもって遠離楔とよんでいる．C から遠く離れていく方向ではないということに注意する．文献によってはこの遠離楔のことを漸近錐あるいは後退錐とよぶことがある．この遠離楔という概念は閉凸集合の細かい性質を分析するために以後有効に使われる．遠離楔という名前よりこれは楔であることが期待されるがこのことについては命題 1.4.8 で明らかにする．次の補題 1.4.7 で遠離楔の基本性質を確認しておく．

補題 1.4.7 線形空間 E の閉凸部分集合 C を考える．このとき以下の命題は互いに同値である．

(1) $d \in 0^+C$

(2) $\lim_{n \to \infty} \lambda_n x_n = d$ を満たす C の点列 $\{x_n\}$ と 0 に収束する正数列 $\{\lambda_n\}$ が存在する．

(3) $\forall x \in C,\ x + [0, \infty[\, d \subset C$

従って，任意の $x \in C$ について，

$$0^+C = \bigcap_{\lambda > 0} \lambda(C - x)$$

が成立する。

証明 (1) $\Rightarrow$ (2)　$d \in 0^+C$ とする。C 内に点 x が存在し任意の自然数 n について $x + nd \in C$ となっているので $x_n = x + nd$ とおくと $\lim_{n \to \infty} x_n/n = d$ であることは明らかであるので，$\lambda_n = 1/n$ とみなせばよい。

(2) $\Rightarrow$ (3)　$\lim_{n \to \infty} \lambda_n x_n = d$ を満たす C 内の点列 $\{x_n\}$ と 0 に収束する正数列 $\{\lambda_n\}$ が存在したとし，$x \in C$ と $\lambda \geq 0$ を任意にとる。このとき，$\lim_{n \to \infty} \lambda_n(x_n - x) = d$ に注意すると，

$$\begin{aligned}x + \lambda d &= x + \lim_{n \to \infty} \lambda \lambda_n (x_n - x) \\ &= \lim_{n \to \infty} (1 - \lambda \lambda_n) x + \lim_{n \to \infty} \lambda \lambda_n x_n \\ &= \lim_{n \to \infty} [(1 - \lambda \lambda_n) x + (\lambda \lambda_n) x_n]\end{aligned}$$

が成立するが，十分大きい n については $\lambda \lambda_n < 1$ が成立するので C の凸性より $(1 - \lambda \lambda_n)x + (\lambda \lambda_n)x_n \in C$ をえる。そして C は閉集合であるので $x + \lambda d \in C$ をえる。

(3) $\Rightarrow$ (1) は明らかである。

最後の等式は (1) と (3) の同値性を考慮すると明らかである。□

次の命題 1.4.8 は遠離楔の基本的な性質を述べたものである。

命題 1.4.8　線形空間 E の閉凸部分集合 C と，その共通部分が空ではない閉凸集合の族 $\{C_\alpha\}$ に対し以下の主張が成立する。

(1) 0^+C は閉楔である。

(2) 任意の $x \in C$ に対し，$x + 0^+C \subset C$ が成立する。

(3) C が楔 W を含むなら，$W \subset 0^+C$ が成立する。特に，C が閉楔であるときには $C = 0^+C$ が成立する。

(4) 任意の $x \in C$ に対し，0^+C は $C - x$ に含まれる最大の閉楔である．

(5) $0^+(-C) = -0^+C$ が成立する．

(6) 等式
$$0^+\left(\bigcap_\alpha C_\alpha\right) = \bigcap_\alpha 0^+C_\alpha$$
が成立する．

証明 (1) 0^+C が閉集合であることは補題 1.4.7 の等式より明らかなので，0^+C が楔であることを証明しよう．点 $x \in C$ をひとつとり固定して考える．$d, e \in 0^+C$ とすると任意の $\lambda \geq 0$ に対し，$x + \lambda d \in C$ と $x + \lambda e \in C$ が成立している．C は凸集合なので，
$$x + \frac{\lambda}{2}(d + e) = \frac{1}{2}(x + \lambda d) + \frac{1}{2}(x + \lambda e) \in C$$
が成立する．$\lambda \geq 0$ は任意であったので，補題 1.4.7 より $d + e \in 0^+C$ をえる．また，任意の $\mu \geq 0$ をとる．任意の $\lambda \geq 0$ について $\lambda\mu \geq 0$ であるので，$x + \lambda(\mu d) \in C$ が成立する．よって，μd は 0^+C に属し，0^+C が楔であることが示せた．

(2) $d \in 0^+C$ とすると補題 1.4.7 よりすべての $\lambda \geq 0$ について $x + \lambda d \in C$ が成立しているが，特に $\lambda = 1$ とすると $x + d \in C$ をえる．よって $x + 0^+C \subset C$ が成立する．

(3) $W \subset C$ より C は E の原点を含む．$d \in W$ とすると W が楔であることより $0 + \lambda d \in W \subset C$ がすべての $\lambda \geq 0$ について成立する．これは $d \in 0^+C$ を意味するので $W \subset 0^+C$ をえる．

さらに C が閉楔である場合には，$0 \in C$ と (2) を考え合わせれば $0^+C \subset C$ もえられ，$C = 0^+C$ が成立する．

(4) 0^+C が $C - x$ に含まれる閉楔であることは (1) と (2) より明らかである．W を $C - x$ に含まれる任意の閉楔とする．このとき (3) より
$$W = 0^+W \subset 0^+(C - x)$$
が成立するが，$0^+(C - x) = 0^+C$ が成立することは容易に確認できるので，$W \subset 0^+C$ をえる．以上で 0^+C は $C - x$ に含まれる最大の閉楔であることが示された．

(5) C と $-C$ の遠離楔の定義より明らかである。

(6) $0^+ \left(\bigcap_\alpha C_\alpha \right) \subset \bigcap_\alpha 0^+ C_\alpha$ は明らかなので逆向きの包含関係を示す。$\bigcap_\alpha C_\alpha$ の点 x をひとつとり固定する。$d \in \bigcap_\alpha 0^+ C_\alpha$ とすると $x + [0, \infty[d \subset C_\alpha$ がすべての α について成立するので $x + [0, \infty[d \subset \bigcap_\alpha C_\alpha$ をえる。よって $d \in 0^+ \left(\bigcap_\alpha C_\alpha \right)$ が成立する。□

次に閉凸集合の有界性に関する主張を述べておこう。

定理 1.4.9 線形空間 E の閉凸部分集合 C に対し以下の主張は互いに同値である。

(1) C は有界である。

(2) C は半直線を含まない。

(3) $0^+ C = \{0\}$ が成立する。

証明 (1) $\Rightarrow$ (2) は命題 1.4.6 より明らかで，(2) $\Rightarrow$ (3) は遠離楔 $0^+ C$ の定義より明らかなので，(3) $\Rightarrow$ (1) を示す。

これまではノルムは線形空間上の実数値関数であることを意識して主に p という記号を使ってきたが，これからは通常のノルムの記号 $\|\cdot\|$ を使っていくことにする。E 上のノルム $\|\cdot\|$ をひとつ考える。C が有界でないと仮定すると，命題 1.4.2 より C 内の点列 $\{x_n\}$ で $\|x_n\| \geq n$ を満たすものが存在する。$d_n = x_n / \|x_n\|$ とおくと d_n はコンパクト集合内にあるためその部分列を考えることによりある点 d に収束しているとしても一般性は失われない。そして $\|d\| = 1$ が成立しているので d は 0 ではない。$\lambda_n = 1/\|x_n\|$ とおけば明らかに $\{\lambda_n\}$ は 0 に収束する正数列であり，$\lambda_n x_n$ は d に収束しているので，補題 1.4.7 より $d \in 0^+ C$ となり仮定に矛盾する。□

命題 1.4.8 より閉凸集合 C の遠離楔 $0^+ C$ は楔である。楔 $0^+ C$ の線形要素空間 $L_C = 0^+ C \cap (-0^+ C)$ を閉凸集合 C の**線形要素空間**とよぶ。特に，C が閉楔であるときには命題 1.4.8(3) より従来の楔の線形要素空間の定義とこの定義は整合している。閉凸集合の線形要素空間について次の定理 1.4.10 が成立する。

定理 1.4.10 線形空間 E の閉凸部分集合 C を考える。C の線形要素空間 L_C は C に含まれる線形多様体を生成する線形部分空間の中で最大のものである。

証明 C の点 x をとり線形多様体 $x + L_C$ を考える。命題 1.4.8(2) より

$$x + L_C \subset x + 0^+C \subset C$$

が成立するので，L_C は C に含まれる線形多様体を生成している。

M を $M \subset C$ を満たす任意の線形多様体とする。点 $x \in M$ をひとつとる。$M - x \subset C - x$ が成立し，$M - x$ は E の線形部分空間であるので閉楔である。従って，命題 1.4.8(4) より $M - x \subset 0^+C$ が成立する。さらに $M - x$ は線形部分空間であるので，

$$M - x = -(M - x) \subset -(C - x) = -C - (-x)$$

が成立する。これより再び命題 1.4.8(4) を適用すると $M - x \subset 0^+(-C)$ をえるが，命題 1.4.8(5) より $0^+(-C) = -0^+C$ なので $M - x \subset -0^+C$ が成立する。従って，$M - x \subset L_C$ をえるので，L_C は M を生成する線形部分空間を含む。以上で L_C が C に含まれる線形多様体を生成する線形部分空間の中で最大のものであることが示された。□

次の系 1.4.11 は定理 1.4.9 の主張と類似している。

系 1.4.11 線形空間 E の閉凸部分集合 C に対し以下の主張は互いに同値である。

(1) C は直線を含まない。

(2) $L_C = \{0\}$ が成立する。

(3) 0^+C は錐である。

線形空間 E の部分集合 A は，任意の直線との交わりが有界であるとき線形有界であるという。凸集合については，線形開と通常の開，線形閉と通常の閉が同値であることを第 1.2 節で示したが，有界性についても同様の結果が成立する。

定理 1.4.12 線形空間 E の凸部分集合 C に対し, C が有界であるための必要十分条件は C が線形有界であることである.

証明 必要性は明らかなので十分性を示す. 即ち, C が線形有界であると仮定して C が有界であることを示す. 定理 1.2.6 を考慮し適当に C を平行移動させ, C から生成される線形多様体を全体空間と考えることにより C は E の 0 の近傍であると仮定しても一般性は失われない. 補題 1.2.8 より $\mathrm{cl}\, C \subset 2C$ が成立している. 従って, 任意の直線 L に対し,

$$\mathrm{cl}\, C \cap L \subset (2C) \cap L = 2\left(C \cap \frac{1}{2}L\right)$$

が成立する. C は線形有界であるので $C \cap (1/2)L$ は有界である. よって $\mathrm{cl}\, C \cap L$ は有界となり $\mathrm{cl}\, C$ が線形有界であることをえる. もし $\mathrm{cl}\, C$ が有界でないとすると, 命題 1.2.5 より $\mathrm{cl}\, C$ は閉凸集合であるので, 定理 1.4.9 より $\mathrm{cl}\, C$ は半直線を含む. しかし, 補題 1.4.6 よりこれは $\mathrm{cl}\, C$ が線形有界ではないことを示しており矛盾が生じる. 従って $\mathrm{cl}\, C$ は有界であり, その部分集合である C も有界である. □

これまでに線形位相に関する凸集合の位相的性質の最も基本的な概念である開性, 閉性, 有界性がすべて 1 次元の概念で記述できることを確認してきた. これらのうち閉性と有界性を組み合わせることにより次の系をえる.

系 1.4.13 線形空間 E の凸部分集合 C について, C がコンパクトであるための必要十分条件は C が線形閉かつ線形有界であることである.

証明 定理 1.2.9 と定理 1.4.4 と定理 1.4.12 を考え合わせればよい. □

1.5 線形写像とその空間

これまでは線形空間 E に導入される唯一のハウスドルフ線形位相に関連する様々な事実を紹介してきた. 本節では 2 つの線形空間の間に定義された個々の線形写像の性質を調べると共に線形写像からなる線形空間の性質も同時に議論していこう.

1.5　線形写像とその空間

系 1.1.6 によりすべての線形汎関数は連続であることが確認されているが，さらにいかなる線形写像も連続であることを証明することができる。

定理 1.5.1 線形空間 E と F の間の線形写像 $S : E \to F$ は連続である。

証明　任意の $y^* \in F^*$ をとり，S との合成写像 $y^* \circ S$ を作る。これは E^* の要素であるので系 1.1.6 より連続である。従って，E 内の任意の点 x に収束する任意の点列 $\{x_n\}$ について，数列 $\{y^*(S(x_n))\}$ は $y^*(S(x))$ に収束する。ふたたび系 1.1.6 より点列 $\{S(x_n)\}$ は $S(x)$ に収束することをえるので S は連続である。□

いかなる線形写像も連続であることを定理 1.5.1 に示したが，ここでは定理 1.2.2 の 1 つの応用として線形写像が開写像であるための条件を与える。位相空間から他の位相空間への写像が**開写像**であるとは定義域の任意の開集合のその写像による像が値域において開集合であることをいう。

定理 1.5.2 線形空間 E から線形空間 F への線形写像 $S : E \to F$ について，S が開写像であるための必要十分条件は S が全射であることである。

証明　必要性。S が開写像であるとすると，$S(E)$ は F の開部分線形空間となるが，定理 1.1.10 と定理 1.1.11 よりこれは F に一致しなければならない。よって S は全射である。

十分性。S が全射であると仮定する。E の 0 の任意の凸近傍 U に対し $S(U)$ が F の 0 の近傍であることを示せば十分である。$S(U)$ は凸集合なので，定理 1.2.2 より 0 が $S(U)$ の線形内点であることを示せばよい。点 $y \in F$ を任意にとり $S^{-1}(y)$ 内の任意の点 x をとる。0 は U の線形内点なので，$\lambda_0 > 0$ が存在し，すべての $\lambda \in [0, \lambda_0[$ について $\lambda x \in U$ となっている。従って，$\lambda y = \lambda S(x) = S(\lambda x) \in S(U)$ が成立し，0 は $S(U)$ の線形内点である。□

ふたつの線形空間 E と F が与えられたとき，E から F への線形写像の全体の集合を $L(E, F)$ と表そう。任意の $S, T \in L(E, F)$ と $\lambda \in R$ に対し，

$$(S + T)(x) = S(x) + T(x), \quad x \in E$$

$$(\lambda S)(x) = \lambda S(x), \quad x \in E$$

と加法とスカラー乗法を定義することにより $L(E,F)$ は線形空間となることはよく知られた事実である。さらに，E と F の次元をそれぞれ n, m とすると，$L(E,F)$ の次元は nm である。従って，$L(E,F)$ は有限次元線形空間であるので定理 1.1.4 より唯一のハウスドルフ線形位相をもつが，ここでその線形位相について理解を深めておくことにしよう。$L(E,F)$ の位相としてすぐ思いつくものとして各点収束位相が考えられる。$L(E,F)$ 内の写像列 $\{S_n\}$ は，E の各点 x について $\{S_n(x)\}$ が $S(x)$ に収束することをもって S に収束すると考えるのである。実際この考えを実現するように $L(E,F)$ に線形位相を定義することが可能である。しかし，もう少し厳しく考え E のあらゆる有界集合上で一様に $\{S_n\}$ が S に収束することをもって，$\{S_n\}$ が S に収束するとみなす線形位相を定義することも可能である。このように各点収束位相と有界集合上の一様収束位相と一見違うように思える線形位相は共にハウスドルフの分離公理を満たし実は一致しているのである。即ち，$L(E,F)$ においてはある列が各点収束しているならば，すでにその列は有界集合上で一様収束している。

ここではこの $L(E,F)$ がもつ唯一のハウスドルフ線形位相をノルムを使って理解してみよう。E のノルムをひとつとりそれを $\|\cdot\|$ とする。また，F のノルムをひとつとりそれをやはり $\|\cdot\|$ で表す。異なる 2 つのノルムを同じ記号で表すことになるが混乱は生じないだろう。ここで各 $S \in L(E,F)$ に対し

$$\|S\| = \max_{\|x\|\leq 1} \|S(x)\|$$

と定義する。系 1.1.8 より任意のノルムは連続であるのでその閉単位球は閉集合であり，そして命題 1.4.2 より有界であるので，定理 1.4.4 よりこの閉単位球はコンパクトである。よって上式右辺の最大値は確かに達成される。この $\|\cdot\|$ は $L(E,F)$ 上のノルムとなっていることは容易に確認できる。特に $F = R$ の場合は $L(E,R)$ は E の双対空間 E^* と一致し E^* 上のノルムを定義することになるが，このノルムを元の E 上のノルムの**双対ノルム**とよぶ。ここで $L(E,F)$ 上のノルムも上記ふたつのノルムと同じ記号を使っているが，文脈を考慮すれば混乱することはないだろう。このノルム $\|\cdot\|$ から導入されるハウスドルフ線形位相において $\{S_n\}$ が S に収束しているときは $\{S_n\}$ は S に E の閉単位球 C 上で一様に収束している。任意の有界集合 B に対し，

適当なスカラー $\lambda > 0$ をとれば $B \subset \lambda C$ となっているので B 上でも $\{S_n\}$ は S に一様収束していることになる。$L(E,F)$ の任意のノルムから定義される線形位相は同一であるので，いかなるノルムも有界集合上の一様収束位相を定義していることになる。さらに E から $L(E,F)$ への線形写像全体からなる線形空間 $L(E,L(E,F))$ にも同様の考えでノルムを導入することができる。即ち，各 $S \in L(E,L(E,F))$ に対し，

$$\|S\| = \max_{\|x\| \leq 1} \|S(x)\|$$

と定義する。この式は形式上上記の $L(E,F)$ のノルム $\|\cdot\|$ を定義する式と同じであるが意味は違う。この定義式の右辺の $S(x)$ は $L(E,F)$ の点であるので，右辺の $\|\cdot\|$ は上で定義した $L(E,F)$ 上のノルムであり，F 上のノルムではないことに注意する。

$S \in L(E,F)$ の場合は $\|S(x)\| \leq \|S\|\|x\|$ が任意の $x \in E$ に対し成立し，$S \in L(E,L(E,F))$ の場合は $\|S(x)(y)\| \leq \|S\|\|x\|\|y\|$ が任意の $x,y \in E$ に対し成立することは容易に検証できる。さらに G を3つめの線形空間としたとき，$S \in L(E,F)$ と $T \in L(F,G)$ に対しその合成写像 $T \circ S$ は線形写像，即ち，$T \circ S \in L(E,G)$ であり不等式

$$\|T \circ S\| \leq \|T\|\|S\|$$

が成立することも容易に確認できる。

次元が等しい線形空間 E と F について，E から F への全単射線形写像の全体を $L(E,F)$ の部分集合として捉えたとき，それが開集合であることを証明しておこう。

定理 1.5.3 線形空間 E と F は同じ次元をもち，E から F への全単射線形写像の全体を $I(E,F)$ とする。このとき $I(E,F)$ は $L(E,F)$ の開部分集合である。

証明 $S \in I(E,F)$ を任意にとり固定する。E, F 上のノルムを任意にとり，それらから上記のように定義される $L(E,F)$ と $L(F,E)$ 上のノルムを考える。これら4つのノルムはすべて同じ記号 $\|\cdot\|$ で表すが混乱は生じないはずであ

る。すべての $x \in E$ について，$\|x\| = \|S^{-1}(S(x))\| \leq \|S^{-1}\|\|S(x)\|$ より

$$\|S(x)\| \geq \frac{1}{\|S^{-1}\|}\|x\|$$

が成立する。$L(E,F)$ 内の S を中心とする半径 $1/\|S^{-1}\|$ の開球

$$U = \left\{T \in L(E,F) : \|T - S\| < \frac{1}{\|S^{-1}\|}\right\}$$

を考える。$T \in U$ とすると，すべての $x \in E$ について，

$$\begin{aligned}
\|T(x)\| &= \|(S + (T - S))(x)\| \\
&\geq \|S(x)\| - \|(T - S)(x)\| \\
&\geq \|S(x)\| - \|T - S\|\|x\| \\
&\geq \frac{1}{\|S^{-1}\|}\|x\| - \|T - S\|\|x\| \\
&= \left(\frac{1}{\|S^{-1}\|} - \|T - S\|\right)\|x\|
\end{aligned}$$

が成立する。従って，$T(x) = 0$ より $x = 0$ が導かれ，T は単射である。よって，$T \in I(E,F)$ が成立し $U \subset I(E,F)$ をえて，$I(E,F)$ は開集合であることが証明された。□

2つの線形空間 E と F の次元が等しいとき，定理1.5.3によりすべての全単射線形写像の集合 $I(E,F)$ は $L(E,F)$ の開部分集合である。そして，$I(E,F)$ から $L(F,E)$ への写像 inv を

$$\mathrm{inv}(S) = S^{-1}, \quad S \in I(E,F)$$

で定義する。次の定理1.5.4はこの写像 inv が連続であることを主張している。

定理 1.5.4 線形空間 E と F は同じ次元をもつとし，E から F への全単射線形写像の全体を $I(E,F)$ とする。このとき写像 $\mathrm{inv} : I(E,F) \to L(F,E)$ は連続である。

証明 $S, S_n \in I(E,F)$ で点列 $\{S_n\}$ は S に収束しているとして，点列 $\{S_n^{-1}\}$ が S^{-1} に収束することを示す。すべての自然数 n について $\|S_n - S\| \leq 1/2\|S^{-1}\|$

が成立しているとしても一般性は失われない．このとき，定理 1.5.3 の証明に現れた一連の不等式で T の代わりに S_n を考えると

$$\|S_n(x)\| \geq \frac{\|x\|}{2\|S^{-1}\|}$$

がすべての $x \in E$ について成立する．よって，すべての $y \in F$ について

$$\|y\| \geq \frac{\|S_n^{-1}(y)\|}{2\|S^{-1}\|}$$

が成立する．この y として特に $\|y_n\| = 1$ で $\|S_n^{-1}(y_n)\| = \|S_n^{-1}\|$ となる y_n をとると，すべての n に対し，

$$\|S_n^{-1}\| \leq 2\|S^{-1}\|$$

をえる．そして

$$\begin{aligned}\|S_n^{-1} - S^{-1}\| &= \|S_n^{-1} \circ (S - S_n) \circ S^{-1}\| \\ &\leq \|S_n^{-1}\|\|S - S_n\|\|S^{-1}\| \\ &\leq 2\|S^{-1}\|^2 \|S_n - S\|\end{aligned}$$

が成立する．この不等式より点列 $\{S_n^{-1}\}$ は S^{-1} に収束することが確認でき写像 inv は連続である．□

　線形空間 E と F を考える．これらの間の線形写像 $S : E \to F$ に対し，その共役写像とよばれる F^* から E^* への線形写像 S^* を

$$S^*(y^*)(x) = y^*(S(x)), \quad y^* \in F^*,\ x \in E$$

と定義する．S^* が線形写像であることはその定義より容易に確認できる．さらに第 1.1 節の最後で注意したように E は E の第 2 双対空間 E^{**} と同一視することができる．この同一視を考慮すると S の第 2 共役写像 $S^{**} = (S^*)^*$ は E から F への線形写像である．そして

$$S^{**}(x)(y^*) = S^*(y^*)(x) = y^*(S(x)), \quad y^* \in E^*,\ x \in E$$

が成立するので $S^{**}(x) = S(x)$ をえて $S^{**} = S$ が成立する．線形写像 S とその共役写像 S^* の間には次の定理 1.5.5 に示す関係が成立している．

定理 1.5.5 線形空間 E と F の間の線形写像 $S : E \to F$ が全射であるための必要十分条件はその共役写像 S^* が単射であることである．また，S が単射であるための必要十分条件は S^* が全射であることである．

証明 S が全射であると仮定する．$y^* \in F^*$ で $S^*(y^*) = 0$ とする．任意の $x \in E$ について $S^*(y^*)(x) = 0$，即ち，$y^*(S(x)) = 0$ が成立するが S が全射であることより $y^* = 0$ をえて S^* が単射であることが示せた．

逆に S^* が単射であると仮定する．もし S が全射でないとすると $y \in F \backslash S(E)$ を満たす y が存在する．このとき $y^*(S(E)) = \{0\}$ かつ $y^* \neq 0$ である $y^* \in F^*$ が存在する．$S^*(y^*)(E) = \{0\}$ より $S^*(y^*) = 0$ であるが $y^* \neq 0$ なので S^* が単射であるという仮定に矛盾する．

後半の主張については本定理の直前に注意したように S^* の共役写像が S に等しいので，前半の主張より明らかである．□

合成写像の共役写像について次の命題 1.5.6 が成立する．

命題 1.5.6 線形空間 E, F, G とそれらの間に定義された線形写像 $S \in L(E, F)$, $T \in L(F, G)$ が与えられたとする．S と T の合成 $T \circ S \in L(E, G)$ に対し，

$$(T \circ S)^* = S^* \circ T^*$$

が成立する．

証明 任意の $z^* \in G^*$ と $x \in E$ に対し，

$$\begin{aligned}
((T \circ S)^*(z^*))(x) &= z^*((T \circ S)(x)) \\
&= z^*(T(S(x))) \\
&= (T^*(z^*))(S(x)) \\
&= (S^*(T^*(z^*)))(x) \\
&= ((S^* \circ T^*)(z^*))(x)
\end{aligned}$$

が成立するので，$(T \circ S)^*(z^*) = (S^* \circ T^*)(z^*)$ をえて，最終的に $(T \circ S)^* = S^* \circ T^*$ をえる．□

1.5 線形写像とその空間

線形空間 E の線形部分空間を L とし，その補空間のひとつを M とする。即ち，M は E の線形部分空間であり，

$$L + M = E, \quad L \cap M = \{0\}$$

が成立している。線形部分空間 L の上への M に沿った**射影**を P とする。即ち，P は，各 $x \in E$ に対し，

$$x = y + z, \quad y \in L, z \in M$$

という一意的な表現により，$P(x) = y$ と定義された線形写像である。射影 P の値域を線形空間 E とみなすこともその部分空間 L とみなすこともできるが，その状況により適当な方をとることにする。射影の共役写像について次の命題 1.5.7 が成立するが，その証明は容易であるので省略する。

命題 1.5.7 線形空間 E の線形部分空間 L とその補空間のひとつ M が与えられたとする。L の上への M に沿った射影を $P : E \to L$ とする。ここで射影 P の値域は L としている。このとき，任意の $y^* \in L^*$ に対し，

$$P^*(y^*)(x) = \begin{cases} y^*(x) & x \in L \\ 0 & x \in M \end{cases}$$

が成立する。即ち，$P^*(y^*)$ は M 上で 0 となるように y^* を拡張した E 上の線形汎関数である。

本節の最後にあたり双線形写像を取り上げその関連の結果を紹介する。3つの線形空間 E, F, G について，直積空間 $E \times F$ から G への写像 $B : E \times F \to G$ は，任意の $(x, y) \in E \times F$ に対し

(1) E から G への写像 $z \mapsto B(z, y)$ は線形写像である。

(2) F から G への写像 $z \mapsto B(x, z)$ は線形写像である。

という性質をもつとき**双線形写像**であるという。

定理 1.5.1 で線形写像は常に連続であることを示したが，双線形写像についても同様の結果が成立する。

定理 1.5.8 線形空間 E, F, G について任意の双線形写像 $B : E \times F \to G$ は連続である。

証明 B が $(0,0) \in E \times F$ において連続であることを示せば十分である。G の 0 の凸近傍 W を任意にとる。E の 0 の多角形近傍 $U = \mathrm{co}\{x_1, \ldots, x_m\}$ と F の 0 の多角形近傍 $V = \mathrm{co}\{y_1, \ldots, y_l\}$ をとる。命題 1.1.1(3) より実数 $\lambda > 0$ が存在し,任意の $i = 1, \ldots, m$ と $j = 1, \ldots, l$ について

$$B(\lambda x_i, \lambda y_j) = \lambda^2 B(x_i, y_j) \in W$$

が成立する。

U に属する任意の点 $x = \sum_{i=1}^{m} \lambda_i x_i$ と V に属する任意の点 $y = \sum_{j=1}^{l} \mu_j y_j$ をとる。ここで $\lambda_i, \mu_j \geq 0$ で $\sum_{i=1}^{m} \lambda_i = \sum_{j=1}^{l} \mu_j = 1$ が満たされているとする。このとき,

$$B(\lambda x, \lambda y) = \lambda^2 B(x, y) = \sum_{i=1}^{m} \sum_{j=1}^{l} \lambda_i \mu_j \lambda^2 B(x_i, y_j) \in W$$

が成立し,これより $\lambda U \times \lambda V \subset B^{-1}(W)$ をえる。よって, $B^{-1}(W)$ は $(0,0)$ の近傍となり, B は $(0,0)$ で連続である。□

系 1.5.9 線形空間 E, F, G と線形写像を要素とする線形空間 $L(E, F)$, $L(F, G)$, $L(E, G)$ について,直積空間 $L(E, F) \times L(F, G)$ から $L(E, G)$ への写像 $\mathrm{comp} : L(E, F) \times L(F, G) \to L(E, G)$ を

$$\mathrm{comp}(S, T) = T \circ S$$

と定義すると comp は連続である。ここで $T \circ S$ は線形写像 S と線形写像 T の合成写像を表す。

証明 写像 comp が双線形であることは明らかであるので定理 1.5.8 が適用可能である。□

定理 1.5.10 線形空間 E, F, G について $B : E \times F \to G$ は双線形写像とする。E, F, G 上それぞれのノルムを任意にとり,それらを同じ記号 $\|\cdot\|$

1.5 線形写像とその空間

で表す．このとき，これらの3つのノルムに対し，$c \geq 0$ が存在し，すべての $x \in E, y \in F$ について，

$$\|B(x,y)\| \leq c\|x\|\|y\|$$

が成立する．

証明 E の閉単位球を C，F の閉単位球を D とすると命題 1.4.2 と定理 1.4.4 より C も D もコンパクトなのでそれらの直積 $C \times D$ はコンパクトである．定理 1.5.8 より B は連続であり，G 上のノルムも連続なので，その合成写像 $(x,y) \mapsto \|B(x,y)\|$ は連続である．従って，この汎関数は $C \times D$ 上で最大値に達するのでその最大値を c とする．$x \in E$ と $y \in F$ を任意にとる．$x = 0$ または $y = 0$ のときは証明すべき不等式は明らかに成立しているので $x \neq 0$ かつ $y \neq 0$ と仮定する．このとき $x/\|x\| \in C$，$y/\|y\| \in D$ が成立しているので，

$$\left\| B\left(\frac{x}{\|x\|}, \frac{y}{\|y\|}\right) \right\| \leq c$$

が成立するが，これより求める不等式が導かれることは B の双線形性より明らかである．□

第1変数と第2変数が共通に線形空間 E を定義域とする実数値双線形写像，即ち，**双線形汎関数** $b : E \times E \to R$ を考える．双線形汎関数 b は，すべての $x, y \in E$ に対し，

$$b(x,y) = b(y,x)$$

が成立するとき**対称**であるという．対称双線形汎関数 b を使い，

$$\tilde{b}(x) = b(x,x), \ x \in E$$

と定義した E 上の汎関数 $\tilde{b} : E \to R$ を対称双線形汎関数 b より導入される **2次形式**という．2次形式 $\tilde{b}$ が連続であることは b が連続であることより明らかである．2次形式 $\tilde{b} : E \to R$ は，すべての $x \in E$ について $\tilde{b}(x) \geq 0$ が成立するとき**非負定値**であるという．この場合 $\tilde{b}$ を導入した対称双線形汎関数 b が非負定値であるということもある．そして $x \neq 0$ なるすべての $x \in E$ について $\tilde{b}(x) > 0$ であるとき**正定値**であるという．**非正定値**，**負定値**の定義も

同様である．そして，対称双線形汎関数の正定値性，非正定値性，負定値性
も同様に定義する．

次の定理 1.5.11 は 2 次形式を導入する対称双線形汎関数が一意に決定され
ることを主張している．

定理 1.5.11 線形空間 E と E 上の対称双線形汎関数 $b: E \times E \to R$ を考え，
$\tilde{b}: E \to R$ は b より導入される 2 次形式とする．このとき

$$b(x,y) = \tilde{b}\left(\frac{x+y}{2}\right) - \tilde{b}\left(\frac{x-y}{2}\right)$$

が成立する．

証明 右辺を定義に従って計算すれば自然に左辺に達する．□

線形空間 E 上の正定値対称双線形汎関数は通常内積とよばれる．線形空間
E の基底 $\{b_1, \ldots, b_m\}$ をひとつとりその双対基底 $\{b_1^*, \ldots, b_m^*\}$ を使い，E
の任意の元 x と y に対し

$$b(x,y) = \sum_{i=1}^{m} b_i^*(x) b_i^*(y)$$

と定義すれば b が内積であることをみるのは容易である．従って線形空間に
は内積が必ず存在する．

逆に E 上の内積をひとつ任意にとったとき上記の方法である基底からこの
内積が定義されるか否かという問題が自然に提起されるが，その解答は線形
代数の理論で必ず登場するグラム–シュミットの正規直交化法が与えている．
E 上の任意の内積 b が与えられたとする．E の基底 $\{b_1, \ldots, b_m\}$ を任意にと
り内積 b に関しこの基底を正規直交化したものを $\{e_1, \ldots, e_m\}$ とすると，こ
れは E の基底であり，

$$b(e_i, e_j) = \begin{cases} 1 & i = j \\ 0 & i \neq j \end{cases}$$

が成立する．この基底の双対基底 $\{e_1^*, \ldots, e_m^*\}$ を使うと，任意の $x, y \in E$ は

$$x = \sum_{i=1}^{m} e_i^*(x) e_i, \quad y = \sum_{i=1}^{m} e_i^*(y) e_i$$

と表現されるので，b の双線形性より

$$b(x,y) = \sum_{i=1}^{m} e_i^*(x)e_i^*(y)$$

をえる。

第 2 章

分離定理とその周辺

―――――

本章では本書で度々推論の基礎となる凸集合の分離定理を議論する。さらに第 1 章で導入した楔や錐に関する分離定理も紹介し，楔，錐の基本性質を明らかにする。

2.1 凸集合の分離定理

線形汎関数と劣線形汎関数との間の基本的な関係を捉えた次の定理 2.1.1 から始める。そのグラフを思い浮かべると，この定理は劣線形汎関数は線形汎関数により下から支持できることを主張していると考えられる。

定理 2.1.1 線形空間 E 上の任意の劣線形汎関数 s と任意の点 $x_0 \in E$ に対し，$x^* \leq s$ かつ $x^*(x_0) = s(x_0)$ を満たす $x^* \in E^*$ が存在する。ここで $x^* \leq s$ はすべての $x \in E$ について $x^*(x) \leq s(x)$ が成立することを示す。

証明 E の次元 m に関する帰納法で証明する。

$m = 1$ の場合を証明する。$x_0 \neq 0$ のときは，$E = \{\lambda x_0 : \lambda \in R\}$ とかける。E 上の線形汎関数 x^* を

$$x^*(\lambda x_0) = \lambda s(x_0), \quad \lambda \in R$$

と定義する。$\lambda \geq 0$ については $x^*(\lambda x_0) = s(\lambda x_0)$ が成立し，特に $x^*(x_0) =$

$s(x_0)$ である。$\lambda < 0$ については，命題 1.3.1(2) より

$$x^*(\lambda x_0) = \lambda s(x_0) = -s(-\lambda x_0) \leq s(\lambda x_0)$$

が成立する。よって，$x^* \leq s$ をえて，$m = 1$ の場合が証明された。

次に，$m = k$ の場合に成立すると仮定して $m = k+1$ の場合を証明する。E は $k+1$ 次元とし x_0 を含む E の k 次元部分空間をひとつとりそれを F とする。$z \in E \setminus F$ を任意にとり固定すると，$E = F + [z]$ が成立している。ここで，$[z]$ は z から生成される E の 1 次元線形部分空間である。s の F への制限を考えることにより，帰納法の仮定より F 上の線形汎関数 y^* で，$y^* \leq s$ かつ $y^*(x_0) = s(x_0)$ を満たすものが存在する。$x, y \in F$ を任意にとる。

$$\begin{aligned} y^*(x) - y^*(y) &= y^*(x-y) \\ &\leq s(x-y) \\ &= s((x+z)+(-y-z)) \\ &\leq s(x+z) + s(-y-z) \end{aligned}$$

が成立するので

$$-y^*(y) - s(-y-z) \leq -y^*(x) + s(x+z)$$

をえる。従って，

$$\sup_{y \in F} \{-y^*(y) - s(-y-z)\} \leq \alpha \leq \inf_{x \in F} \{-y^*(x) + s(x+z)\}$$

を満たす実数 α が存在するのでこの α を使い

$$x^*(x + \lambda z) = y^*(x) + \lambda \alpha, \quad \lambda \in R$$

と E 上の線形汎関数 x^* を定義する。このとき，$x^*(x_0) = s(x_0)$ は明らかである。$\lambda > 0$ のときは，上記の右側の不等式より，すべての $x \in F$ について

$$\begin{aligned} \lambda \alpha &\leq \lambda \left(-y^*\left(\frac{x}{\lambda}\right) + s\left(\frac{x}{\lambda} + z\right) \right) \\ &= -y^*(x) + s(x + \lambda z) \end{aligned}$$

となり，
$$y^*(x) + \lambda\alpha \leq s(x + \lambda z)$$
をえる。$\lambda < 0$ の場合も，上記の左側の不等式より同様の不等式をえる。従って，任意の $\lambda \in R$ に対し
$$x^*(x + \lambda z) \leq s(x + \lambda z)$$
をえて証明が完了する。□

定理 2.1.1 を利用し凸集合の分離定理を確立する。

線形空間 E の 2 つの部分集合 A と B を考える。E 上の 0 ではない線形汎関数 $x^* \in E^*$ について
$$\sup\{x^*(x) : x \in A\} \leq \inf\{x^*(y) : y \in B\}$$
が成立しているとき，x^* は A と B を**分離**するという。特にこの不等式が厳密であるとき，即ち，
$$\sup\{x^*(x) : x \in A\} < \inf\{x^*(y) : y \in B\}$$
が成立するとき，x^* は A と B を**強分離**するという。仮定は比較的強いが結論として強分離を主張する分離定理を証明しておこう。

定理 2.1.2 線形空間 E のコンパクト凸部分集合 A と閉凸部分集合 B は交わりをもたないとすると，A と B を強分離する線形汎関数 $x^* \in E^*$ が存在する。

証明 閉凸集合とコンパクト凸集合の差は閉集合であるので，$C = B - A$ は閉凸集合である。そして，それらは交わりをもたないので $0 \notin C$ となる。もし $\{0\}$ と C を強分離する $x^* \in E^*$ の存在を証明できたとすると，
$$0 = x^*(0) < \inf\{x^*(c) : c \in C\}$$
をえるが，これを変形することにより
$$\sup\{x^*(a) : a \in A\} < \inf\{x^*(b) : b \in B\}$$

を導くことができるので証明が完了する．よって，以降は原点のみからなる集合 $\{0\}$ と 0 を含まない閉凸集合 C の強分離に集中して証明を行なう．

C と交わらない 0 の開凸近傍 U と C の元 c_0 をとり，0 の開凸近傍 $V = U - C + c_0$ を考える．V のミンコフスキー汎関数を p_V とすると，p_V は定理 1.3.3 より劣線形汎関数であり，定理 2.1.1 より $x^* \leq p_V$ かつ $x^*(c_0) = p_V(c_0)$ をみたす $x^* \in E^*$ が存在する．点 c_0 については $c_0 \notin V$ であることに注意すると，$p_V(c_0) \geq 1$ であるので $x^*(c_0) \geq 1$ が成立する．従って，任意の $u \in U$ と $c \in C$ に対し，

$$\begin{aligned} x^*(u) &= x^*(u - c + c_0) + x^*(c) - x^*(c_0) \\ &\leq p_V(u - c + c_0) + x^*(c) - 1 \\ &< 1 + x^*(c) - 1 \\ &= x^*(c) \end{aligned}$$

が成立する．$x^* \neq 0$ であるので $x^*(u_0) > 0$ となる $u_0 \in U$ が存在し

$$x^*(0) = 0 < x^*(u_0) \leq \inf_{c \in C} x^*(c)$$

をえる．これが求めるべきことであった．□

線形空間 E の 2 つの部分集合 A と B に対し，線形汎関数 $x^* \in E^*$ は A と B を分離し，そして $\sup\{x^*(x) : x \in A\} < x^*(b)$ となる $b \in B$ が存在するか $x^*(a) < \inf\{x^*(y) : y \in B\}$ となる $a \in A$ が存在するとき，x^* は A と B を真に分離するという．x^* が A と B を強分離していれば，それらを真に分離している．

有限次元線形空間特有の凸集合の分離定理として次の定理 2.1.3 が基本的である．その証明の準備として線形空間 E の部分集合 A より生成される楔を定義しておこう．集合 A を含む最小の楔を A より生成される楔といい，記号では $W(A)$ とかく．この定義が整合的であることは容易に確認できるが，A より生成される錐というものは必ずしも整合的に定義されるとは限らないことに留意すべきである．

定理 2.1.3 線形空間 E 内の共通部分をもたない 2 つの凸集合はある線形汎関数 $x^* \in E^*$ により真に分離される．

証明 この定理で問題としている 2 つの凸集合を A と B とする. $C = A - B$ とおくと C は E の原点 0 を含まない凸集合であるが, 集合 $\{0\}$ と C が真に分離されれば定理 2.1.2 の証明の最初の部分と同様に考えることにより証明は完了する.

まず, C から生成される楔の閉包 $\mathrm{cl}\, W(C)$ が E と等しくないことを示す. $\{b_1, \ldots, b_k\}$ を C に含まれる線形独立な族のうちで極大なものとする. このような族がとれることは E が有限次元であることより保証される. 任意の $x \in C$ はこれらの線形結合で表現できる. そして C の点 c を

$$c = \frac{1}{k} \sum_{i=1}^{k} b_i \in C$$

と定義すると, $-c \notin \mathrm{cl}\, W(C)$ が成立することを以下で証明する.

$-c \in \mathrm{cl}\, W(C)$ となっていたと仮定して矛盾を導く. このとき, $\{\lambda_n x_n\}$ が $-c$ に収束するような C 内の点列 $\{x_n\}$ と正数列 $\{\lambda_n\}$ が存在する. ここで各点 x_n が

$$x_n = \sum_{i=1}^{k} \alpha_i^n b_i, \quad \alpha_i^n \in R$$

と表現されているとすると,

$$\lim_{n \to \infty} \lambda_n x_n = \lim_{n \to \infty} \sum_{i=1}^{k} \lambda_n \alpha_i^n b_i = \sum_{i=1}^{k} \left(-\frac{1}{k}\right) b_i$$

が成立している. $\{b_1, \ldots, b_k\}$ を含む E の基底を考えその双対基底をとる. そして, 各 b_i に対応する双対基底内の線形汎関数 b_i^* を上式に適用することにより, すべての $i = 1, \ldots, k$ について

$$\lim_{n \to \infty} \lambda_n \alpha_i^n = -\frac{1}{k}$$

をえる. よって, 十分大きい n_0 については, すべての $i = 1, \ldots, k$ に対し $\alpha_i^{n_0} < 0$ となる. すると

$$0 = \frac{1}{1 - \sum_{i=1}^{k} \alpha_i^{n_0}} x_{n_0} + \sum_{i=1}^{k} \frac{-\alpha_i^{n_0}}{1 - \sum_{i=1}^{k} \alpha_i^{n_0}} b_i \in C$$

となり矛盾が生じる.

$-c \notin \operatorname{cl} W(C)$ が証明されたので，定理 2.1.2 を適用すると $x^* \in E^*$ が存在し
$$x^*(-c) < \inf\{x^*(x) : x \in W(C)\}$$
が成立している。$W(C)$ が楔であることより右辺の下限は 0 に等しい。よって $x^*(c) > 0$ をえる。以上をまとめると
$$x^*(0) = 0 \leq \inf\{x^*(x) : x \in C\}$$
かつ $x^*(c) > 0$ が成立する。よって x^* は $\{0\}$ と C を真に分離している。 □

線形空間 E の部分集合 A と A 内の点 x を考える。E 上の線形汎関数 $x^* \in E^*$ は，
$$x^*(x) = \min\{x^*(y) : y \in A\}$$
が成立し，かつ $x^*(x) < x^*(z)$ となる $z \in A$ が存在するとき，x において A を支持するという。即ち，$\{x\}$ と A を真に分離するとき x^* は x において A を支持するという。

定理 2.1.4 線形空間 E の凸部分集合 C について，C 内の点 x は C の相対的内点でないとする。このとき，点 x において C を支持する線形汎関数が存在する。

証明 系 1.2.7 より C の相対的内部 $\operatorname{ri} C$ は非空凸集合であり，これと一点集合 $\{x\}$ は交わりをもたないので，定理 2.1.3 を適用すると $\{x\}$ と $\operatorname{ri} C$ を真に分離する $x^* \in E^*$ が存在する。よって不等式
$$x^*(x) \leq \inf\{x^*(y) : y \in \operatorname{ri} C\}$$
が成立している。系 1.2.4 より任意の $y \in C$ は C の相対的内点との線分を作るとその線分の y 以外の点はすべて $\operatorname{ri} C$ に属するので等式
$$x^*(x) = \inf\{x^*(y) : y \in \operatorname{ri} C\} = \min\{x^*(y) : y \in C\}$$
が成立する。さらに x^* が $\{x\}$ と $\operatorname{ri} C$ を真に分離することから $x^*(x) < x^*(z)$ となる $z \in \operatorname{ri} C$ が存在する。よってこの x^* は x において C を支持している。 □

2.2 楔と錐の分離定理

第 2.1 節では一般の凸集合の分離定理を考察したが，本節では楔や錐に特化した分離定理を議論する．そのための基本的な知識の補充から始める．

線形空間 E の線形部分空間は完備なので常に E の閉部分集合であるが，E 内の楔は必ずしも閉集合とは限らない．双対概念を援用した楔の閉包を形成する方法とその周辺の事実を紹介する．E 内の楔 W が与えられたとき，W より生成される E の線形部分空間，即ち，W を含む最小の線形部分空間は $W - W$ に等しいことに注意する．この事実は以後頻繁に使われる．楔 W に対しその双対楔 $W^* \subset E^*$ を

$$W^* = \{x^* \in E^* : x^*(x) \geq 0, \ x \in W\}$$

と定義する．さらに，W の第 2 双対楔 $(W^*)^* = W^{**}$ を

$$W^{**} = \{x \in E : x^*(x) \geq 0, \ x^* \in W^*\}$$

と定義する．形式的には第 2 双対楔 W^{**} は E の第 2 双対空間 E^{**} の部分集合として定義するのが自然であるが，第 1.1 節の最後で解説した E^{**} と E の同一視を折り込んで W^{**} を E の部分集合として定義している．このとき次の命題 2.2.1 が成立する．

命題 2.2.1 線形空間 E 内の楔 W について以下の主張が成立する．

(1) W^* と W^{**} はどちらも閉楔である．

(2) W^* が錐であることと $W - W = E$ が成立することは同値である．

(3) $W^{**} = \operatorname{cl} W$ が成立する．

証明

(1) W^* および W^{**} が閉楔であることはその定義より明らかである．

(2) $W - W = E$ を仮定する。$x^* \in W^* \cap (-W^*)$ とすると，$x^*(x) = 0$ がすべての $x \in W$ について成立するので，仮定より $x^* = 0$ をえて，W^* は錐である。逆に，W^* が錐であると仮定する。$W - W$ は E の線形部分空間であるが，もし $W - W \neq E$ とすると，すべての $x \in W - W$ について $x^*(x) = 0$ となる 0 ではない $x^* \in E^*$ が存在する。しかし，この x^* は W^* にも $-W^*$ にも属するので，仮定より $x^* = 0$ となり矛盾が生じる。

(3) $W \subset W^{**}$ が成立することと W^{**} が閉集合であることは明らかなので，$\mathrm{cl}\, W \subset W^{**}$ が成立する。もし $x \in W^{**} \setminus \mathrm{cl}\, W$ となる x が存在したとすると，定理 2.1.2 より $x^*(x) < 0 \leq x^*(y)$ がすべての $y \in W$ について成立するような $x^* \in E^*$ が存在する。これより $x^* \in W^*$ かつ $x^*(x) < 0$ が導かれ，これは $x \in W^{**}$ に矛盾する。

□

前述のように E と E^{**} は同一視できるので命題 2.2.1(2) と (3) より次の系 2.2.2 が導かれる。

系 2.2.2 線形空間 E 内の閉楔 W について，W が錐であることと $W^* - W^* = E^*$ が成立することは同値である。

閉凸集合に何らかの操作を行なった後の閉性に関する議論をする。まず，閉凸集合のその線形要素空間を使った分解表現を証明しておく。

定理 2.2.3 線形空間 E の閉凸集合 C と C の線形要素空間 L_C に含まれる線形部分空間 L を考える。線形空間 E 内の L の任意の補空間を M とし，L に沿った M 上への射影を $P : E \to M$ とする。このとき，

$$C \cap M = P(C)$$

が成立し，さらに

$$C = L + (C \cap M) = L + P(C)$$

が成立する。

証明 $x \in C \cap M$ とすると，$x = P(x)$ が成立しているので $x \in P(C)$ をえる．逆に，$x \in P(C)$ とすると $x \in M$ で $x = P(y)$ となる $y \in C$ が存在する．この y は
$$y = d + P(y), \quad d \in L$$
とかける．$L \subset L_C \subset -0^+C$ が成立しているので $-d \in 0^+C$ をえる．従って，命題 1.4.8(2) より
$$x = P(y) = y - d \in C$$
が成立し，$x \in C \cap M$ をえる．

次に 2 番目の等式を示す．任意の $x \in C$ をとると $x = d + P(x)$ とある $d \in L$ を使って表現できる．よって $x \in L + P(C)$ となり
$$C \subset L + P(C)$$
をえる．また，$L \subset L_C \subset 0^+C$ が成立することと命題 1.4.8(2) より
$$L + (C \cap M) \subset 0^+C + C \subset C$$
が成立するので $C = L + (C \cap M) = L + P(C)$ をえる．□

この閉凸集合の分解定理を使い次の定理 2.2.4 を証明する．

定理 2.2.4 線形空間 E, F と線形写像 $S \in L(E, F)$ を考える．C は E の閉凸部分集合であり $\ker S \cap 0^+C$ が E の線形部分空間となっているものとする．ここで $\ker S$ は S の核，即ち，零空間を表す．このとき S による C の像 $S(C)$ は閉集合である．

証明 $\ker S \cap 0^+C$ が線形部分空間であるという仮定よりこれは $L_C \cap \ker S$ に等しい．ここで L_C は C の線形要素空間 $0^+C \cap (-0^+C)$ である．
$$L = \ker S \cap 0^+C = L_C \cap \ker S$$
とおく．L の E における補空間のひとつを M とすると，定理 2.2.3 より
$$C = L + (C \cap M)$$

が成立しているので，$S(C) = S(C \cap M)$ が成立していることに注意する．

ここで任意の $y \in \operatorname{cl} S(C)$ をとる．上の注意から $y \in \operatorname{cl} S(C \cap M)$ である．線形空間 F の原点のコンパクト凸近傍 U をひとつとる．任意の自然数 n について，
$$C_n = C \cap M \cap S^{-1}\left(y + \frac{1}{n}U\right)$$
とおくと，M は閉集合で S は連続なので C_n は非空閉凸集合である．そしてその遠離楔は命題 1.4.8(6) を考慮すると以下のように計算される．

$$\begin{aligned}0^+ C_n &= 0^+ C \cap 0^+ M \cap 0^+ S^{-1}\left(y + \frac{1}{n}U\right) \\ &= 0^+ C \cap M \cap \ker S \\ &= L \cap M \\ &= \{0\}\end{aligned}$$

この計算では命題 1.4.8(3) より保証される $0^+ M = M$ を使っている．さらに $\ker S = 0^+ S^{-1}(y + (1/n)U)$ が成立することも使っているが，この等式は $y + (1/n)U$ が有界であることに注意して遠離楔の定義に従って計算すれば自然に求めることができる．定理 1.4.9 より C_n は有界となるのでコンパクトである．よって，$\bigcap_{n=1}^{\infty} C_n$ は空ではないので，この交わりに属する点を x とする．このとき，$S(x) \in y + (1/n)U$ がすべての n について成立する．そして，U が有界なので，$\bigcap_{n=1}^{\infty}(1/n)U = \{0\}$ が成立する．よって，$S(x) = y$ が成立し，x は C に属するので，$y \in S(C)$ をえる．以上で $S(C)$ が閉集合であることが証明された．□

系 2.2.5 線形空間 E の閉凸部分集合 C と D に関し $0^+ C \cap 0^+ D$ は E の線形部分空間であるとする．このとき，$C - D$ は閉凸集合である．

証明 直積線形空間 $E \times E$ を考え，線形写像 $S \in L(E \times E, E)$ を
$$S(x, y) = x - y, \quad (x, y) \in E \times E$$
と定義する．このとき
$$\ker S = \{(x, x) \in E \times E : x \in E\}$$

が成立する。そして $C \times D$ は $E \times E$ 内の閉凸部分集合であり

$$0^+(C \times D) = 0^+C \times 0^+D$$

が成立することは容易に確かめられる。このことより，

$$0^+(C \times D) \cap \ker S = \{(x,x) \in E \times E : x \in 0^+C \cap 0^+D\}$$

が成立する。$0^+C \cap 0^+D$ が E の線形部分空間であるという仮定より $0^+(C \times D) \cap \ker S$ は $E \times E$ の線形部分空間である。よって定理 2.2.4 より $S(C \times D) = C - D$ は E の閉部分集合である。$C - D$ が凸集合であることは明らかである。□

線形空間内に自明でない錐 $K \neq \{0\}$ が与えられたとしよう。0 は K の相対的内点ではないので定理 2.1.4 より 0 で K を支持する $x^* \in E^*$ が存在することが結論される。ここでさらに K が閉集合であることを仮定すると得られる結論がかなり改善される。まず補題を証明しておく。

$\{b_1,\ldots,b_k\}$ は線形空間 E 内の線形独立な点の集合とし，これらの点から生成される楔 $W(b_1,\ldots,b_k)$ を考える。次の補題で示すようにこの楔は実は閉錐となっている。

補題 2.2.6 線形空間 E 内の線形独立な族 $\{b_1,\ldots,b_k\}$ より生成される楔 $W(b_1,\ldots,b_k)$ は閉錐である。

証明 $\{b_1,\ldots,b_k\}$ を含む E の基底 $\{b_1,\ldots,b_k,\ldots,b_m\}$ をひとつとる。ここで E の次元を m としている。そしてその基底の共役基底 $\{b_1^*,\ldots,b_m^*\}$ を使うと $W(b_1,\ldots,b_k)$ は集合

$$\{x \in E : b_i^*(x) \geq 0, i = 1,\ldots,k;\ b_j^*(x) = 0, j = k+1,\ldots,m\}$$

に等しい。各 b_i^* は連続であるので $W(b_1,\ldots,b_k)$ は閉集合である。

また，$x, -x \in W(b_1,\ldots,b_k)$ とする。$i = 1,\ldots,k$ については $b_i^*(x) \geq 0$ と $b_i^*(-x) \geq 0$ となり $j = k+1,\ldots,m$ については $b_j^*(x) = 0$ が成立するのですべての $i = 1,\ldots,m$ について $b_i^*(x) = 0$ をえる。よって $x = 0$ が成立するので $W(b_1,\ldots,b_k)$ は錐である。□

この補題の結論から問題としている楔は実は錐となっていることが確認できたので $W(b_1, \ldots, b_k)$ の代わりに $K(b_1, \ldots, b_k)$ という記号を使い錐であることを強調することにする。そしてこれを線形独立な族 $\{b_1, \ldots, b_k\}$ より生成される**独立錐**とよぶ。特に線形独立な族 $\{b_1, \ldots, b_m\}$ が線形空間 E の基底となっている場合には**基底錐**とよぶことにする。

補題 2.2.7 線形空間 E 内の錐 K は E を生成し，その双対楔 K^* は内点 x^* をもつとする。このとき，すべての $x \in K$ に対し，

$$x^*(x) = \|x\|$$

をみたす E 上のノルム $\|\cdot\|$ が存在する。従って，すべての $x \in K \setminus \{0\}$ に対し

$$x^*(x) > 0$$

が成立する。

証明 $K - K = E$ が成立しているので命題 2.2.1(1) と (2) より K^* は閉錐である。

$$U^* = (K^* - x^*) \cap (-K^* + x^*)$$

とおくと U^* は E^* の原点の対称閉凸近傍である。そして，U^* は x^* を含む。さらに，

$$\bigcap_{n=1}^{\infty} \frac{1}{n} U^* = \{0\}$$

が成立する。実際，$y^* \in \bigcap_{n=1}^{\infty}(1/n)U^*$ とすると，任意の自然数 n について $ny^* \in U^*$ となる。よって，$ny^* \in K^* - x^*$ が成立するが，これより

$$y^* + \frac{1}{n}x^* \in K^*$$

が成立する。K^* が閉集合であることより，$y^* \in K^*$ をえる。一方，$ny^* \in -K^* + x^*$ でもあるので同様の議論から $-y^* \in K^*$ が成立し，K^* が錐であることより $y^* = 0$ をえる。

定理 1.3.3 より U^* のミンコフスキー汎関数を $\|\cdot\|^*$ とするとこれは E^* 上のノルムである。このノルムに関する E^* 内の閉単位球は U^* に等しいので $\|\cdot\|^*$ の E 上の双対ノルム $\|\cdot\|$ を考えれば

$$\|x\| = \max_{y^* \in U^*} y^*(x) = x^*(x)$$

がすべての $x \in K$ に対し成立している。実際,第 1 の等号は x の双対ノルムの定義である。一方,任意の $y^* \in U^*$ について $y^* \in -K^* + x^*$ が成立するので,$x^* - y^* \in K^*$ となっている。よって $x^*(x) \geq y^*(x)$ が成立するので,このことから第 2 の等式が成立していることが分る。□

定理 2.2.8 線形空間 E 内の閉錐 K に対し,$x^* \in E^*$ と E 上のノルム $\|\cdot\|$ が存在して,すべての $x \in K$ に対し

$$x^*(x) = \|x\|$$

が成立する。従って,この線形汎関数 x^* に関して,すべての $x \in K \setminus \{0\}$ に対し

$$x^*(x) > 0$$

が成立する。

証明 以下の証明は $K - K = E$ が成立しているとの前提で進められるが $K - K = L \neq E$ である場合には K を含む錐 K'' で $K'' - K'' = E$ をみたすものを構成することができる。L の E 内での補空間のひとつを L' とする。L' 内の基底錐 K' をひとつとると $L' = K' - K'$ をみたすことは明らかである。そして補題 2.2.6 より K' は閉錐である。$K \cap K' = \{0\}$ が成立するので $K'' = K - K'$ とおけば K'' が錐であることは容易に確認できる。さらに系 2.2.5 より K'' は閉集合である。そして $E = K'' - K''$ が成立することは容易に確認できる。本定理の結論が K'' に対し成立するならば K についても成立するので,初めから $K - K = E$,即ち,K は E を生成すると仮定しても一般性は失われない。

K は閉錐なので系 2.2.2 より $K^* - K^* = E^*$ が成立する。定理 1.2.6 より K^* は内点をもつのでそのひとつを x^* とする。補題 2.2.7 より $x^*(x) = \|x\|$

がすべての $x \in K$ について成立する E 上のノルム $\|\cdot\|$ が存在する。これらが求める線形汎関数とノルムである。□

定理 2.2.9 線形空間 E 内のふたつの閉錐 K と L は $K \cap L = \{0\}$ をみたすものとする。このとき $x^* \in E^*$ が存在して，すべての $x \in K \setminus \{0\}$ とすべての $y \in L \setminus \{0\}$ について

$$x^*(x) < 0 < x^*(y)$$

が成立する。

証明 定理 2.2.8 の証明の初めの段落で $K'' = K - K'$ が閉錐となることを導いた推論と同様に考えることにより，$L - K$ が閉錐であることを確認できる。これに定理 2.2.8 を適用すると，すべての $z \in (L-K) \setminus \{0\}$ に対し $x^*(z) > 0$ をみたす $x^* \in E^*$ が存在する。この x^* が求めるものであることを確認するのは容易である。□

定理 2.2.10 線形空間 E 内の線形部分空間ではない楔 W について，W とその線形要素空間 L_W を真に分離する $x^* \in E^*$ が存在する。

証明 定理 1.2.6 より W の相対的内部 $\mathrm{ri}\,W$ は空ではない。そして $\mathrm{ri}\,W \cap L_W = \emptyset$ が成立する。$x \in L_W$ とする。仮定より $W \setminus L_W$ は空ではないのでこの集合に属する点 d をひとつとり固定する。このとき $x + \lambda(-d) \notin W$ がすべての $\lambda > 0$ について成立する。実際，もし $x + \lambda(-d) \in W$ となるある $\lambda > 0$ が存在したとすると，$\lambda(-d) \in W - x \subset W + W \subset W$ より $-d \in W$ が演繹され矛盾が生じる。従って，L_W の点 x はすべて W の相対的線形内点ではない。

 L_W と $\mathrm{ri}\,W$ は交わりをもたないので定理 2.1.3 より L_W と $\mathrm{ri}\,W$ を真に分離する線形汎関数 $x^* \in E^*$ が存在し，

$$\sup\{x^*(x) : x \in L_W\} \leq \inf\{x^*(y) : y \in \mathrm{ri}\,W\}$$

が成立する。L_W は線形部分空間であるので $x^*(L_W) = \{0\}$ が成立し $0 \leq \inf\{x^*(y) : y \in \mathrm{ri}\,W\}$ をえる。系 1.2.7 より $\mathrm{cl}(\mathrm{ri}\,W) = \mathrm{cl}\,W \supset W$ が成立す

るので
$$\inf\{x^*(y) : y \in \mathrm{ri}\, W\} = \min\{x^*(y) : y \in W\} = 0$$
が成立する．そして x^* が L_W と $\mathrm{ri}\, W$ を真に分離しているので，$x^*(y_0) > 0$ となる $y_0 \in \mathrm{ri}\, W$ が存在する．従って，
$$\sup\{x^*(x) : x \in L_W\} = 0 = \min\{x^*(y) : y \in W\}$$
が成立し，$x^*(y_0) > 0 = \sup\{x^*(x) : x \in L_W\}$ をみたす $y_0 \in W$ が存在するので，x^* は L_W と W を真に分離している．□

2.3 凸集合，楔，錐の閉性

本節では楔や錐が閉集合となるための条件を議論する．補題から始める．

補題 2.3.1 線形空間 E のコンパクト凸部分集合 C は E の原点 0 を含まないとする．このとき，C より生成される錐が存在しそれは閉集合である．

証明 $K = \bigcup_{\lambda \geq 0} \lambda C$ とおくと，K が C より生成される錐，即ち，C を含む最小の錐であることを見るのは容易であるので，以下 K が閉集合であることを示す．

K 内の点列 $\{x_n\}$ が点 $x \in E$ に収束しているとして，$x \in K$ を導く．$x_n = \lambda_n c_n$, $c_n \in C$, $\lambda_n \geq 0$ とかけているとする．C のコンパクト性より，部分列に移行することにより点列 $\{c_n\}$ は C の点 c に収束しており，そして $\{x_n\}$ については相変わらず x に収束していると仮定しても一般性は失われない．E 上のノルム $\|\cdot\|$ をひとつとると，このノルムについて，$\lambda_n = \|x_n\|/\|c_n\| \to \lambda = \|x\|/\|c\|$ が成立する．よって，$x_n = \lambda_n c_n \to \lambda c$ となり，$x = \lambda c$ より $x \in K$ をえる．□

線形空間 E 内の錐 K について，$K \setminus \{0\}$ の凸部分集合 B は，任意の $x \in K \setminus \{0\}$ に対し $\lambda > 0$ と $b \in B$ が一意的に存在し $x = \lambda b$ となっているとき，K の基底であるという．

定理 2.3.2 線形空間 E 内の自明ではない錐 $K \neq \{0\}$ を考える．このとき，K が閉集合であるための必要十分条件は K がコンパクト基底をもつことである．

証明 K が閉集合とする．定理 2.2.8 より線形汎関数 $x^* \in E^*$ と E 上のノルム $\|\cdot\|$ が存在し，すべての $x \in K$ に対し $x^*(x) = \|x\|$ が成立している．この線形汎関数とノルムを使い

$$B = \{x \in K : x^*(x) = 1\} = \{x \in K : \|x\| = 1\}$$

とおく．最初の等号より B は閉凸集合である．そして，2 番目の等号と命題 1.4.2 より B は有界である．従って，定理 1.4.4 より B はコンパクトである．

一方，B が K の基底であることは以下のようにして確認できる．$x \in K \setminus \{0\}$ を任意にとる．

$$b = \frac{1}{x^*(x)} x$$

とおくと明らかに $b \in B$ が成立し，$x = x^*(x)b = \|x\|b$ とかけている．次に，$x = \lambda b = \mu c$, $\lambda, \mu > 0$, $b, c \in B$ とかけていたとすると，

$$\lambda = \lambda x^*(b) = x^*(\lambda b) = x^*(\mu c) = \mu x^*(c) = \mu$$

より $\lambda = \mu$ がえられ，これより $b = c$ がえられる．

逆は補題 2.3.1 より明らかである．□

ここで用語を用意しておく．線形空間 E の有限集合より生成される楔のことを**有限楔**とよぶ．そして，有限楔が錐となっている場合，それを**多角錐**とよぶ．多角錐を有限錐とよんでも自然ではあるが，多角形からの連想で多角錐とよぶことにする．

定理 2.3.3 有限楔は有限個の独立錐の合併集合として表すことができる．従って，有限楔は閉集合である．

証明 楔を生成する有限集合を A とし，線形独立な A の部分集合の全体の族を $\mathscr{B}$ とする．このとき明らかに $\mathscr{B}$ は有限族であるが，さらに

$$W(A) = \bigcup_{B \in \mathscr{B}} K(B)$$

が成立することを以下のようにして確認できる.

$x \neq 0$ なる $x \in W(A)$ を任意にとると，

$$x = \sum_{i=1}^{k} \lambda_i x_i, \quad x_i \in A, \ \lambda_i \geq 0$$

とかけている.そして，すべての i について $\lambda_i > 0$ としても一般性は失われない.もし，$x_1, \ldots, x_k$ が線形従属であるならば，すべてが 0 とは限らない実数 $\alpha_1, \ldots, \alpha_k$ が存在し，

$$\sum_{i=1}^{k} \alpha_i x_i = 0$$

が成立しているが，ある i について $\alpha_i > 0$ と仮定しても一般性は失われない.ここで，

$$c = \max\left\{\frac{\alpha_i}{\lambda_i} : i = 1, \ldots, k\right\}$$

と実数 c を定義すると $c > 0$ であり，すべての i について $\lambda_i \geq \alpha_i/c$ が成立しており，さらにある i については $\lambda_i = \alpha_i/c$ が成立している.従って，次の等式

$$x = \sum_{i=1}^{k} \lambda_i x_i = \sum_{i=1}^{k} \lambda_i x_i - \frac{1}{c}\sum_{i=1}^{k} \alpha_i x_i = \sum_{i=1}^{k} \left(\lambda_i - \frac{\alpha_i}{c}\right) x_i$$

を考慮すると，x_i のうちのどれかを除いて非負係数による線形結合で x を表現できることが分る.必要ならばこの操作を繰り返すことにより，x はある線形独立な点から生成される錐に属することが証明される.

補題 2.2.6 より独立錐 $K(B)$ はすべて閉集合であるので $W(A)$ は閉集合である.□

定理 2.3.4 線形空間 E の部分集合 W について，W が閉楔であるための必要十分条件は以下の性質をみたす閉錐 K と線形部分空間 L が存在することである.

(1) $W = K + L$

(2) $K \cap L = \{0\}$

このとき, L については $L = L_W$ と一意に定まる。さらに, W が有限楔である場合には, 閉錐 K として多角錐をとることができる。

証明 必要性。定理 2.2.3 において, $C = W$, $L = L_W$ とすれば,

$$W = L_W + (W \cap M) = L_W + P(W)$$

をえる。$K = W \cap M = P(W)$ とおくと, K が閉錐であり $K \cap L_W = \{0\}$ が成立することは容易に確認できる。特に, W が有限楔である場合には, $K = P(W)$ と P の線形性より K は多角錐となる。

十分性。$W = K + L$ と表現されており W が楔であることは明らかである。W が閉部分集合であることは, 命題 1.4.8(3) より K と L の遠離楔がそれぞれそれ自身であることに注意すれば系 2.2.5 より直ちにえられる。

最後に $L = L_W$ を証明する。まず, $L \subset W$ であるので, $L = -L \subset -W$ となり, $L \subset W \cap (-W) = L_W$ はよい。逆に, $x \in L_W$ とすると, $x \in W$ と $-x \in W$ が成立するので仮定より,

$$x = k + y, \quad -x = k' + y', \quad k, k' \in K, \ y, y' \in L$$

とかけている。従って, $0 = (k+k')+(y+y')$ となり, $k+k' = -(y+y') \in K \cap L$ より $k = -k' \in -K$ をえて, $k = 0$ となり $x = y \in L$ が演繹される。よって, $L = L_W$ が成立する。□

コンパクト集合の凸包を考えるとこれが有界であることは明らかであるが, 実は自然に閉集合となりコンパクトになる。この事実の証明の準備として以下の定理 2.3.5 を証明する。この定理 2.3.5 はしばしばカラテオドリの定理とよばれる。

定理 2.3.5 線形空間 E の次元を m とし, A を E の部分集合とする。このとき A の凸包 $\mathrm{co}\,A$ の各点は高々 $m+1$ 個の A の点の凸結合で表すことができる。

証明 E と実数空間 R の直積線形空間 $E \times R$ とその部分集合 $A' = \{(x, 1) : x \in A\}$ を考えると, $x \in \mathrm{co}\,A$ と $(x, 1) \in W(A')$ は同値である。よって $x \in \mathrm{co}\,A$ とすると定理 2.3.3 より A' の線形独立な部分集合 B' が存在し

$(x, 1) \in K(B')$ となっている．B' に属する点の数は高々 $m+1$ であるので，$B' = \{(x_1, 1), \ldots, (x_k, 1)\}$ とすると $k \leq m+1$ である．$B = \{x_1, \ldots, x_k\}$ とおくと $x \in \mathrm{co}\, B$ が成立するので証明が完了する．□

定理 2.3.6 線形空間 E のコンパクト部分集合 A について，その凸包 $\mathrm{co}\, A$ はコンパクトである．

証明 E の次元を m とする．実数空間 R の $m+1$ 個の直積空間 R^{m+1} の標準単体

$$S = \left\{ \lambda = (\lambda_1, \ldots, \lambda_{m+1}) \in R^{m+1} : \sum_{i=1}^{m+1} \lambda_i = 1,\ \lambda_i \geq 0 \right\}$$

はコンパクトであり，この S と $m+1$ 個の A との直積集合 C を

$$C = S \times \underbrace{A \times \cdots \times A}_{m+1\ 個}$$

と定義すると C はコンパクトである．そして，直積線形空間 $R^{m+1} \times E \times \cdots \times E$ から E への写像 f を

$$f(\lambda, x_1, \ldots, x_{m+1}) = \sum_{i=1}^{m+1} \lambda_i x_i, \quad \lambda \in R^{m+1},\ x_i \in E$$

と定義すると f は連続である．よって f による C の像 $f(C)$ はコンパクトであるが，これは定理 2.3.5 より A の凸包 $\mathrm{co}\, A$ に等しいので $\mathrm{co}\, A$ はコンパクトである．□

第 3 章

順序線形空間と線形束

本章では線形空間に順序を導入し線形構造と順序構造の相互関係の研究を進める。不等式制約を伴う最適化問題の記述には必然的に順序構造が必要となる。本章の議論はその基礎をなすものである。これまでに度々登場した錐が重要な役割を果す。本章の内容について参考文献 [9] を参考にした。

3.1 順序線形空間

一般に集合 X 上の二項関係 $\leq$ は以下の性質をみたすとき半順序といい，X と $\leq$ の組 $(X, \leq)$ を半順序集合という。

(1) 反射性： 任意の $x \in X$ に対し，$x \leq x$ が成立する。

(2) 推移性： 任意の $x, y, z \in X$ に対し，$x \leq y$ かつ $y \leq z$ が成立するならば $x \leq z$ が成立する。

(3) 反対称性： 任意の $x, y \in X$ に対し，$x \leq y$ かつ $y \leq x$ が成立するならば $x = y$ が成立する。

半順序集合において，$x \leq y$ であるが $x \neq y$ であるとき，$x < y$ と表記する。線形空間 E 上の半順序 $\leq$ が次の性質をみたすときベクトル順序であるという。

(1) 任意の $x,y,z \in E$ に対し，$x \leq y$ が成立するならば $x+z \leq y+z$ が成立する．

(2) 任意の $x,y \in E$ と $\lambda \in R$ に対し，$x \leq y$ かつ $\lambda \geq 0$ が成立するならば $\lambda x \leq \lambda y$ が成立する．

線形空間 E と E 上のベクトル順序 $\leq$ の組 $(E, \leq)$ を順序線形空間あるいは半順序線形空間という．$x \geq 0$ をみたす E の元を正元といい，E の正元をすべて集めた集合 $\{x \in E : x \geq 0\}$ を E の正錐という．この名前のとおり正錐が錐であることは簡単に確認することができる．この正錐は通常 E_+ と表記する．

逆に E の錐 K をひとつとり，E の二点 x,y に対し，$y - x \in K$ であるとき $x \leq y$ であると定義すると，この二項関係 $\leq$ が E 上のベクトル順序となることは容易に確認できる．このように線形空間において，錐とベクトル順序は 1 対 1 に対応している．

ベクトル順序の簡単な性質を明示しておく．以降これらの性質は断りなしに使っていく．

命題 3.1.1 順序線形空間 E の任意の点 $x, y, z \in E$ と $\lambda, \mu \in R$ について，

(1) $x \leq y$ ならば $-y \leq -x$ が成立する．

(2) $\lambda \leq \mu$, $x \geq 0$ ならば $\lambda x \leq \mu x$ が成立する．

証明

(1) 仮定 $x \leq y$ の両辺に $-x - y$ を加えることにより $-y \leq -x$ をえる．

(2) $x \geq 0$ の両辺に $\mu - \lambda \geq 0$ をかけることにより $(\mu - \lambda)x \geq 0$ をえるが，この両辺に λx を加えることにより $\mu x \geq \lambda x$ をえる．

□

ベクトル順序と線形位相の関係をこれから探っていくが，その前にベクトル順序に関連する新しい概念を導入する．ベクトル順序 $\leq$ は，任意の $x, y \in E$ と $n = 1, 2, 3, \ldots$ について $nx \leq y$ が成立すれば，$x \leq 0$ が成立するとき，ア

3.1 順序線形空間

ルキメデス的であるという。そして E 内の錐 K により与えられた順序 $\leq$ について，順序線形空間 $(E, \leq)$ がアルキメデス的であるとき，この錐 K はアルキメデス的であるという。辞書式順序はアルキメデス的ではないベクトル順序の一例であるが多くのベクトル順序はアルキメデス的である。

このアルキメデス的であるという性質は線形位相と深く関わっており次の命題 3.1.2 が成立する。

命題 3.1.2 順序線形空間 $(E, \leq)$ がアルキメデス的であるための必要十分条件はその正錐 E_+ が閉集合であることである。

証明 ベクトル順序 $\leq$ がアルキメデス的であると仮定する。正錐 E_+ の閉包の任意の点 x をとる。E_+ が生成する E の線形部分空間 $L = E_+ - E_+$ は定理 1.1.10 より E の閉部分集合なので $x \in L$ となっている。定理 1.2.6 より E_+ は L 内の内点，即ち，相対的内点をもつのでそれを u とする。系 1.2.4 より任意の $\lambda \in \,]0,1]$ について $(1-\lambda)x + \lambda u$ は E_+ の相対的内点である。特に任意の自然数 n について

$$\left(1 - \frac{1}{n}\right)x + \frac{1}{n}u$$

は E_+ の相対的内点である。よって，$(n-1)x + u \geq 0$ をえる。これより，$u \geq (n-1)(-x)$ がすべての $n = 1, 2, \ldots$ について成立する。ベクトル順序 $\leq$ がアルキメデス的であるので $-x \leq 0$, 即ち，$x \in E_+$ をえて，E_+ が閉集合であることが証明された。

逆に E_+ が閉集合であると仮定し，$x, y \in E$ について $nx \leq y$ がすべての $n = 1, 2, \ldots$ について成立しているとする。$y - nx \geq 0$ より

$$\frac{1}{n}y - x \geq 0$$

をえる。これは

$$\frac{1}{n}y \in E_+ + x$$

を意味するが，E_+ が閉集合であることより $0 \in E_+ + x$ が結論され，$x \leq 0$ をえる。よって，ベクトル順序 $\leq$ はアルキメデス的である。□

順序線形空間 E の点 u は，任意の $x \in E$ に対し，$x \leq \lambda u$ となる $\lambda > 0$ が存在するとき**順序単位元**であるという．次の命題 3.1.3 は順序単位元の幾何的特徴付けである．

命題 3.1.3 順序線形空間 E について，$u \in E$ が順序単位元であるための必要十分条件は u が E_+ の内点であることである．

証明 u を E_+ の内点とする．$x \in E$ を任意にとると，命題 1.1.1(3) より $u + \lambda_0(-x) \in E_+$ となる $\lambda_0 > 0$ が存在するが，これより $u - \lambda_0 x \geq 0$ となり，これを変形すると $x \leq u/\lambda_0$ となる．よって，u は順序単位元である．

逆に，u を順序単位元とし $x \in E$ を任意にとる．すると，$\lambda_0 > 0$ が存在し $-x \leq \lambda_0 u$ が成立する．このとき任意の $\lambda \in [0, 1/\lambda_0[$ について，

$$\lambda(-x) \leq \frac{1}{\lambda_0} \lambda_0 u \leq u$$

が成立する．従って，$u + \lambda x \geq 0$ が成立するので，u は E_+ の線形内点である．E_+ は凸集合であるので，定理 1.2.2 により u は E_+ の内点である．□

順序線形空間 E の部分集合 A と B について，任意の $a \in A$ に対し $a \leq b$ となる $b \in B$ が存在するとき，集合 B は集合 A を**支配する**という．この用語を使うと命題 3.1.3 より次の系がえられる．

系 3.1.4 順序線形空間 E に関し以下の主張は互いに同値である．

(1) E は順序単位元をもつ．

(2) E_+ は E を生成する．

(3) E_+ は E を支配する．

証明 E が順序単位元をもつならば命題 3.1.3 より E_+ の内部は非空である．したがって E_+ が生成する E の線形部分空間 $E_+ - E_+$ は内点をもつのでこれは E に等しい．即ち，E_+ は E を生成する．

E_+ が E を生成するならば，任意の $x \in E$ は $x = y - z$, $y, z \in E_+$ と表現できるが，これより $y = x + z \geq x$ と計算でき，E_+ が E を支配することが確認できる．

E_+ が E を支配すると仮定すると，任意の $x \in E$ に対し $y \geq x$ となる $y \in E_+$ が存在する。ここで $z = y - x$ とおけば $z \in E_+$ で $x = y - z$ と表せるので $x \in E_+ - E_+$ をえて，E_+ が E を生成することが証明できる。よって定理 1.2.6 より E_+ は内点をもつが，命題 3.1.3 より E は順序単位元をもつ。□

順序単位元をもつアルキメデス的順序線形空間 E から自然なかたちでその双対空間 E^* を順序単位元をもつアルキメデス的順序線形空間に仕立てることができる。以下しばらくの間その議論を進めよう。第 2.2 節で楔の双対楔の概念を紹介したが，これを使い E の双対空間 E^* にある錐を導入する。E が順序単位元をもつので，系 3.1.4 より E_+ は E を生成するが，命題 2.2.1(2) によると E_+ の双対楔 $(E_+)^*$ は E^* 内の錐である。$(E_+)^*$ はその定義より閉集合であることは明らかである。よって $(E_+)^*$ により E^* にはベクトル順序が定義され，それはアルキメデス的である。さらに系 2.2.2 より E_+ が錐であるので，$(E_+)^*$ は E^* を生成する。よって，系 3.1.4 より E^* は順序単位元をもつ。この手順で，順序単位元をもつアルキメデス的順序線形空間 E から，順序単位元をもつアルキメデス的順序線形空間 E^* が定義される。この E^* を E の双対順序線形空間とよぶ。この定義より $(E^*)_+ = (E_+)^*$ が成立する。

本書では順序線形空間 E を考察するときは多くの場合アルキメデス的であり順序単位元をもつものをとりあげる。命題 3.1.2 と系 3.1.4 を考慮して，この条件を E の正錐 E_+ について述べれば，E_+ が閉集合であることと，E_+ が E を支配するあるいは E を生成する，という 2 つのことを前提とすることになる。

次の定理 3.1.5 は双対順序線形空間の順序単位元の性質を明らかにしたものである。

定理 3.1.5 順序単位元をもつアルキメデス的順序線形空間 E の双対順序線形空間 E^* の点 x^* が順序単位元であるための必要十分条件は，任意の $x > 0$ に対し $x^*(x) > 0$ が成立することである。

証明 x^* が E^* の順序単位元であるとする。命題 3.1.3 より x^* は $(E_+)^*$ の内点であり補題 2.2.7 よりすべての $x > 0$ について $x^*(x) > 0$ が成立する。

逆に任意の $x > 0$ に対し $x^*(x) > 0$ が成立すると仮定する。このとき再び命題 3.1.3 より x^* が $(E_+)^*$ の内点であることを示せば十分である。そして $(E_+)^*$ は凸集合であるので定理 1.2.2 より x^* が線形内点であることを示せばよい。そのために任意の $d^* \in E^*$ をとる。E_+ は閉錐であり定理 2.3.2 よりコンパクト基底 B をもつので，これを使い

$$\alpha = \min_{x \in B} x^*(x), \quad \beta = \min_{x \in B} d^*(x)$$

と実数 α と β を定義する。仮定より $\alpha > 0$ が成立する。$\beta \geq 0$ のときは $d^* \in (E_+)^*$ となり任意の $\lambda \geq 0$ について $x^* + \lambda d^* \in (E_+)^*$ が成立する。また $\beta < 0$ の場合には任意の $b \in B$ と $\lambda \geq 0$ に対し

$$\begin{aligned}(x^* + \lambda d^*)(b) &\geq \min_{x \in B}(x^* + \lambda d^*)(x) \\ &\geq \min_{x \in B} x^*(x) + \lambda \min_{x \in B} d^*(x) \\ &= \alpha + \lambda \beta\end{aligned}$$

が成立するので，$0 \leq \lambda \leq -\alpha/\beta$ をみたす任意の λ について $(x^* + \lambda d^*)(b) \geq 0$ となる。これより $x^* + \lambda d^* \in (E_+)^*$ をえる。従って，x^* は $(E_+)^*$ の線形内点である。□

第 1.1 節の最後で解説したように E と E^{**} とを同一視すると，命題 2.2.1(3) より順序線形空間 E^* の双対順序線形空間は E_+ を正錐とする順序線形空間 E と一致する。即ち，順序単位元をもつアルキメデス的順序線形空間に双対の操作を 2 回実行すると元の空間に戻ることになる。この事実を勘案すると定理 3.1.5 より次の系 3.1.6 をえる。

系 3.1.6 順序単位元をもつアルキメデス的順序線形空間 E の点 x が順序単位元であるための必要十分条件は任意の $x^* > 0$ に対し $x^*(x) > 0$ が成立することである。

3.2 線形束

順序線形空間 E の任意の 2 点 x, y について，x と y を結ぶ**順序区間**$\langle x, y \rangle$ を

$$\langle x, y \rangle = \{z \in E : x \leq z \leq y\}$$

と定義する。$x \leq y$ であるときは $\langle x, y \rangle$ は x と y を含み，$x = y$ であるときは特に $\langle x, y \rangle = \{x\}$ と一点集合となる。そして，$x \leq y$ でないときは $\langle x, y \rangle$ は空集合であることに注意する。

$$\langle x, y \rangle = (x + E_+) \cap (y - E_+)$$

が成立していて E_+ が凸集合なので，順序区間は凸集合である。そして，

$$\langle x, y \rangle = x + \langle 0, y - x \rangle$$

が成立する。

順序線形空間 E の部分集合 A は，点 $a \in E$ が存在して，すべての $x \in A$ について $x \leq a$ となるとき，**上に有界**であるといい，このとき a を A の**上界**という。同様に，点 $b \in E$ が存在して，すべての $x \in A$ について $x \geq b$ となるとき，A は**下に有界**であるといい，この b を A の**下界**という。集合 A は上にも下にも有界であるとき，**順序有界**であるという。ある集合が順序有界であるための必要十分条件はその集合がある順序区間に含まれることであることは明らかである。

順序線形空間 E の部分集合 A の**上限**とは，A の上界すべての集合の最小元のことをいう。そして，A の上限は $\sup A$ と表す。同様に，A の**下限**とは A の下界全体の集合の最大元のことをいい，記号では $\inf A$ と表す。A が有限集合 $\{x_1, \ldots, x_m\}$ である場合には

$$\sup\{x_1, \ldots, x_m\} = \bigvee_{i=1}^{m} x_i, \quad \inf\{x_1, \ldots, x_m\} = \bigwedge_{i=1}^{m} x_i$$

の右辺の記号を使うことがある。さらに，A が 2 点集合 $\{x, y\}$ であるときには通常

$$\sup\{x, y\} = x \vee y, \quad \inf\{x, y\} = x \wedge y$$

の右辺の記号を使う。

　順序線形空間 E は E の任意の 2 つの点の上限と下限をもつとき**線形束**あるいはベクトル束あるいはリース空間であるという。線形空間 E 内の錐 K は，K より導入される順序 $\leq$ により順序線形空間 $(E, \leq)$ が線形束となるとき，**束錐**であるという。基本的な事実を確認しておく。

命題 3.2.1 順序線形空間 E とその任意の点 $x, y, z \in E$ について以下の主張が成立する。

(1) もし $(-x) \vee (-y)$ が存在するならば，$x \wedge y$ も存在し

$$x \wedge y = -((-x) \vee (-y))$$

が成立する。

(2) もし $(-x) \wedge (-y)$ が存在するならば，$x \vee y$ も存在し

$$x \vee y = -((-x) \wedge (-y))$$

が成立する。

(3) もし $y \vee z$ が存在するならば，$(x + y) \vee (x + z)$ も存在し，

$$(x + y) \vee (x + z) = x + y \vee z$$

が成立する。

(4) もし $y \wedge z$ が存在するならば，$(x + y) \wedge (x + z)$ も存在し，

$$(x + y) \wedge (x + z) = x + y \wedge z$$

が成立する。

証明

(1) $z = -((-x) \vee (-y))$ とおいてこの z が x と y の下限であることを以下に示す。$-z = (-x) \vee (-y)$ より $-z \geq -x, -y$ が成立するので $z \leq x, y$

をえる。よって z は x と y の下界である。一方，$w \leq x, y$ をみたす E の任意の点 w を考える。このとき，$-x, -y \leq -w$ が成立するので $(-x) \vee (-y) \leq -w$ をえる。これより $w \leq -((-x) \vee (-y)) = z$ をえるので z は x と y の下限であることが証明され，$x \wedge y = -((-x) \vee (-y))$ を示すことができた。

(2) (1) の証明と同様である。

(3) $w = x + y \vee z$ とおいて w が $x+y$ と $x+z$ の上限であることを以下に示す。$w - x = y \vee z$ であるので，$w - x \geq y$ かつ $w - x \geq z$ が成立する。これより $w \geq x+y, x+z$ をえるので w は $x+y$ と $x+z$ の上界である。一方，$u \geq x+y, x+z$ とすると，$u - x \geq y, z$ となるので，$u - x \geq y \vee z$ をえるが，これより $u \geq x + y \vee z = w$ が成立する。よって，w は $x+y$ と $x+z$ の上限である。

(4) (3) の証明と同様である。

□

命題 3.2.2 順序線形空間 E について以下の主張は互いに同値である。

(1) E は線形束である。

(2) 任意の $x, y \in E$ について $x \vee y$ が E に存在する。

(3) 任意の $x, y \in E$ について $x \wedge y$ が E に存在する。

(4) 任意の $x \in E$ について $x \vee 0$ が E に存在する。

(5) 任意の $x \in E$ について $x \wedge 0$ が E に存在する。

証明 (1) と (2) と (3) の同値性は命題 3.2.1(1), (2) より明らかであり，(4) と (5) の同値性も命題 3.2.1(1), (2) より明らかである。(2) ⇒ (4) も明らかなので (4) ⇒ (2) を示せば証明は完了する。仮定より $(x - y) \vee 0$ が存在するので命題 3.2.1(3) よりこの各項に y を加えた $x \vee y$ も存在する。これより (2) をえる。□

順序線形空間 E の点 x に対し，$x \vee 0$，$(-x) \vee 0$，$x \vee (-x)$ が存在するときそれぞれ x^+，x^-，$|x|$ という記号で表し，それぞれ x の正部分，負部分，絶対値という。これらの定義より，

$$(-x)^+ = x^-, \quad (-x)^- = x^+, \quad |-x| = |x|$$

が成立することは明らかである。

命題 3.2.2 より次の系 3.2.3 は明らかである。

系 3.2.3 順序線形空間 E が線形束であるための必要十分条件は，任意の $x \in E$ に対し，x の正部分 x^+ が E に存在することである。

命題 3.2.1 より線形束における次の計算法則が成立する。

命題 3.2.4 線形束 E の任意の元 x, y, z について以下の等式が成立する。

(1) $-(x \vee y) = (-x) \wedge (-y)$, $\quad -(x \wedge y) = (-x) \vee (-y)$

(2) $(x+y) \vee (x+z) = x + y \vee z$, $\quad (x+y) \wedge (x+z) = x + y \wedge z$

次の定理は束錐の幾何的な形を理解するために有用である。この定理より正錐が円錐であるような順序線形空間は線形束となりえないことが分る。

定理 3.2.5 線形空間 E 内の錐 K が束錐であるための必要十分条件は，任意の $x, y \in E$ に対し，ある $z \in E$ が存在し

$$(x+K) \cap (y+K) = z + K$$

が成立することである。そして，このとき $z = x \vee y$ が成立する。

証明 以下錐 K より E に導入される半順序を $\leq$ とする。

K が束錐であるとする。任意の $x, y \in E$ に対し

$$(x \vee y) + K = (x+K) \cap (y+K)$$

となることが，命題 3.2.4 を根拠にした以下の同値変形より導かれる。

$$w \in (x \vee y) + K \Leftrightarrow w - (x \vee y) \geq 0$$

3.2 線形束

$$\Leftrightarrow (w-x) \wedge (w-y) \geq 0$$
$$\Leftrightarrow w-x,\ w-y \geq 0$$
$$\Leftrightarrow w \in x+K,\ w \in y+K$$
$$\Leftrightarrow w \in (x+K) \cap (y+K)$$

逆に，任意の $x, y \in E$ に対し，$z + K = (x+K) \cap (y+K)$ を満たす点 $z \in E$ が存在しているとすると，$z \in (x+K) \cap (y+K)$ なので $z \geq x, y$ をえる．もし $w \geq x, y$ であったとすると，$w \in (x+K) \cap (y+K)$ が成立するので仮定より $w \in z + K$ をえる．これは $w \geq z$ を意味するので $z = x \vee y$ となる．従って，命題 3.2.2 より K が束錐であることが導かれる．そして $z = x \vee y$ が成立することは，すぐ上ですでに証明されている．□

次に線形束における様々な計算規則をまとめておく．

命題 3.2.6 線形束 E の任意の点 x, y, z と実数 λ について以下の主張が成立する．

(1) $\lambda \geq 0$ ならば，$\lambda(x \vee y) = (\lambda x) \vee (\lambda y)$, $\quad \lambda(x \wedge y) = (\lambda x) \wedge (\lambda y)$

(2) $|\lambda x| = |\lambda||x|$

(3) $x \vee y = y + (x-y)^+, \quad x \wedge y = y - (x-y)^-$

(4) $x \vee y = \frac{1}{2}(x + y + |x-y|), \quad x \wedge y = \frac{1}{2}(x + y - |x-y|)$

(5) $x + y = x \vee y + x \wedge y$

(6) $|x - y| = x \vee y - x \wedge y$

(7) $x = x^+ - x^-, \quad x^+ \wedge x^- = 0$

(8) $|x| = x^+ + x^-, \quad |x| = 0 \Leftrightarrow x = 0$

(9) $|x + y| \vee |x - y| = |x| + |y|$

(10) $|x| \vee |y| = \frac{1}{2}(|x+y| + |x-y|), \quad |x| \wedge |y| = \frac{1}{2}||x+y| - |x-y||$

証明

(1) $\lambda = 0$ の場合は明らかに等式が成立するので $\lambda > 0$ とする。$x \leq x \vee y$ なので $\lambda x \leq \lambda(x \vee y)$ が成立し，y についても同様なので $\lambda y \leq \lambda(x \vee y)$ が成立する。一方，$\lambda x \leq z$ かつ $\lambda y \leq z$ である z を考える。$x \leq z/\lambda$ と $y \leq z/\lambda$ が成立することより，$x \vee y \leq z/\lambda$ となり，これより $\lambda(x \vee y) \leq z$ をえて，$(\lambda x) \vee (\lambda y) = \lambda(x \vee y)$ をえる。2 番目の等式も同様にして求まる。

(2) $\lambda \geq 0$ の場合には，
$$|\lambda x| = (\lambda x) \vee (-\lambda x) = \lambda(x \vee (-x)) = \lambda |x|$$
が成立する。また，$\lambda < 0$ の場合には，
$$|\lambda x| = (-\lambda)(-x) \vee (-\lambda)x = -\lambda((-x) \vee x) = (-\lambda)|x|$$
が成立する。これらをまとめて，$|\lambda x| = |\lambda||x|$ をえる。

(3) $x \vee y = y + 0 \vee (x-y) = y + (x-y)^+$ と変形できる。2 番目の等式についても同様である。

(4) 等式変形
$$x + y + |x-y| = x + y + (x-y) \vee (y-x) = (2x) \vee (2y) = 2(x \vee y)$$
より第 1 の等式をえる。また，
$$x + y - |x-y| = x + y - (x-y) \vee (y-x)$$
$$= x + y + (y-x) \wedge (x-y) = (2y) \wedge (2x) = 2(x \wedge y)$$
より第 2 の等式をえる。

(5) (4) の 2 つの等式を辺々加え合せればよい。

(6) (5) と同様に考えればよい。

3.2 線形束

(7) $x = x^+ - x^-$ については (5) の等式で $y = 0$ とすればよい。一方，

$$x^+ \wedge x^- = ((x^+ - x^-) \wedge 0) + x^- = (x \wedge 0) + x^-$$

$$= -((-x) \vee 0) + x^- = -x^- + x^- = 0$$

より $x^+ \wedge x^- = 0$ をえる。

(8) (6) の等式で $y = 0$ とすればよい。第 2 の同値関係はこの等式と (7) より明らかである。

(9) 以下の等式変形によりえられる。

$$|x+y| \vee |x-y| = [(x+y) \vee (-x-y)] \vee [(x-y) \vee (y-x)]$$

$$= [(x+y) \vee (x-y)] \vee [(-x-y) \vee (y-x)]$$

$$= [x + y \vee (-y)] \vee [-x + (-y) \vee y]$$

$$= [x + |y|] \vee [-x + |y|]$$

$$= (x \vee (-x)) + |y|$$

$$= |x| + |y|$$

(10) 第 1 式については (9) の等式の書き換えにすぎない。

第 2 式は以下の等式変形によりえられる。第 1 の等式は (6) の，第 2 の等式は (5) の等式を使っている。そして下から 2 番目の等式は (9) と直前に示した等式を，最後の等式は (5) の等式を再び使っている。

$$||x+y| - |x-y|| = |x+y| \vee |x-y| - |x+y| \wedge |x-y|$$

$$= |x+y| \vee |x-y|$$

$$\quad - (|x+y| + |x-y| - |x+y| \vee |x-y|)$$

$$= 2(|x+y| \vee |x-y|) - (|x+y| + |x-y|)$$

$$= 2(|x| + |y|) - 2(|x| \vee |y|)$$

$$= 2(|x| \wedge |y|)$$

□

線形束の 2 点 x, y について，$|x| \wedge |y| = 0$ が成立するとき，x と y は互いに素であるといい記号では $x \perp y$ と表す．次の命題 3.2.7 は互いに素なベクトルの特徴付けをしている．

命題 3.2.7 線形束の任意の 2 点 x, y ついて以下の主張は互いに同値である．

(1) $x \perp y$, 即ち，$|x| \wedge |y| = 0$

(2) $|x + y| = |x - y|$

(3) $|x + y| = |x| \vee |y|$

証明 命題 3.2.6(10) より

$$|x| \wedge |y| = \frac{1}{2}||x+y| - |x-y||$$

が成立しているので x と y が互いに素であるならば $|x+y| = |x-y|$ が成立する．また，

$$|x| \vee |y| = \frac{1}{2}(|x+y| + |x-y|)$$

が成立しているので，$|x+y| = |x-y|$ ならば $|x+y| = |x| \vee |y|$ が成立する．最後に $|x+y| = |x| \vee |y|$ とすると，

$$|x+y| = |x| \vee |y| = \frac{1}{2}(|x+y| + |x-y|)$$

より，$|x+y| = |x-y|$ が導かれるが，これより

$$|x| \wedge |y| = \frac{1}{2}||x+y| - |x-y|| = 0$$

をえる．以上で (1) と (2) と (3) の主張が互いに同値であることが示せた．□

系 3.2.8 線形束の任意の 2 点 x, y が互いに素であるならば，

$$|x + y| = |x| + |y|$$

が成立する．

証明 命題 3.2.6(9) より $|x+y| \vee |x-y| = |x| + |y|$ が成立する．そして，x と y が互いに素なので命題 3.2.7 より $|x+y| = |x-y|$ が成立する．よって，$|x+y| = |x| + |y|$ をえる．□

次に系 3.2.8 を拡張して，互いに素である有限個のベクトルについて，その和の絶対値をばらばらにして計算できることを以下に示す．そのために補題を用意する．

補題 3.2.9 $x, x_1, \ldots, x_m$ が線形束の正元であるならば，
$$x \wedge (x_1 + \cdots + x_m) \leq x \wedge x_1 + \cdots + x \wedge x_m$$
が成立する．

証明 $m=2$ の場合を示しておけば m が 3 以上の場合は帰納法が容易に適用できるので，$m=2$ の場合だけを証明する．$x \wedge (x_1 + x_2) \leq x_1 + x_2$ より
$$x \wedge (x_1 + x_2) - x_2 \leq x_1$$
が成立する．一方
$$x \wedge (x_1 + x_2) - x_2 \leq x \wedge (x_1 + x_2) \leq x$$
が成立するので，$x \wedge (x_1 + x_2) - x_2 \leq x \wedge x_1$，即ち，
$$x \wedge (x_1 + x_2) - x \wedge x_1 \leq x_2$$
をえる．一方
$$x \wedge (x_1 + x_2) - x \wedge x_1 \leq x \wedge (x_1 + x_2) \leq x$$
が成立するので $x \wedge (x_1 + x_2) - x \wedge x_1 \leq x \wedge x_2$ をえて，
$$x \wedge (x_1 + x_2) \leq x \wedge x_1 + x \wedge x_2$$
が証明される．□

命題 3.2.10 線形束の有限個の点 $x_1,\ldots,x_m$ の任意の 2 つのベクトルが互いに素であるならば，

$$\left|\sum_{i=1}^m x_i\right| = \sum_{i=1}^m |x_i| = \bigvee_{i=1}^m |x_i|$$

が成立する。

証明 m に関する帰納法で証明する。$m=1$ の場合は明らかであるので，$m=k$ のとき成立すると仮定して $m=k+1$ の場合も成立することを示す。帰納法の仮定より $\left|\sum_{i=1}^k x_i\right| = \sum_{i=1}^k |x_i|$ が成立するので，補題 3.2.9 より

$$\left|\sum_{i=1}^k x_i\right| \wedge |x_{k+1}| = \left(\sum_{i=1}^k |x_i|\right) \wedge |x_{k+1}| \leq \sum_{i=1}^k (|x_i| \wedge |x_{k+1}|) = 0$$

をえて $\sum_{i=1}^k x_i$ と x_{k+1} は互いに素である。よって系 3.2.8 より

$$\left|\sum_{i=1}^{k+1} x_i\right| = \left|\sum_{i=1}^k x_i\right| + |x_{k+1}| = \sum_{i=1}^{k+1} |x_i|$$

をえる。一方，帰納法の仮定より $\left|\sum_{i=1}^k x_i\right| = \bigvee_{i=1}^k |x_i|$ が成立するので，命題 3.2.7 より

$$\left|\sum_{i=1}^{k+1} x_i\right| = \left|\sum_{i=1}^k x_i\right| \vee |x_{k+1}| = \left(\bigvee_{i=1}^k |x_i|\right) \vee |x_{k+1}| = \bigvee_{i=1}^{k+1} |x_i|$$

をえる。□

定理 3.2.11 線形束は順序単位元をもつ。

証明 線形束 E の任意の点 x に対しその正部分 x^+ を考えると常に $x \leq x^+$ と $x^+ \geq 0$ が成立している。よって，正錐 E_+ は E を支配しているので系 3.1.4 より E は順序単位元をもつ。□

　線形束 E に関し第 3.1 節の議論からその双対空間 E^* は E の正錐 E_+ の双対錐 $(E_+)^*$ を正錐とみなすことにより順序線形空間となる。実はこのベクトル順序について E^* は線形束となる。以下その議論を進めよう。$x^* \in E^*$ は任意の順序区間 $\langle a,b \rangle$ に対し，$x^*(\langle a,b \rangle)$ が順序有界であるとき，即ち，ある

3.2 線形束

α と β が存在し $x^*(\langle a, b \rangle) \subset \langle \alpha, \beta \rangle$ が成立するとき**順序有界**であるという。実数空間では順序区間と通常の閉区間は一致して $\langle \alpha, \beta \rangle = [\alpha, \beta]$ が成立することに注意する。次の命題 3.2.13 は任意の線形汎関数は順序有界であることを示している。その証明の前に補題を証明しておく。なお，辞書式順序を考察すれば分かるように，この補題の順序線形空間がアルキメデス的であるという仮定を省略することはできない。

補題 3.2.12 アルキメデス的順序線形空間 E の任意の順序単位元 u について，順序区間 $\langle -u, u \rangle$ は E の原点のコンパクト対称凸近傍である。

証明 $\langle -u, u \rangle = (-u + E_+) \cap (u - E_+)$ とかけるので，$\langle -u, u \rangle$ が原点の閉対称凸近傍であることは，命題 3.1.3 より u が E_+ の内点であり，命題 3.1.2 より E_+ が閉集合であることから明らかである。あとは $\langle -u, u \rangle$ が有界であることを示せばよい。そのためには定理 1.4.9 より遠離楔 $0^+ \langle -u, u \rangle$ が $\{0\}$ に等しいことを示せば十分である。補題 1.4.7 より

$$0^+ \langle -u, u \rangle = \bigcap_{\lambda > 0} \lambda \langle -u, u \rangle$$

が成立している。この等式の右辺が $\{0\}$ であることを以下に示す。$x \in \bigcap_{\lambda > 0} \lambda \langle -u, u \rangle$ とすると，任意の自然数 n について $x \in (1/n) \langle -u, u \rangle$ が成立しているので $nx \leq u$ と $-nx \leq u$ が成立する。E はアルキメデス的であるので $x \leq 0$ と $-x \leq 0$ が成立するので $x = 0$ をえる。□

命題 3.2.13 アルキメデス的線形束の任意の線形汎関数は順序有界である。

証明 アルキメデス的線形束を E とし $x^* \in E^*$ を任意にとる。そして E 内の任意の順序区間 $\langle a, b \rangle$ をとる。定理 3.2.11 より E は順序単位元 u をもつが，補題 3.2.12 より $\langle -u, u \rangle$ は 0 のコンパクト近傍である。u は順序単位元なので十分大きな $\lambda > 0$ をとることにより $\langle a, b \rangle \subset \langle -\lambda u, \lambda u \rangle$ とできる。これより，

$$x^*(\langle a, b \rangle) \subset x^*(\langle -\lambda u, \lambda u \rangle) = \lambda x^*(\langle -u, u \rangle)$$

が成立するが，x^* の連続性より $x^*(\langle -u, u \rangle)$ はコンパクトなので $\lambda x^*(\langle -u, u \rangle)$ もコンパクトとなり有界である。よって x^* は順序有界であることが示せた。
□

　順序線形空間 E は $x \leq u + v$ をみたす任意の $x, u, v \geq 0$ について，$0 \leq y \leq u$，$0 \leq z \leq v$ かつ $x = y + z$ をみたす y, z が存在するとき**分解性**をもつという。次の命題 3.2.14 は線形束が分解性をもつことを主張している。

命題 3.2.14 線形束は分解性をもつ。

証明 $x, u, v \geq 0$ は $x \leq u + v$ を満たしているとする。

$$y = x - x \wedge v, \quad z = x \wedge v$$

とおく。$x = y + z$ は明らかである。$x - u \leq x$ と $x - u \leq v$ が成立しているので $x - u \leq x \wedge v$ が成立する。よって，

$$0 \leq y = x - x \wedge v \leq x - (x - u) = u$$

が成立する。また，$0 \leq z \leq v$ は z の定義より明らかである。□

　命題 3.2.14 を根拠に線形束の双対順序線形空間は線形束となっていることを証明することができるが，そのために補題を準備する。線形空間内の錐 K 上で定義された実数値関数 $f : K \to R$ は

$$f(x + y) = f(x) + f(y), \quad x, y \in K$$

が成立するとき，**加法的**であるという。

補題 3.2.15 線形束 E の正錐 E_+ 上で定義された加法的非負実数値関数 $f : E_+ \to [0, \infty[$ は E 上の線形汎関数に一意的に拡張することができる。即ち，

$$x^*(x) = f(x), \quad x \in E_+$$

が成立するような唯一の $x^* \in E^*$ が存在する。

証明 f を使い E 上の実数値関数 x^* を

$$x^*(x) = f(x^+) - f(x^-), \quad x \in E$$

3.2 線形束

と定義し，この x^* が求めるものであることを以下に示す。そのためには，x^* が f の拡張であることは明らかなので，$x^* \in E^*$，即ち，x^* が線形であることを示せば証明は完了する。拡張の一意性についても x^* のこの定義より明らかである。

最初に x^* の加法性を示す。任意の $x, y \in E$ をとると $x + y$ は以下のように2通りに表すことができる。

$$x + y = (x+y)^+ - (x+y)^- = x^+ - x^- + y^+ - y^-$$

これより，

$$(x+y)^+ + x^- + y^- = (x+y)^- + x^+ + y^+$$

をえる。f は加法的なので，

$$f((x+y)^+) + f(x^-) + f(y^-) = f((x+y)^-) + f(x^+) + f(y^+)$$

をえる。従って，

$$\begin{aligned} x^*(x+y) &= f((x+y)^+) - f((x+y)^-) \\ &= f(x^+) - f(x^-) + f(y^+) - f(y^-) \\ &= x^*(x) + x^*(y) \end{aligned}$$

をえて，x^* の加法性を示すことができた。

次に x^* の斉次性の証明，即ち，任意の $x \in E$ と $\lambda \in R$ について $x^*(\lambda x) = \lambda x^*(x)$ が成立することの証明に移る。f の加法性より $x^*(0) = f(0) = 0$ が成立する。よって，

$$0 = x^*(0) = x^*(x-x) = x^*(x) + x^*(-x)$$

より $x^*(-x) = -x^*(x)$ が任意の $x \in E$ について成立する。そして x^* の加法性より任意の自然数 n について

$$x^*(x) = x^*\left(n\frac{1}{n}x\right) = nx^*\left(\frac{1}{n}x\right)$$

が成立するが，これより $x^*((1/n)x)) = (1/n)x^*(x)$ をえる．x^* の加法性と $x^*(-x) = -x^*(x)$ を考慮すると，任意の自然数 n と整数 m について

$$x^*\left(\frac{m}{n}x\right) = \frac{m}{n}x^*(x)$$

が成立する．よって任意の有理数 r について $x^*(rx) = rx^*(x)$ が成立することが証明された．

次に x^* が単調であること，即ち，$x \leq y$ ならば $x^*(x) \leq x^*(y)$ が成立することを示す．$x \leq y$ とすると $y - x \geq 0$ であるので

$$x^*(y) = x^*(y-x) + x^*(x) = f(y-x) + x^*(x) \geq x^*(x)$$

をえて，x^* は単調である．

任意の $x \geq 0$ と実数 λ をとる．この λ に対し λ に収束する単調増加有理数列 $\{r_n\}$ と λ に収束する単調減少有理数列 $\{t_n\}$ をとると，今示した x^* の単調性より，

$$r_n x^*(x) = x^*(r_n x) \leq x^*(\lambda x) \leq x^*(t_n x) = t_n x^*(x)$$

が成立しているので $x^*(\lambda x) = \lambda x^*(x)$ をえる．一般の $x \in E$ については，

$$\begin{aligned} x^*(\lambda x) &= x^*(\lambda x^+ + (-\lambda)x^-) \\ &= \lambda x^*(x^+) + (-\lambda)x^*(x^-) \\ &= \lambda(f(x^+) - f(x^-)) \\ &= \lambda x^*(x) \end{aligned}$$

が成立するので，x^* の斉次性の証明が完了する．

以上で x^* が E 上の線形汎関数であることが証明された．□

以上の準備の下に線形束の双対順序線形空間が線形束になっていることを示すことができる．

定理 3.2.16 線形束 E の双対順序線形空間 E^* は線形束であり，E^* における束演算については以下の等式が成立する．任意の $x^*, y^* \in E^*$ と任意の $z \geq 0$ について，

$$(x^* \vee y^*)(z) = \sup\{x^*(x) + y^*(y) : x, y \geq 0, \ x + y = z\}$$

3.2 線形束

$$(x^* \wedge y^*)(z) = \inf\{x^*(x) + y^*(y) : x, y \geq 0, \ x + y = z\}$$

$$|x^*|(z) = \sup\{x^*(x) : -z \leq x \leq z\}$$

が成立している．このとき E^* を E の双対線形束とよぶ．

証明 E^* が線形束であることを示すには，系 3.2.3 より任意の $x^* \in E^*$ と $0 \in E^*$ との上限 $x^* \vee 0$ が存在することを示せば十分である．

$$f(x) = \sup\{x^*(y) : 0 \leq y \leq x\}, \quad x \geq 0$$

とおいて，この f を使い $x^* \vee 0$ を構成できることを示す．命題 3.2.13 より $f(x)$ はすべての $x \geq 0$ について非負実数として定義される．そして，f は加法的であることを以下に示す．$u, v \geq 0$ を任意にとる．$0 \leq x \leq u$, $0 \leq y \leq v$ とすると，$0 \leq x + y \leq u + v$ となるので，$x^*(x) + x^*(y) = x^*(x+y) \leq f(u+v)$ をえる．従って，$f(u) + f(v) \leq f(u+v)$ が成立する．一方，$0 \leq x \leq u+v$ とすると，命題 3.2.14 より $0 \leq y \leq u$, $0 \leq z \leq v$, $x = y + z$ をみたす y と z が存在する．よって，$x^*(x) = x^*(y) + x^*(z) \leq f(u) + f(v)$ となるので，$f(u+v) \leq f(u) + f(v)$ をえる．以上で $f(u+v) = f(u) + f(v)$ が成立し f は加法的であることが証明された．この f に補題 3.2.15 を適用すると f の唯一の線形拡張 $y^* \in E^*$ が存在する．f の定義より $y^* = x^* \vee 0$ が成立する．実際，任意の $x \geq 0$ に対し，$y^*(x) = \sup\{x^*(y) : 0 \leq y \leq x\}$ が成立しているので，右辺で $y = 0$ を考えれば $y^*(x) \geq 0$ をえて，$y = x$ を考えれば $y^*(x) \geq x^*(x)$ をえる．よって，$y^* \geq 0$ と $y^* \geq x^*$ が成立するので y^* は x^* と 0 の上界である．一方，$z^* \geq x^*$ かつ $z^* \geq 0$ である任意の $z^* \in E^*$ を考える．そして $x \geq 0$ をとり固定する．$0 \leq y \leq x$ を満たす任意の $y \in E$ について，$x^*(y) \leq z^*(y) \leq z^*(x)$ が成立するので，$y^*(x) \leq z^*(x)$ をえる．よって $y^* \leq z^*$ が成立し，$y^* = x^* \vee 0$ が証明された．従って E^* は線形束である．

これまでの議論で $z \geq 0$ について

$$(x^*)^+(z) = \sup\{x^*(x) : 0 \leq x \leq z\}$$

が成立していることは確認済みである．$x^*, y^* \in E^*$ について，命題 3.2.6(3) より $x^* \vee y^* = x^* + (y^* - x^*)^+$ が成立しているので，任意の $z \geq 0$ に対し

以下の等式が成立する。

$$\begin{aligned}(x^* \vee y^*)(z) &= x^*(z) + (y^* - x^*)^+(z) \\ &= x^*(z) + \sup\{(y^* - x^*)(y) : 0 \leq y \leq z\} \\ &= \sup\{x^*(z - y) + y^*(y) : 0 \leq y \leq z\} \\ &= \sup\{x^*(x) + y^*(y) : x, y \geq 0,\ x + y = z\}\end{aligned}$$

そしてこの等式より以下の等式がえられる。

$$\begin{aligned}(x^* \wedge y^*)(z) &= -((-x^*) \vee (-y^*))(z) \\ &= -\sup\{-x^*(x) - y^*(y) : x, y \geq 0,\ x + y = z\} \\ &= \inf\{x^*(x) + y^*(y) : x, y \geq 0,\ x + y = z\}\end{aligned}$$

さらに $|x^*|$ については

$$\begin{aligned}|x^*|(z) &= (x^* \vee (-x^*))(z) \\ &= \sup\{x^*(x) - x^*(y) : x, y \geq 0,\ x + y = z\} \\ &= \sup\{x^*(x - y) : x, y \geq 0,\ x + y = z\} \\ &= \sup\{x^*(w) : -z \leq w \leq z\}\end{aligned}$$

をえる。□

　線形束の最後の話題として線形束上のノルムについて議論し，その応用として束演算の連続性について考察する．線形束は線形空間であるのでその上には無数のノルムが存在するが，束構造との相性がよいノルムについて議論を進める．線形束 E 上のノルム $\|\cdot\|$ は，任意の $x, y \in E$ について $|x| \leq |y|$ より $\|x\| \leq \|y\|$ が演繹されるとき，束ノルムであるという．次の定理はアルキメデス的線形束は常に束ノルムをもつことを主張している．

定理 3.2.17 アルキメデス的線形束上に束ノルムが存在する．

証明 アルキメデス的線形束を E としよう．定理 3.2.11 より E は順序単位元 u をもち，補題 3.2.12 より順序区間 $U = \langle -u, u \rangle$ は E の原点のコンパクト対称凸近傍である．U のミンコフスキー汎関数を $\|\cdot\|$ とすると，これがノ

ルムであることは定理 1.3.3 より保証される。以下このノルムが束ノルムであることを示す。

まず $0 \leq x \leq y$ ならば $\|x\| \leq \|y\|$ が成立することを確認する。$0 \leq x \leq y$ のとき
$$\{\lambda > 0 : y \in \lambda\langle -u, u\rangle\} \subset \{\lambda > 0 : x \in \lambda\langle -u, u\rangle\}$$
が成立するのは明らかなので、$\|x\| \leq \|y\|$ をえる。一方、
$$\{\lambda > 0 : x \in \lambda\langle -u, u\rangle\} = \{\lambda > 0 : |x| \in \lambda\langle -u, u\rangle\}$$
が成立することも $|x|$ の定義より明らかなので、$\|x\| = \||x|\|$ をえる。これら2つの結果を組み合わせることにより、$|x| \leq |y|$ をみたす任意の x, y について、$\|x\| = \||x|\| \leq \||y|\| = \|y\|$ と計算され求める結果をえる。□

次の命題 3.2.18 に示すように絶対値に関する三角不等式が成立する。

命題 3.2.18 線形束 E の任意の元 x, y について
$$\||x| - |y|\| \leq |x \pm y| \leq |x| + |y|$$
が成立する。

証明 $\pm x \leq |x|$, $\pm y \leq |y|$ より $\pm(x+y) \leq |x|+|y|$ が成立するが、これより $|x+y| \leq |x|+|y|$ をえる。そして、この不等式より
$$|x| = |(x-y) + y| \leq |x-y| + |y|$$
をえるので、$|x| - |y| \leq |x-y|$ が成立する。さらにこの不等式より $|y| - |x| \leq |y-x| = |x-y|$ となるのでこの2つの結果より $\||x| - |y|\| \leq |x-y|$ をえる。そしてこの不等式の y の代わりに $-y$ を代入することにより、$\||x| - |y|\| \leq |x+y|$ をえる。さらに上でえた $|x+y| \leq |x|+|y|$ において y に $-y$ を代入することにより $|x-y| \leq |x|+|y|$ をえる。以上の結果をまとめて
$$\||x| - |y|\| \leq |x \pm y| \leq |x| + |y|$$
をえる。□

線形束の基本的な演算である $\vee$, $\wedge$ は線形空間の加法やスカラー乗法が連続であるように連続であることが期待される．また，正部分をとる $x \mapsto x^+$，負部分をとる $x \mapsto x^-$，絶対値をとる $x \mapsto |x|$ も連続であることが予想される．次の定理 3.2.19 でこれらの演算や写像がすべて連続であることを確認する．

定理 3.2.19 線形束 E において以下の写像はすべて連続である．

(1) $(x,y) \in E \times E \mapsto x \vee y \in E$

(2) $(x,y) \in E \times E \mapsto x \wedge y \in E$

(3) $x \in E \mapsto x^+ \in E$

(4) $x \in E \mapsto x^- \in E$

(5) $x \in E \mapsto |x| \in E$

証明 最初に写像 $x \mapsto |x|$ が連続であることを示す．E の点列 $\{x_n\}$ が点 $x \in E$ に収束しているとする．命題 3.2.18 より $||x_n| - |x|| \leq |x_n - x|$ が成立する．定理 3.2.17 より存在が保証される E 上の束ノルムを $\|\cdot\|$ とすると，

$$\| |x_n| - |x| \| \leq \| |x_n - x| \| = \| x_n - x \|$$

が成立するので，$|x_n| \to |x|$ をえる．これで写像 $x \mapsto |x|$ が連続であることが示せた．

命題 3.2.6(4) より

$$x \vee y = \frac{1}{2}(x + y + |x - y|)$$

が成立しているので，この等式から写像 $(x,y) \mapsto x \vee y$ の連続性が確認される．写像 $(x,y) \mapsto x \wedge y$ についても同様の推論によりその連続性が確認できる．これらの結果より写像 $x \mapsto x^+$ と $x \mapsto x^-$ も連続である．□

第 4 章

凸集合の端構造

本章では閉凸集合の端構造を明らかにし，その知見に基づいて第 3 章で扱った線形束の正錐の特徴付けを行い，さらに，線形計画問題の幾何的理解を図る．

4.1 閉凸集合の端構造

本節では参考文献 [13] の結果の一部とその一般化を紹介する．これは続く節の線形束の正錐の特徴付けや多面体に関する議論の理論的根拠となる．

線形空間 E の非空凸部分集合 C を考えよう．C の非空凸部分集合 F は，任意の $x,y \in C$ と $\lambda \in \,]0,1[$ について，$(1-\lambda)x + \lambda y \in F$ から $x,y \in F$ が演繹されるとき，C の面であるという．C 自身も C の面である．凸集合 C の点 e は一点集合 $\{e\}$ が C の面であるとき，C の端点であるという．以後の議論で線形空間内の 2 点を結ぶ閉線分の概念が必要となるのでその定義をしておく．線形空間 E 内の 2 点 x,y に対しそれらを結ぶ閉線分とは集合 $\{x,y\}$ の凸包 $\mathrm{co}\{x,y\}$ のことをいい記号では $[x,y]$ と表す．そして x,y を結ぶ開線分とは集合 $\{(1-\lambda)x + \lambda y : \lambda \in \,]0,1[\}$ のことをいい記号では $]x,y[$ と表す．その他 $[x,y[$ や $]x,y]$ と表すことのできる半開線分の定義は明らかだろう．面の基本的な性質を明示しておく．

命題 **4.1.1** 線形空間 E の非空凸部分集合 C について以下の主張が成立する．

(1) C の非空凸部分集合 F について以下の主張は互いに同値である。

  (a) F は C の面である。

  (b) 任意の $x_1, \ldots, x_m \in C$ と $\sum_{i=1}^m \lambda_i = 1$ を満たす任意の $\lambda_1, \ldots, \lambda_m > 0$ について
  $$\sum_{i=1}^m \lambda_i x_i \in F \Rightarrow x_1, \ldots, x_m \in F$$
  が成立する。

  (c) 任意の $x, y \in C$ について
  $$\frac{1}{2}x + \frac{1}{2}y \in F \Rightarrow x, y \in F$$
  が成立する。

(2) C の面の面は C の面である。

(3) $x^* \in E^*$ が C 上の最小値 m に達するとすると，集合 $M = \{x \in C : x^*(x) = m\}$ は C の面である。

(4) C とは異なるいかなる C の面も C の相対的内部と交わりをもたない。

(5) $\{F_\alpha\}_{\alpha \in A}$ を C の面の族とする。もし $\bigcap_{\alpha \in A} F_\alpha \neq \emptyset$ ならば，$\bigcap_{\alpha \in A} F_\alpha$ は C の面である。

証明

(1) (1a) $\Rightarrow$ (1b) m に関する帰納法で証明する。$m = 1$ の場合は明らかに成立する。$m = k$ の場合に成立すると仮定し $m = k+1$ の場合に成立することを示す。$\sum_{i=1}^k \lambda_i = \mu$ とおくと $\mu \in {]}0, 1{[}$ であり
$$\sum_{i=1}^{k+1} \lambda_i x_i = \mu \left(\sum_{i=1}^k \frac{\lambda_i}{\mu} x_i \right) + (1-\mu) x_{k+1}$$
と書ける。F が面であるという仮定より，
$$\sum_{i=1}^k \frac{\lambda_i}{\mu} x_i \in F, \quad x_{k+1} \in F$$

4.1 閉凸集合の端構造

が成立する。そして，$\sum_{i=1}^{k}(\lambda_i/\mu) = 1$, $\lambda_i/\mu > 0$ が成立するので，帰納法の仮定より $x_1, \ldots, x_k \in F$ をえる。

(1b) $\Rightarrow$ (1c) 明らかである。

(1c) $\Rightarrow$ (1a) C の相異なる 2 点 $x, y \in C$ と $\lambda \in\,]0,1[\, \setminus \{1/2\}$ をつかい $z_0 = (1-\lambda)x + \lambda y \in F$ となっているとする。必要ならば x と y を入れ換えて $0 < \lambda < 1/2$ が成立しているとしても一般性は失われない。$z_1 = (1-2\lambda)x + 2\lambda y$ とおくと $z_1 \in C$ で

$$\frac{x + z_1}{2} = (1-\lambda)x + \lambda y \in F$$

が成立する。よって仮定より $x, z_1 \in F$ をえるが，F の凸性より $[x, z_1] \subset F$ をえる。もし $z_1 \in [(x+y)/2, y]$ ならば F の凸性より $(x+y)/2 \in F$ をえて証明が完了する。もし $z_1 \in [x, (x+y)/2[$ ならば $z_2 = (1-4\lambda)x + 4\lambda y$ とおき上記の議論を必要な回数繰り返すことにより，ある自然数 k において $z_k \in F$ と $z_k \in [(x+y)/2, y]$ をえる。これより $(x+y)/2 \in F$ となり仮定より $y \in F$ をえて F は C の面である。

(2) C の面を F とし F の面を F_1 とする。$x, y \in C$, $\lambda \in\,]0,1[$ で $(1-\lambda)x + \lambda y \in F_1$ とする。$F_1 \subset F$ より $(1-\lambda)x + \lambda y \in F$ が成立しており F が C の面であることより $x, y \in F$ をえる。そして F_1 が F の面であることより $x, y \in F_1$ をえて，F_1 は C の面である。

(3) $x, y \in M$ とし $\lambda \in\,]0,1[$ とすると，

$$x^*((1-\lambda)x + \lambda y) = (1-\lambda)x^*(x) + \lambda x^*(y) = m$$

が成立するので $(1-\lambda)x + \lambda y \in M$ をえて，M が C の凸部分集合であることが分かる。さらに，$x, y \in C$ と $\lambda \in\,]0,1[$ で $(1-\lambda)x + \lambda y \in M$ が成立していたとすると，

$$m = x^*((1-\lambda)x + \lambda y) = (1-\lambda)x^*(x) + \lambda x^*(y)$$

となり，$x^*(x) \geq m$, $x^*(y) \geq m$ と考え合わせると $x^*(x) = x^*(y) = m$ をえて，$x, y \in M$ が成立する。

(4) C の次元が 0 であるときは，C と異なる面は存在しないので (4) の主張は明らかに成立する．よって C の次元は 1 以上とする．$F \neq C$, $F \cap \mathrm{ri}\, C \neq \emptyset$ を満たす C の面 F が存在したと仮定して矛盾を導く．点 $x \in F \cap \mathrm{ri}\, C$ をとり，さらに点 $y \in C \setminus F$ をとる．$x \in \mathrm{ri}\, C$ より，$x = (1-\lambda)y + \lambda z$ となる $z \in C$ と $\lambda \in\ ]0,1[$ が存在するが，F は C の面であるので $x \in F$ より $y \in F$ をえて矛盾が生じる．

(5) 面の定義を考えると明らかである．

□

第 1.4 節で半直線の定義をしたが，凸集合 C に含まれる半直線が C の面であるときそれを C の**端半直線**という．C の端点全体の集合を $\mathrm{ext}\, C$ とかき，C のすべての端半直線の和集合を $\mathrm{rext}\, C$ とかく．どちらも空集合になる可能性のある C の部分集合である．

この端半直線と端点の基本的な関係を証明しておこう．

命題 4.1.2 線形空間 E の閉凸集合 C と C の端半直線 l を考える．このとき l は閉半直線であり，l の始点は C の端点である．

証明 l の始点を e とすると C が閉集合であることより $e \in C$ は明らかである．l が開半直線であるとすると l 内の点 x をひとつとると $e/2 + x/2 \in l$ となるが $e \notin l$ なので l は面ではない．よって l は閉半直線である．

続いて e が C の端点であることを示す．そのためには命題 4.1.1(2) より，e が l の端点であることを示せばよい．$x, y \in l$ を使い $e = (x+y)/2$ と書けているとする．d を l の方向ベクトルとすると $\lambda \geq 0, \mu \geq 0$ が存在し $x = e + \lambda d$, $y = e + \mu d$ と書けている．このとき，

$$e = \frac{1}{2}(e + \lambda d) + \frac{1}{2}(e + \mu d) = e + \left(\frac{1}{2}\lambda + \frac{1}{2}\mu\right)d$$

が成立するので，これより $\lambda = \mu = 0$ をえて $x = y$ が成立する．よって e は l の端点である．□

命題 4.1.2 より分ることは閉凸集合に端半直線が存在すれば必ず端点が存在することである．しかし端点が存在しても端半直線が存在しないことは十分ありうる．

線形空間 E 内の線形多様体 M の閉半空間とは，ある $x^* \in E^*$ と実数 α を使い
$$M \cap \{x \in E : x^*(x) \leq \alpha\} = \{x \in M : x^*(x) \leq \alpha\}$$
とかけている非空かつ M には等しくない集合のことをいう。このとき，x^* は M 上で定数ではなく異なる値をとることは明らかであるが，逆に，M 上で定数ではない $x^* \in E^*$ と実数 α を使い $\{x \in M : x^*(x) \leq \alpha\}$ と表される集合は M の閉半空間である。

命題 4.1.3 線形空間 E の非空部分集合 C について以下の主張が成立する。

(1) C が線形多様体であるための必要十分条件は C の相対的境界 $\mathrm{rb}\, C$ が空集合であることである。

(2) C が非空閉凸集合である場合，C が線形多様体の閉半空間であるための必要十分条件は $\mathrm{rb}\, C$ が非空凸集合であることである。

証明

(1) 必要性は明らかなので十分性の証明を行なう。C より生成される線形多様体を M と表す。仮定より $\mathrm{rb}\, C = \mathrm{cl}\, C \cap \mathrm{cl}(M \setminus C) = \emptyset$ と $\mathrm{cl}\, C \cup \mathrm{cl}(M \setminus C) = M$ が成立するので，$\mathrm{cl}\, C$ と $\mathrm{cl}(M \setminus C)$ は共に M の中で開かつ閉集合である。定理 1.1.11 より $\mathrm{cl}\, C = \emptyset$ または $\mathrm{cl}\, C = M$ が成立する。C は非空であるという仮定より $\mathrm{cl}\, C$ は非空であるので $\mathrm{cl}\, C = M$ が成立している。一方，$\mathrm{cl}(M \setminus C) = \emptyset$ または $\mathrm{cl}(M \setminus C) = M$ が成立しているが，$\mathrm{cl}(M \setminus C) = M$ とすると $\mathrm{rb}\, C = M$ となり矛盾が生じるので，$\mathrm{cl}(M \setminus C) = \emptyset$ が成立する。これより $C = M$ をえて C が線形多様体であることが証明された。

(2) これも必要性は明らかなので十分性の証明のみを行なう。非空閉凸集合 C の相対的境界 $\mathrm{rb}\, C$ が非空凸集合であると仮定する。系 1.2.7 より C の相対的内部 $\mathrm{ri}\, C$ は非空凸集合である。$\mathrm{rb}\, C$ と $\mathrm{ri}\, C$ は交わりをもたないので，定理 2.1.3 よりこれらを真に分離する線形汎関数 $x^* \in E^*$ が存在する。よって
$$\sup\{x^*(x) : x \in \mathrm{rb}\, C\} \leq \inf\{x^*(y) : y \in \mathrm{ri}\, C\}$$

が成立している．ここで，$\alpha = \sup\{x^*(x) : x \in \mathrm{rb}\,C\}$ とおくと
$$\mathrm{rb}\,C \subset \{x \in E : x^*(x) = \alpha\}$$

が成立している．実際もし $x^*(b) < \alpha$ となる $b \in \mathrm{rb}\,C$ が存在したとすると，C の相対的内点 y をひとつとり b と y を結ぶ開線分上の点で b に十分近い点を c とすると $x^*(c) < \alpha$ であるが系 1.2.4 より c は C の相対的内点である．これは上記の $\mathrm{rb}\,C$ と $\mathrm{ri}\,C$ を分離する不等式に反する．よって $\mathrm{rb}\,C \subset \{x \in E : x^*(x) = \alpha\}$ が成立する．そしてこれを根拠に $C \subset \{x \in M : x^*(x) \geq \alpha\}$ も成立する．

x^* は $\mathrm{rb}\,C$ と $\mathrm{ri}\,C$ を真に分離しているので C の相対的内点 y_0 で $x^*(y_0) > \alpha$ となるものが存在する．従って，x^* は C 上で定数ではない．

C より生成される線形多様体を M とする．$x^*(y_0) > \alpha$ より集合 $\{x \in M : x^*(x) > \alpha\}$ は空ではないので，
$$\mathrm{cl}\{x \in M : x^*(x) > \alpha\} = \{x \in M : x^*(x) \geq \alpha\}$$

が成立する．そして，$\{x \in M : x^*(x) > \alpha\} \subset C$ が成立する．実際，もし
$$x_0 \in \{x \in M : x^*(x) > \alpha\} \setminus C$$

となる x_0 が存在すると仮定すると，x_0 と y_0 を結ぶ閉線分 $[x_0, y_0]$ は凸集合 $\{x \in M : x^*(x) > \alpha\}$ に含まれる．一方，C は閉凸集合であるので
$$C \cap [x_0, y_0] = [z_0, y_0]$$

を満たす点 $z_0 \in C$ が存在する．この z_0 は $\mathrm{rb}\,C$ に属するが，$x^*(z_0) > \alpha$ となり矛盾が生じる．

C が閉集合であることより $\{x \in M : x^*(x) \geq \alpha\} \subset C$ をえて，
$$C = \{x \in M : x^*(x) \geq \alpha\}$$

が成立する．以上で C が線形多様体 M の閉半空間であることが証明された．

□

4.1 閉凸集合の端構造

次の補題 4.1.4 では 1 点集合ではない非空閉凸集合 C を考察対象としている。ここでいう C 内の閉線分とは 1 点に縮退しているものは除いて考えている。即ち，閉線分 $[x, y]$ というときは常に $x \neq y$ を前提としている。C 内のすべての閉線分を集めた族に閉線分間の包含関係によって順序を導入した半順序集合を考え，この順序の意味で極大な閉線分を**極大閉線分**とよんでいる。

補題 4.1.4 線形空間 E の 1 点集合ではない非空閉凸集合 C と C より生成される線形多様体 M について以下の主張は互いに同値である。

(1) C は極大閉線分をもつ，即ち，C 内の閉線分で C 内の他の閉線分に真に含まれることはないものが存在する。

(2) C は C に含まれるすべての極大閉線分の和集合である。

(3) C は M とも，M のいかなる閉半空間とも等しくない。

証明 (1) $\Rightarrow$ (2)　C の極大閉線分を I とする。I は

$$I = [x, x+d] = x + [0,1]d$$

と $x \in C$ と $d \neq 0$ を使い表されているとする。任意の $y \in C$ をとる。C 内の閉凸集合 $J = (y + Rd) \cap C$ を考える。

$$0^+ J \subset 0^+(y + Rd) = Rd$$

が成立するので，もし J が有界でないとすると，定理 1.4.9 より $d \in 0^+ J$ または $-d \in 0^+ J$ が成立する。$0^+ J \subset 0^+ C$ は明らかなので

$$d \in 0^+ C \quad \text{または} \quad -d \in 0^+ C$$

が成立する。$d \in 0^+ C$ とすると命題 1.4.8(2) より $x + [0, \infty[d \subset C$ が成立するので I を真に含む閉線分 $x + [0,2]d = [x, x+2d]$ が C 内に存在することになり I の極大性に矛盾する。また $-d \in 0^+ C$ の場合には $(x+d) + [0,2](-d) = [x-d, x+d]$ が I を真に含む C 内の閉線分となりやはり矛盾が生じる。よって J は有界である。この J が C 内の極大閉線分であり，y を含むことは明ら

かである。以上で C の任意の点 y は C 内のある極大閉線分に属すことが証明されたので (2) が成立する。

(2) $\Rightarrow$ (3)　M も M の閉半空間も極大閉線分をもたないのでそれらの和集合で覆うことはできない。よって C はこれらの形の集合と等しくなりえない。

(3) $\Rightarrow$ (1)　命題 4.1.3 より rb$C$ は空集合でなく，凸でない。よって，rb$C$ 内に異なる 2 点 x, y で $[x, y] \not\subset$ rb$C$ となるものが存在する。この $[x, y]$ が C 内の極大閉線分であることを以下に示す。$[x, y] \not\subset$ rb$C$ より $]x, y[\cap \mathrm{ri}\, C \neq \emptyset$ が成立するので点 $z \in]x, y[\cap \mathrm{ri}\, C$ をとる。もし $[x, y]$ が C 内の極大閉線分でないとすると，$[x, y]$ を真に含む C 内の閉線分 $[u, v]$ が存在する。この 4 点 x, y, u, v は x と y を結ぶ直線上に u, x, y, v の順に並んでおり u と x は異なると仮定しても一般性は失われない。このとき $x \in]u, z]$ が成立しており $u \in C$ と $z \in \mathrm{ri}\, C$ が成立するので系 1.2.4 より $x \in \mathrm{ri}\, C$ をえるが，これは $x \in$ rb$C$ に矛盾する。よって $[x, y]$ は C 内の極大閉線分である。□

定理 4.1.5　線形空間 E の閉凸集合 C が端点をもつための必要十分条件は C が直線を含まないことである。そして，この場合

$$C = \mathrm{co}(\mathrm{ext}\, C \cup \mathrm{rext}\, C)$$

が成立する。

証明　必要性。もし C が直線 l を含むとし，l の方向ベクトルを d とすると $d, -d \in 0^+ C$ が成立する。C の任意の点 x について $x + Rd \subset C$ が成立するので x は C の端点とはなりえない。よって C は端点をもたず矛盾が生じる。

十分性。C が直線を含まないならば C が端点をもち，そして等式 $C = \mathrm{co}(\mathrm{ext}\, C \cup \mathrm{rext}\, C)$ が成立することを C の次元 m に関する帰納法で証明する。

$m = 0$ または 1 の場合は C は 1 点集合か閉線分か閉半直線であるので明らかである。

$m = k$ の場合に成立していると仮定し，$m = k + 1$ の場合を証明する。C の次元は 2 以上であることに注意する。仮定より C は直線を含まないので C は線形多様体でもなく C から生成される線形多様体の半空間でもない。よっ

て補題 4.1.4 より C は極大閉線分をもつがこの閉線分の両端点は C の相対的境界点である．従って，特に補題 4.1.4(2) に注目すると，C はその相対的境界の凸包となっている．

C の相対的境界点をひとつとりそれを x_0 とする．定理 2.1.4 より x_0 において C を支持する $x^* \in E^*$ が存在する．

$$H = \{x \in E : x^*(x) = x^*(x_0)\}$$

とおくと，$C \not\subset H$ なので $C \cap H$ はその次元が k 以下の閉凸集合である．さらに命題 4.1.1(3) よりこれは C の面である．そして当然 $C \cap H$ は直線を含まないので，帰納法の仮定より $\text{ext}(C \cap H) \neq \emptyset$ で

$$C \cap H = \text{co}(\text{ext}(C \cap H) \cup \text{rext}(C \cap H))$$

が成立する．さらに命題 4.1.1(2) より $C \cap H$ の端点や端半直線はそれぞれ C のそれとなっていることに注意すると，$\text{ext}\,C \neq \emptyset$ で

$$x_0 \in C \cap H \subset \text{co}(\text{ext}\,C \cup \text{rext}\,C)$$

が成立する．よって $\text{co}(\text{ext}\,C \cup \text{rext}\,C)$ は C の相対的境界を含む凸集合なので $C \subset \text{co}(\text{ext}\,C \cup \text{rext}\,C)$ をえる．逆向きの包含関係は明らかに成立するので $C = \text{co}(\text{ext}\,C \cup \text{rext}\,C)$ をえて証明が完了する．□

系 1.4.11 より次の系 4.1.6 が成立する．

系 4.1.6 線形空間 E の閉凸部分集合 C について次の 4 つの主張は互いに同値である．

(1) C は端点をもつ．

(2) C は直線を含まない．

(3) $L_C = \{0\}$ が成立する．

(4) C の遠離楔 0^+C は錐である．

系 4.1.7 線形空間 E のコンパクト凸部分集合は端点をもち，端点全体の凸包に等しい．

証明 コンパクト集合は有界であるので半直線を含みえない．よって端半直線をもたないので，定理 4.1.5 より端点全体の凸包に等しい．□

系 4.1.8 線形空間 E のコンパクト部分集合 A について，A の凸包 $\mathrm{co}\,A$ は端点をもち，そのすべての端点は A に属する．特に，有限集合 A より生成される多角形 $\mathrm{co}\,A$ の端点はすべて A に属する．

証明 定理 2.3.6 より $\mathrm{co}\,A$ はコンパクト凸集合である．よって，系 4.1.7 より $\mathrm{co}\,A$ は端点をもつ．e を $\mathrm{co}\,A$ の任意の端点とする．$e = \sum_{i=1}^{k} \lambda_i x_i$ かつ $\sum_{i=1}^{k} \lambda_i = 1$ を満たす $x_1, \ldots, x_k \in A$ と $\lambda_1, \ldots, \lambda_k > 0$ が存在する．命題 4.1.1(1) より $e = x_1$ をえて，e は A に属する．□

定理 4.1.5 のもうひとつの表現を与えるために次の補題 4.1.9 を証明しておく．

補題 4.1.9 線形空間 E 内の閉凸集合 C の任意の端半直線 l に対し，

$$l = e + l'$$

となる C の端点 e と 0^+C の端半直線 l' が存在する．

証明 l の始点を e とすると e が C の端点であることは命題 4.1.2 で示した．$l' = l - e$ とおくと，l' は $l' \subset 0^+C$ を満たす閉半直線である．$d, d' \in 0^+C$ で $d/2 + d'/2 \in l'$ とすると，$e + d, e + d' \in C$ に留意して，

$$\frac{1}{2}(d+e) + \frac{1}{2}(d'+e) = \frac{1}{2}d + \frac{1}{2}d' + e \in l' + e = l$$

をえるが，l が C の端半直線であることより，$d+e, d'+e \in l$ が成立する．よって，$d, d' \in l - e = l'$ をえて l' が 0^+C の端半直線であることが証明された．□

補題 4.1.9 の逆は必ずしも成立しない．即ち，C の端点と 0^+C の端半直線を組合せても C の端半直線がえられるとは限らない．さらに，0^+C の端半

直線が存在していても C の端半直線が存在するとは限らない。$y = x^2$ のエピグラフ C を考えてみよ。これはどのように C の端点と 0^+C の端半直線を組合せても C の端半直線をえられないことを示している。

定理 4.1.10 線形空間 E の閉凸部分集合 C が直線を含まないならば,

$$C = \text{co}(\text{ext}\,C) + 0^+C = \text{co}(\text{ext}\,C) + \text{co}(\text{rext}\,0^+C)$$

が成立する。

証明 定理 4.1.5 と補題 4.1.9 と命題 1.4.8(2) より

$$\begin{aligned}
C &= \text{co}(\text{ext}\,C \cup \text{rext}\,C) \\
&\subset \text{co}\left(\text{ext}\,C \cup (\text{ext}\,C + 0^+C)\right) \\
&= \text{co}(\text{ext}\,C + 0^+C) \\
&= \text{co}(\text{ext}\,C) + 0^+C \\
&\subset C
\end{aligned}$$

が成立するので, $C = \text{co}(\text{ext}\,C) + 0^+C$ をえる。

系 4.1.6 より 0^+C は錐であるので, $\text{ext}(0^+C) = \{0\}$ が成立する。0^+C に対し定理 4.1.5 を適用すると $0^+C = \text{co}(\text{rext}\,0^+C)$ が成立するので, 等式 $C = \text{co}(\text{ext}\,C) + \text{co}(\text{rext}\,0^+C)$ をえる。□

本節の最後に定理 2.2.3 と定理 4.1.5 と定理 4.1.10 を組み合わせることによりえられる最も一般的な閉凸集合の表現定理を明示する。その証明は $C \cap M$ が直線を含まないことに留意すれば明らかである。

定理 4.1.11 線形空間 E の閉凸部分集合 C とその線形要素空間 L_C を考える。E 内の L_C のひとつの補空間を M とする。このとき,

$$\begin{aligned}
C &= L_C + \text{co}\left(\text{ext}(C \cap M) \cup \text{rext}(C \cap M)\right) \\
&= L_C + \text{co}\left(\text{ext}(C \cap M)\right) + 0^+(C \cap M) \\
&= L_C + \text{co}\left(\text{ext}(C \cap M)\right) + \text{co}\left(\text{rext}(0^+(C \cap M))\right)
\end{aligned}$$

が成立する。

定理 4.1.11 の第 2, 第 3 の等式において, L_C は E の線形部分空間であり, $0^+(C \cap M) = \mathrm{co}(\mathrm{rext}(0^+(C \cap M)))$ は錐である。どちらも $\{0\}$ に縮退する場合がある。

4.2 錐の端構造と線形束

本節では凸集合の特別な例として錐を取り上げ，その端構造について調べそれを線形束の正錐の特徴付けに応用する。錐特有の端構造としてその端点は 0 のみであり，錐の面は錐である。これらの主張の証明は容易である。

線形空間 E 内の錐 K と 0 ではない K の点 e を考える。閉半直線 $[0, \infty[e$ が K の端半直線であるとき e は K の端方向ベクトルであるという。また，K を正錐とみなすことにより E にベクトル順序を導入できるが，第 3 章と同様にこれを記号 $\leq$ で表す。次の命題 4.2.1 は端方向ベクトルの代数的特徴付けである。

命題 4.2.1 線形空間 E 内の錐 K の 0 ではない点 e について以下の主張は互いに同値である。

(1) e は K の端方向ベクトルである。

(2) 任意の $x \in E$ について，$0 \leq x \leq e$ ならば $x = \lambda e$ となる $\lambda \geq 0$ が存在する。

(3) 任意の $x, y \in E$ について，$x, y \geq 0$ かつ $e = x + y$ ならば x と y は線形従属である。

証明 (1) $\Rightarrow$ (2)　$0 \leq x \leq e$ である $x \in E$ を考える。
$$\frac{x}{2} + \frac{e-x}{2} = \frac{e}{2} \in [0, \infty[e$$
が成立し，仮定より $[0, \infty[e$ は端半直線であるので $x \in [0, \infty[e$ をえる。よって $x = \lambda e$ となる $\lambda \geq 0$ が存在する。

(2) ⇒ (3)　$x, y \geq 0$ によって $e = x + y$ とかけているとする。x と y のどちらかが 0 の場合は明らかに x と y は線形従属であるので，x も y も 0 ではないとする。仮定より $x = \lambda e$, $y = \mu e$ となる $\lambda \geq 0$ と $\mu \geq 0$ が存在するが，$x > 0$ と $y > 0$ が成立しているので $\lambda > 0$, $\mu > 0$ である。$\mu x - \lambda y = 0$ が成立するが，これは x と y が線形従属であることを示している。

(3) ⇒ (1)　$x, y \geq 0$ であり，$x/2 + y/2 \in [0, \infty[e$ とする。このとき，$x + y \in [0, \infty[e$ が成立する。よって，$x + y = \mu e$ となる $\mu \geq 0$ が存在する。$\mu = 0$ のときは $x = y = 0$ となるので明らかに $x, y \in [0, \infty[e$ が成立する。よって $\mu > 0$ として以下の議論を進める。$x = 0$ の場合は $y = \mu e$ となり，$x, y \in [0, \infty[e$ をえる。$x > 0$ の場合は，仮定より x と y が線形従属であるので，$\nu \in \mathbb{R}$ が存在し $y = \nu x$ とかけている。$y \geq 0$ なので $\nu \geq 0$ である。このとき $x = (\mu/(1+\nu))e$ が成立するので，$x, y \in [0, \infty[e$ をえる。以上で閉半直線 $[0, \infty[e$ が K の面であること，即ち，K の端半直線であることが証明されたので，e は K の端方向ベクトルである。□

次の命題 4.2.2 は錐 K が基底 B をもつとき，K の端方向ベクトルと B の端点との関係を明らかにしている。

命題 4.2.2 線形空間 E 内の錐 K は基底 B をもつとし，B の点 e を考える。このとき，点 e が B の端点であるための必要十分条件は点 e が K の端方向ベクトルであることである。

証明 点 e が B の端点であると仮定し，e が K の端方向ベクトルであること示すために，命題 4.2.1(3) の主張を証明する。$x, y \in K$ で $e = x + y$ とかけていたとする。$x = 0$ または $y = 0$ の場合には明らかに x と y は線形従属であるので $x \neq 0$ かつ $y \neq 0$ とする。B が K の基底であることより，$c, d \in B$ と $\lambda, \mu > 0$ が存在し，

$$e + x = \lambda c, \quad y = e - x = \mu d$$

とかけている。従って，

$$2e = (e + x) + (e - x) = \lambda c + \mu d = (\lambda + \mu)\left(\frac{\lambda}{\lambda + \mu}c + \frac{\mu}{\lambda + \mu}d\right)$$

が成立し，B が K の基底であることを考慮すると，$\lambda + \mu = 2$ かつ

$$e = \frac{\lambda}{\lambda + \mu}c + \frac{\mu}{\lambda + \mu}d$$

が成立している。点 e は B の端点であるので後者の等式より $e = c = d$ が成立している。これより

$$x = (e + x) - e = \lambda e - e = (\lambda - 1)e, \quad y = e - x = \mu e$$

をえて，x と y は線形従属であることが示せた。

逆に，B の点 e が K の端方向ベクトルであると仮定する。$e = c/2 + d/2$ と $c, d \in B$ を使ってかけているとする。$c/2, d/2 \in K$ であるので命題 4.2.1 より c と d は線形従属である。よって e と c も線形従属となる。このことと B が K の基底であることより，$e = c$ が成立し e は B の端点であることが示せた。□

次に錐 K が束錐である場合の特徴的な性質を証明し，それを応用してアルキメデス的線形束の正錐の特徴付けを行なう。

命題 4.2.3 線形空間 E の束錐 K について $e_1, \ldots, e_k$ は束錐 K の端方向ベクトルとする。これらを方向ベクトルとする端半直線 $[0, \infty[e_1, \ldots, [0, \infty[e_k$ が互いに異なるとすると $e_1, \ldots, e_k$ は線形独立である。

証明 最初に $e_i \perp e_j$，即ち，e_i と e_j が互いに素であることが任意の $i \neq j$ について成立することを示す。実際，$0 \leq e_i \wedge e_j \leq e_i, e_j$ が成立するので，命題 4.2.1 より $\lambda, \mu \geq 0$ が存在し $e_i \wedge e_j = \lambda e_i = \mu e_j$ が成立している。もし $e_i \wedge e_j > 0$ ならば $[0, \infty[e_i = [0, \infty[e_j$ となり仮定に矛盾する。よって $e_i \wedge e_j = 0$ が成立する。

$e_1, \ldots, e_k$ が線形独立であることを示すために，$\sum_{i=1}^{k} \lambda_i e_i = 0$ を満たす任意の $\lambda_i \in R$ をとる。命題 3.2.6(2) と命題 3.2.10 より，

$$0 = \left|\sum_{i=1}^{k} \lambda_i e_i\right| = \bigvee_{i=1}^{k} |\lambda_i| e_i$$

が成立するので，すべての $i = 1, \ldots, k$ について $|\lambda_i| e_i = 0$ をえて $\lambda_i = 0$ が導かれる。□

4.2 錐の端構造と線形束

線形空間 E の次元を m とし,そのひとつの基底を $\{b_1,\ldots,b_m\}$ とする。この基底から生成される楔は閉錐となっていることを補題 2.2.6 で確認し,これを $K(b_1,\ldots,b_m)$ と表し基底錐とよんだ。従って,この基底錐を正錐として E に半順序を導入するとアルキメデス的順序線形空間となる。次の定理 4.2.4 はさらにこの錐は束錐であることを明らかにすると共に,その逆も成立することを主張している。

定理 4.2.4 順序線形空間 E がアルキメデス的線形束であるための必要十分条件はその正錐 E_+ が E の基底錐であることである。

証明 必要性。半順序がアルキメデス的なので命題 3.1.2 より正錐 E_+ は閉集合である。定理 2.3.2 より正錐 E_+ はコンパクト基底 B をもつ。系 4.1.7 より $B = \mathrm{co}(\mathrm{ext}\,B)$ が成立している。B が E_+ の基底であるので $\mathrm{ext}\,B$ に属する点を方向ベクトルとする閉半直線は互いに異なる。従って,命題 4.2.3 より $\mathrm{ext}\,B$ は線形独立である。一方,$\mathrm{ext}\,B$ は E_+ を生成し,E_+ は束錐なので E を生成する。よって,$\mathrm{ext}\,B$ は E を生成するので E の基底である。以上で E_+ は $\mathrm{ext}\,B$ より生成される基底錐であることが証明された。

十分性。E の次元を m とし,正錐 E_+ を生成する E の基底を $\{b_1,\ldots,b_m\}$ とする。任意の $x \in E$ は $x = \sum_{i=1}^{m} b_i^*(x) b_i$ と一意的に表現される。ここで $\{b_1^*,\ldots,b_m^*\}$ は $\{b_1,\ldots,b_m\}$ の双対基底である。$x \in E_+$ とすべての $i=1,\ldots,m$ について $b_i^*(x) \geq 0$ であることとは同値であるので,$x \leq y$ とすべての $i=1,\ldots,m$ について $b_i^*(x) \leq b_i^*(y)$ であることとは同値となる。よって任意の $x \in E$ に対し E の元

$$\sum_{i=1}^{m} \max\{b_i^*(x), 0\} b_i$$

は x と 0 の上限 $x \vee 0$ に等しい。従って,命題 3.2.2 より E は線形束である。そして補題 2.2.6 より正錐 E_+ は閉集合であるので,命題 3.1.2 より E はアルキメデス的である。□

定理 4.2.4 によりアルキメデス的線形束の正錐は基底錐として特徴付けられることが明らかになったが,ここで基底錐の端構造を明らかにしておこう。

定理 4.2.5 線形空間 E とその基底 $\{b_1, \ldots, b_m\}$ が与えられ，この基底より生成される基底錐を K とする．このとき，K の $\{0\}$ に等しくない部分集合 F が K の面であるための必要十分条件は，集合 $\{1, \ldots, m\}$ のある非空部分集合 I が存在し $F = K(\{b_i : i \in I\})$ が成立することである．従って，K の面の総数は 2^m 個である．

証明 十分性．$F = K(\{b_i : i \in I\})$ をみたす $\{1, \ldots, m\}$ の非空部分集合 I が存在したとする．基底 $\{b_1, \ldots, b_m\}$ の双対基底を $\{b_1^*, \ldots, b_m^*\}$ とする．このとき

$$K(\{b_i : i \in I\}) = \{x \in E : b_i^*(x) \geq 0 (i \in I), b_j^*(x) = 0 (j \notin I)\}$$

が成立する．特に，$K = \{x \in E : b_i^*(x) \geq 0 (i = 1, \ldots, m)\}$ が成立するので，命題 4.1.1 の (2) と (3) を繰り返し適用することにより $K(\{b_i : i \in I\})$ が K の面であることが確認できる．

必要性．F が K の $\{0\}$ に等しくない面であるとする．F の任意の点 x について $I(x) = \{i : b_i^*(x) > 0\}$ とおき，$I = \bigcup_{x \in F} I(x)$ とおく．この I が求めるものであり，$F = K(\{b_i : i \in I\})$ が成立することを以下に示す．

任意の $x \in F$ は $x = \sum_{i \in I(x)} b_i^*(x) b_i$ と表せる．$I(x) \subset I$ が成立しているので $x \in K(\{b_i : i \in I\})$ となり $F \subset K(\{b_i : i \in I\})$ をえる．

逆の包含関係 $K(\{b_i : i \in I\}) \subset F$ を示す．錐の面は錐であるので，F は錐である．従って，$\{b_i : i \in I\} \subset F$ を示せば十分である．$i \in I$ とすると $i \in I(x)$ となる $x \in F$ が存在する．$x = \sum_{j \in I(x)} b_j^*(x) b_j$ とかけているので，$\lambda = \sum_{j \in I(x)} b_j^*(x)$ とおけば

$$\frac{1}{\lambda} x = \sum_{j \in I(x)} \frac{b_j^*(x)}{\lambda} b_j$$

は $\{b_j : j \in I(x)\}$ の凸結合であり，$b_j^*(x)/\lambda > 0$ となっている．$x/\lambda \in F$ であり面 F に対し命題 4.1.1(1) を適用すると，すべての $j \in I(x)$ に対し $b_j \in F$ が成立するので，特に $b_i \in F$ が成立する．よって，$\{b_i : i \in I\} \subset F$ をえる． □

基底錐を表現する基底は本質的に一意に決まることを次の命題 4.2.6 は示している．

4.2 錐の端構造と線形束

命題 4.2.6 線形空間 E 内の基底錐 K が E の 2 つの基底 $\{b_1,\ldots,b_m\}$ と $\{c_1,\ldots,c_m\}$ により

$$K = K(b_1,\ldots,b_m) = K(c_1,\ldots,c_m)$$

と表されているとする。このとき，集合 $\{1,\ldots,m\}$ の順列 π と $\lambda_1,\ldots,\lambda_m > 0$ が存在し，

$$c_i = \lambda_i b_{\pi(i)}$$

がすべての $i = 1,\ldots,m$ に対し成立する。

証明 定理 4.2.5 より $K(c_1) = [0,\infty[c_1$ は K の面である。$c_1 = \sum_{i=1}^{m} b_i^*(c_1) b_i$ と書けているが，もし 2 つの添字 i と i' について $b_i^*(c_1) > 0$, $b_{i'}^*(c_1) > 0$ であったとすると，c_1 の適当な正数倍は $b_1,\ldots,b_m$ の凸結合となるので $b_i, b_{i'} \in K(c_1)$ をえる。しかし，これは b_i と $b_{i'}$ が線形独立であることに矛盾する。従って，唯 1 つの i について $b_i^*(c_1) > 0$ である。この i を $\pi(1)$ と定め，$\lambda_1 = b_i^*(c_1)$ とする。同様にして $\pi(2),\ldots,\pi(m)$ と $\lambda_2,\ldots,\lambda_m > 0$ を定めることができる。そして $c_1,\ldots,c_m$ が線形独立なので π は単射である。従って，π は集合 $\{1,\ldots,m\}$ からそれ自身への全単射，即ち，$\{1,\ldots,m\}$ の順列であり，$c_i = \lambda_i b_{\pi(i)}$ がすべての $i = 1,\ldots,m$ に対し成立する。□

順序線形空間は上に有界である任意の部分集合が上限をもつときデデキンド完備であるという。この定義は下に有界である任意の部分集合が下限をもつと言い換えても同じことである。

順序線形空間においてアルキメデス的であることとデデキンド完備であることは無関係ではなく次の命題 4.2.7 が成立する。

命題 4.2.7 デデキンド完備順序線形空間はアルキメデス的である。

証明 E をデデキンド完備順序線形空間とする。$x, y \in E$ で任意の自然数 n について $nx \leq y$ が成立しているとする。$n = 1$ の場合を考えると，$y - x \geq 0$ が成立している。また，$x + (n-1)x \leq y$ より $(n-1)x \leq y - x$ が成立する。$n \geq 2$ について

$$x \leq \frac{1}{n-1}(y-x)$$

が成立するので，E のデデキンド完備性より
$$z = \inf_{n \geq 2} \frac{1}{n-1}(y-x)$$
が存在し，$x \leq z$ が成立する。さらに
$$z = \inf_{n \geq 2}\{\frac{1}{n-1}(y-x)\} = \inf_{n \geq 2}\{\frac{2}{n-1}(y-x)\} = 2z$$
が成立するので $z = 0$ となり $x \leq 0$ をえる。□

本書の興味の対象である有限次元線形束については命題 4.2.7 の逆も成立する。

定理 4.2.8 アルキメデス的線形束はデデキンド完備である。

証明 E をアルキメデス的線形束とし A を上に有界な E の部分集合とする。$u \in E$ を A の上界とする。定理 4.2.4 によりその存在が保証される，E の正錐を生成する E の基底を $\{b_1, \ldots, b_m\}$ とする。任意の $x \in A$ と $i = 1, \ldots, m$ について $b_i^*(x) \leq b_i^*(u)$ が成立するので，$\lambda_i = \sup_{x \in A} b_i^*(x)$ は実数として定まる。そして $y = \sum_{i=1}^m \lambda_i b_i$ と E の点 y を定義すれば，$y = \sup A$ が成立することを見るのは容易である。□

4.3 多面体

線形空間 E とその双対空間 E^* を考える。0 ではない線形汎関数 $x^* \in E^*$ と実数 α によって，
$$\{x \in E : x^*(x) \leq \alpha\}$$
と表される集合を E の**閉半空間**という。x^* は連続であるので閉半空間は E の閉部分集合である。また，x^* の線形性より閉半空間は凸集合でもある。有限個の閉半空間の交わりを**多面体**とよぶ。多面体も閉凸集合である。本節では多面体の基本的な性質を考察することにしよう。多面体は有限個の 0 ではない線形汎関数 $x_1^*, \ldots, x_p^*$ とそれに対応する実数 $\alpha_1, \ldots, \alpha_p$ によって連立線形不等式
$$x_i^*(x) \leq \alpha_i, \quad i = 1, \ldots, p$$

の解として記述されることになる．この解集合を P と表す．多面体 P を表す連立線形不等式は一意に定まらないことは容易に分るが，多面体 P を考察するときには何らかの連立線形不等式が存在して，その解集合と P が一致していることを前提としている．そして多面体 P と言ったときはこの P は非空であることを前提とする．即ち，P を定義する連立線形不等式は解をもつものとする．

以後 E の次元 m は 1 以上とする．多面体をいくつか図示してみるとわかるが，多くの場合多面体は特別な点をもっている．多面体は凸集合であるので，外に向って出張っているイメージがあるが，その出張りの先端に位置する点である．この点は一般に頂点とよばれるが，第 4.1 節で紹介した理論との関連で本書では端点とよぶことになる．そして多面体は閉凸集合であるので第 4.1 節の結果が適用可能である．本節ではこれらの結果に付け加えて多面体特有の性質を議論していこう．

手始めに多面体の遠離楔を明確にしておく．

命題 4.3.1 線形空間 E 内の多面体

$$P = \bigcap_{i=1}^{p} \{x \in E : x_i^*(x) \leq \alpha_i\}$$

の遠離楔 0^+P は

$$\bigcap_{i=1}^{p} \{x \in E : x_i^*(x) \leq 0\}$$

で与えられる多面体である．

証明 $x \in P$ をひとつとり固定しておく．$d \in 0^+P$ とすると $x + [0, \infty[\, d \subset P$ が成立するので，すべての $\lambda > 0$ と $i = 1, \ldots, p$ について

$$x_i^*(x) + \lambda x_i^*(d) = x_i^*(x + \lambda d) \leq \alpha_i$$

が成立し，$x_i^*(d) \leq (\alpha_i - x^*(x))/\lambda$ をえる．これよりすべての $i = 1, \ldots, p$ について $x_i^*(d) \leq 0$ が成立する．

逆にすべての $i = 1, \ldots, p$ について $x_i^*(d) \leq 0$ とすると，任意の $\lambda \geq 0$ について

$$x_i^*(x + \lambda d) = x_i^*(x) + \lambda x_i^*(d) \leq x_i^*(x) \leq \alpha_i$$

が成立する。よって，$x + \lambda d \in P$ となり，$d \in 0^+ P$ をえる。□

　線形空間 E 内の線形多様体は多面体の一種であるが，線形多様体は端点をもたない。端点をもつ多面体ももたない多面体も存在するが，多面体の端点の存在についての結果を明示しておこう。多面体が錐となっているとき**多面錐**という。

命題 4.3.2 線形空間 E 内の多面体 $P = \bigcap_{i=1}^{p}\{x \in E : x_i^*(x) \le \alpha_i\}$ について，以下の主張は互いに同値である。

(1) P は端点をもつ。

(2) P は直線を含まない。

(3) 多面体 $\bigcap_{i=1}^{p}\{x \in E : x_i^*(x) \le 0\}$ は多面錐である。

そして多面体 P が端点をもつためには $p \ge m$ が必要である。即ち，P が端点をもつならば P を規定している線形不等式の数は E の次元以上でなければならない。

証明 上記 3 つの主張の同値性については系 4.1.6 と命題 4.3.1 から明らかである。最後の主張については，$p < m$ であるときには P の部分集合となっている線形多様体 $\bigcap_{i=1}^{p}\{x \in E : x_i^*(x) = \alpha_i\}$ の次元は 1 以上なので，これは直線を含み上記の主張より P は端点をもたない。□

　命題 4.3.2 の結果を精密化し多面体の点が端点となるための条件を探ってみよう。

命題 4.3.3 線形空間 E 内の多面体 $P = \bigcap_{i=1}^{p}\{x \in E : x_i^*(x) \le \alpha_i\}$ と P の点 e について，e が P の端点であるための必要十分条件は P を定義している線形汎関数 x_i^* の中に E^* の基底 $x_{i_1}^*, \ldots, x_{i_m}^*$ が存在し，

$$x_{i_k}^*(e) = \alpha_{i_k}, \quad k = 1, \ldots, m$$

が成立していることである。そして，P の端点の個数は高々 ${}_pC_m$ 個である。ここで ${}_pC_m$ は p 個の元をもつ集合から m 個の元をとりだす組合せの数を表す。$p < m$ の場合には ${}_pC_m = 0$ と約束する。

証明 $I = \{i : x_i^*(e) = \alpha_i\}$ とおく.

e を P の端点と仮定する. $I = \emptyset$ とすると e は P の内点となり, e が P の端点であることに明らかに矛盾するので $I \neq \emptyset$ である. $\{x_i^* : i \in I\}$ の中に E^* の基底が存在しないとすると E 内の線形多様体

$$M = \bigcap_{i \in I} \{x \in E : x_i^*(x) = \alpha_i\}$$

の次元は 1 以上であるので e を通る M 内の直線 l が存在する. 集合

$$l \cap \bigcap_{i \notin I} \{x \in E : x_i^*(x) < \alpha_i\}$$

は P の部分集合であり e を通る開線分を含むので e は P の端点とはなりえず矛盾が生じる. 従って, $\{x_i^* : i \in I\}$ は E^* の基底を含む.

逆に, $\{x_i^* : i \in I\}$ は E^* の基底 $x_{i_1}^*, \ldots, x_{i_m}^*$ を含むと仮定する. そして, $x, y \in P$ で $e = (x+y)/2$ が成立しているとする. $x = 2e - y$ が成立していることに注意して,

$$x_{i_k}^*(x) = 2x_{i_k}^*(e) - x_{i_k}^*(y) \geq 2\alpha_{i_k} - \alpha_{i_k} = \alpha_{i_k}$$

となり, 等式 $x_{i_k}^*(x) = \alpha_{i_k}$ がすべての $k = 1, \ldots, m$ について成立することになる. ここで, E から R^m への線形写像 T を

$$Tz = (x_{i_1}^*(z), \ldots, x_{i_m}^*(z)), \quad z \in E$$

で定義すると T は全単射である. そして

$$Te = Tx = (\alpha_{i_1}, \ldots, \alpha_{i_m})$$

が成立していることを上で確認してあるので, $e = x$ が結論され e は P の端点であることが証明された.

最後の主張については, $p \geq m$ の場合は, 上で証明したことより P の各端点に対し $\{x_1^*, \ldots, x_p^*\}$ 内の少なくとも 1 つの E^* の基底が対応しており, この対応は単射である. 従って, P の端点の個数は $\{x_1^*, \ldots, x_p^*\}$ 内に存在する E^* の基底の個数以下である. E^* の基底はちょうど m 個の E^* の点からな

るので $\{x_1^*, \ldots, x_p^*\}$ 内に存在する基底の数は高々 ${}_pC_m$ 個である。よって P の端点の個数は ${}_pC_m$ 以下である。$p < m$ の場合は命題 4.3.2 より端点の個数は 0 であるので，${}_pC_m = 0$ の約束と一致する。□

次に多面体はいかなる場合に有界になるかその条件を調べるが，次の命題 4.3.4 は命題 4.3.1 と定理 1.4.9 を組み合わせることにより明らかである。

命題 4.3.4 線形空間 E 内の多面体 $P = \bigcap_{i=1}^p \{x \in E : x_i^*(x) \leq \alpha_i\}$ について以下の主張は互いに同値である。

(1) P は有界である。

(2) P は半直線を含まない。

(3) 多面体 $\bigcap_{i=1}^p \{x \in E : x_i^*(x) \leq 0\}$ は $\{0\}$ に等しい。

定理 4.3.5 線形空間 E 内の有界多面体は多角形である。

証明 有界多面体は系 4.1.7 よりその端点の凸包に等しいが命題 4.3.3 よりその端点は有限個しかないので多角形となる。□

命題 4.3.2 に現れた多面体 $\bigcap_{i=1}^p \{x \in E : x_i^*(x) \leq 0\}$ は多面錐となっていた。この多面錐はそのイメージから多角錐であることが期待される。実際このイメージが正しいことを次の命題 4.3.6 が保証している。

命題 4.3.6 線形空間 E の多面体 $K = \bigcap_{i=1}^p \{x \in E : x_i^*(x) \leq 0\}$ が錐であるならば K は多角錐である。

証明 K は閉錐であるので定理 2.2.8 より $y^* \in E^*$ が存在し，すべての $K \setminus \{0\}$ に対し $y^*(x) > 0$ となっている。$B = K \cap y^{*-1}(1)$ とおくと，定理 2.3.2 の証明にあるように B は K の基底であり有界多面体である。よって定理 4.3.5 より B は多角形であり，$B = \text{co}(\text{ext}\,B)$ と有限集合である $\text{ext}\,B$ を使い，書けている。命題 4.2.2 によると B の端点は K の端方向ベクトルに対応し，命題 4.2.1 によると K の端方向ベクトルは K の端半直線に対応するので K の端半直線の数は有限である。K の端点は 0 のみなので，命題 4.1.2 より K の

すべての端半直線の始点は 0 であり，定理 4.1.10 より K は端半直線の凸包に等しい．よって K は多角錐である．□

次の定理は定理 4.1.10 の書き換えであり，命題 4.3.2 と命題 4.3.6 を考慮すればその証明は明らかである．

定理 4.3.7 線形空間 E 内の直線を含まない多面体

$$P = \bigcap_{i=1}^{p} \{x \in E : x_i^*(x) \leq \alpha_i\}$$

に関し

$$K = \bigcap_{i=1}^{p} \{x \in E : x_i^*(x) \leq 0\}$$

とおく．このとき，

$$P = \mathrm{co}(\mathrm{ext}\, P) + \mathrm{co}(\mathrm{rext}\, K)$$

が成立する．ここで $\mathrm{co}(\mathrm{ext}\, P)$ は多角形であり，$\mathrm{co}(\mathrm{rext}\, K)$ は多角錐である．

定理 4.3.7 では直線を含まない多面体に関する結果を与えたが一般の多面体については次の形になる．

定理 4.3.8 線形空間 E 内の多面体

$$P = \bigcap_{i=1}^{p} \{x \in E : x_i^*(x) \leq \alpha_i\}$$

に関し

$$W = \bigcap_{i=1}^{p} \{x \in E : x_i^*(x) \leq 0\},$$

$$L = \bigcap_{i=1}^{p} \{x \in E : x_i^*(x) = 0\}$$

とおく．さらに L の E 内の補空間のひとつを M とする．このとき，

$$P = L + \mathrm{co}(\mathrm{ext}(P \cap M)) + \mathrm{co}(\mathrm{rext}(W \cap M))$$

が成立する．ここで L は E の線形部分空間であり，$\mathrm{co}(\mathrm{ext}(P \cap M))$ は多角形であり，$\mathrm{co}(\mathrm{rext}(W \cap M)))$ は多角錐である．

証明 定理 2.2.3 より
$$P = L + (P \cap M)$$
が成立している.線形空間 E の代わりに線形部分空間 M 上で多面体
$$P \cap M = \bigcap_{i=1}^{p} \{x \in M : x_i^*(x) \leq \alpha_i\}$$
を考える.各 $x_i^* \in E^*$ の代わりにその M 上への制限を上式では考えており,それも同じ記号 x_i^* で表している.この M 内の多面体 $P \cap M$ は直線を含まないので定理 4.3.7 を適用でき求める結果をえる.□

多角錐と線形部分空間との和が有限楔となることに注意して,次の系 4.3.9 をえる.

系 4.3.9 線形空間 E 内の多面体は,E 内の多角形と有限楔の和として表現できる.

定理 4.3.8 により多面体は線形部分空間と多角形と多角錐の和として表現できることが証明された.実はこの逆が成立することも証明できる.そのための議論をしばらく続けよう.まず道具をひとつ仕立てておく.線形空間 E の部分集合 A の片側双対集合 A^* を
$$\bigcap_{a \in A} \{x^* \in E^* : x^*(a) \geq -1\}$$
と定義する.同様に双対線形空間 E^* の部分集合 B の片側双対集合 B^* を
$$\bigcap_{b^* \in B} \{x \in E : b^*(x) \geq -1\}$$
と定義する.これら片側双対集合は閉凸集合であることは明らかである.また,集合 A が楔であるときには A の片側双対集合は双対楔と一致する.従って,片側双対集合の記号と双対楔を表す記号としてどちらも上付きの $*$ を使っているが矛盾は生じない.次に示す定理は集合とその第 2 片側双対集合との関係を明らかにしたものである.これは命題 2.2.1(3) の一般化となっている.

4.3 多面体

定理 4.3.10 線形空間 E の 0 を含む部分集合 A について，
$$A^{**} = \mathrm{cl}(\mathrm{co}\, A)$$
が成立する．

証明 片側双対集合の定義から $A \subset A^{**}$ が成立することは明らかである．A^{**} は閉凸集合であるので $\mathrm{cl}(\mathrm{co}\, A) \subset A^{**}$ が成立する．もし $\mathrm{cl}(\mathrm{co}\, A) \neq A^{**}$ とすると，$x \in A^{**} \setminus \mathrm{cl}(\mathrm{co}\, A)$ をみたす $x \in E$ が存在する．定理 2.1.2 より
$$x^*(x) < \alpha < \inf\{x^*(y) : y \in \mathrm{cl}(\mathrm{co}\, A)\} \leq \inf\{x^*(a) : a \in A\}$$
をみたす $x^* \in E^*$ と $\alpha \in R$ が存在する．A が 0 を含むという仮定より
$$x^*(x) < \alpha < \inf\{x^*(a) : a \in A\} \leq 0$$
が成立するが，$\alpha < 0$ に注意して $y^* = x^*/(-\alpha)$ とおくと
$$y^*(x) < -1 < \inf\{y^*(a) : a \in A\}$$
をえる．右側の不等式より $y^* \in A^*$ が成立し，$x \in A^{**}$ であるので，$y^*(x) \geq -1$ をえるが，これは左側の不等式に矛盾する．よって $A^{**} = \mathrm{cl}(\mathrm{co}\, A)$ が成立する．□

次の定理 4.3.11 が目指すものである．

定理 4.3.11 線形空間 E について，L を E の線形部分空間，Q を E 内の多角形，K を E 内の多角錐とする．このとき
$$P = L + Q + K$$
は多面体である．

証明 P の 1 点 x_0 をとり $P - x_0$ を考えると，$P - x_0 = L + (Q - x_0) + K$ とかける．従って，$P - x_0$ も線形部分空間と多角形と多角錐の和となっている．$P - x_0$ が多面体であることが証明されれば P が多面体であることは容易に確認できるので，初めから P は 0 を含んでいると仮定しても一般性は失われない．

最初に $P^* = L^* \cap Q^* \cap K^*$ が成立することを証明する。ここで L^* は L の片側双対集合を表しており，L を線形空間と見なしその双対空間を考えているのではない。

$x^* \in P^*$ とすると任意の $l \in L$ と $q \in Q$ と $k \in K$ に対し

$$x^*(l) + x^*(q) + x^*(k) = x^*(l+q+k) \geq -1$$

が成立する。この式より $\inf_{l \in L} x^*(l) > -\infty$ であるので，$x^*(l) = 0$ がすべての $l \in L$ について成立し，$x^* \in L^*$ をえる。L は線形部分空間であるので $L^* = \bigcap_{l \in L} \{x^* \in E^* : x^*(l) = 0\}$ が成立する。そして，$\inf_{k \in K} x^*(k) > -\infty$ であり，K が錐であることより $\inf_{k \in K} x^*(k) = 0$ となり，$x^* \in K^*$ をえる。そして 0 が L と K に属すことより，$x^*(q) \geq -1$ がすべての $q \in Q$ について成立するので，$x^* \in Q^*$ をえて，$x^* \in L^* \cap Q^* \cap K^*$ が成立する。

逆に $x^* \in L^* \cap Q^* \cap K^*$ とする。$x = l + q + k$, $l \in L, q \in Q, k \in K$ と表される任意の $x \in P$ に対し，

$$x^*(x) = x^*(l) + x^*(q) + x^*(k) \geq 0 - 1 + 0 = -1$$

が成立するので，$x^* \in P^*$ となる。よって，$P^* = L^* \cap Q^* \cap K^*$ をえる。

L^* と Q^* と K^* はどれも E^* 内の多面体であることが確認できる。実際，簡単な計算で

$$L^* = \bigcap_{b \in B} \{x^* \in E^* : x^*(b) \leq 0\} \cap \bigcap_{b \in B} \{x^* \in E^* : x^*(-b) \leq 0\}$$

$$Q^* = \bigcap_{e \in \text{ext } Q} \{x^* \in E^* : x^*(-e) \leq 1\}$$

$$K^* = \bigcap_{d \in \text{vext } K} \{x^* \in E^* : x^*(-d) \leq 0\}$$

であることが確認できる。ここで B は線形部分空間 L のひとつの基底であり，vext K は錐 K の端方向ベクトル全体の集合である。従って，P^* は E^* 内の多面体である。この P^* に定理 4.3.8 を適用すると P^* は E^* 内の線形部分空間と多角形と多角錐の和として表現できるが，本証明のこれまでの議論を P^* に適用すると，P^{**} は E 内の多面体であることが分る。一方 P は 0 を含む閉凸集合であるので定理 4.3.10 より P^{**} は P に等しい。従って，P は多面体である。□

系 4.3.12 線形空間 E について，Q を E 内の多角形，W を E の有限楔とする。このとき
$$P = Q + W$$
は多面体である。

証明 定理 2.3.4 より，有限楔 W に対し，E 内の多角錐 K と E の線形部分空間 L が存在し，$W = K + L$ と表現できる。よって，定理 4.3.11 より P は多面体である。□

系 4.3.9 と系 4.3.12 を適用することにより 2 つの多面体の和は再び多面体となることを証明できる。

系 4.3.13 線形空間 E 内の 2 つの多面体の和は多面体である。

証明 ふたつの多面体を P_1 と P_2 とする。系 4.3.9 によると，多角形 Q_1, Q_2 と有限楔 W_1, W_2 が存在して
$$P_1 = Q_1 + W_1, \quad P_2 = Q_2 + W_2$$
と表現される。よって，
$$P_1 + P_2 = (Q_1 + Q_2) + (W_1 + W_2)$$
が成立するが，この等式の右辺の第 1 項は多角形であり，第 2 項は有限楔であることは明らかである。従って，系 4.3.12 より $P_1 + P_2$ は多面体である。□

4.4 線形計画問題

第 4.3 節で多面体の様々な性質を明らかにしたが，定理 4.2.4 を考慮すると多面体 P は線形空間 E とアルキメデス的線形束 $(F, \leq)$ の間の線形写像 T と F の点 a を使い
$$P = \{x \in E : T(x) \leq a\}$$

と表すことができる。実際，多面体 $P = \bigcap_{i=1}^{p} \{x \in E : x_i^*(x) \leq \alpha_i\}$ に対し，数ベクトル空間 R^p を考え，正象限 $\{y \in R^p : y_i \geq 0, i = 1,\ldots,p\}$ をその正錐とみなしたアルキメデス的線形束 R^p を考える。線形写像 $T : E \to R^p$ を

$$T(x) = (x_1^*(x),\ldots,x_p^*(x)), \quad x \in E$$

と定義し，$a = (\alpha_1,\ldots,\alpha_p) \in R^p$ と定義すれば，明らかに $P = \{x \in E : T(x) \leq a\}$ が成立する。逆に，定理 4.2.4 より，F の次元を m とするとその正錐 F_+ は F のある基底 $\{b_1,\ldots,b_m\}$ より生成される基底錐である。この基底の双対基底 $\{b_1^*,\ldots,b_m^*\}$ を使えば上で P を定義している条件 $T(x) \leq a$ は $b_i^*(T(x)) \leq b_i^*(a)$ がすべての $i = 1,\ldots,m$ について成立することと同値である。従って，線形汎関数 x_i^* として $b_i^* \circ T$ を，実数 α_i として $b_i^*(a)$ を考えれば，$\{x \in E : T(x) \leq a\}$ は多面体である。

本節の主題は線形計画問題の双対原理であるが，その問題設定を上記のようにアルキメデス的線形束を使って行なうことにする。準備として次の命題 4.4.1 を証明しておく。この命題はしばしばファルカスの補題とよばれる。

命題 4.4.1 線形空間 E とアルキメデス的線形束 $(F,\leq)$ とその間に定義された線形写像 $T \in L(E,F)$，E^* の点 x^*，F の点 a，そして実数 α を考える。そして，線形不等式 $T(x) \leq a$ が解をもつと仮定する。このとき，線形不等式 $T(x) \leq a$ のすべての解 x が線形不等式 $x^*(x) \leq \alpha$ を満たすための必要十分条件は

$$y^* \geq 0, \quad T^*(y^*) = x^*, \quad y^*(a) \leq \alpha$$

を満たす $y^* \in F^*$ が存在することである。

証明 十分性は明らかなので必要性を証明する。F の次元を m として $\{b_1,\ldots,b_m\}$ を F の正錐 F_+ を生成する F の基底とし，$\{b_1^*,\ldots,b_m^*\}$ をその双対基底とする。

$$A = \{(T^*(b_1^*), b_1^*(a)),\ldots,(T^*(b_m^*), b_m^*(a)), (0,1)\} \subset E^* \times R$$

とおくと，定理 2.3.3 より A より生成される楔 $W(A)$ は $E^* \times R$ 内の閉楔である。そして，

$$W(A) = \{(T^*(y^*), y^*(a) + \lambda) : y^* \geq 0, \lambda \geq 0\}$$

が成立することは容易に確認できるので，結論が成立することと (x^*, α) が $W(A)$ に属することとは同値である。

背理法で証明するために結論を否定して，$(x^*, \alpha) \notin W(A)$ と仮定する。定理 2.1.2 より，$(x_0, r_0) \in E \times R$ が存在し，すべての $y^* \geq 0, \lambda \geq 0$ について，

$$y^*(T(x_0)) + r_0(y^*(a) + \lambda) < x^*(x_0) + r_0\alpha$$

が成立する。ここで $r_0 > 0$ とすると $\lambda \geq 0$ が任意にとれることに矛盾するので，$r_0 \leq 0$ である。さらに，$r_0 = 0$ とすると，すべての $y^* \geq 0$ について

$$y^*(T(x_0)) < x^*(x_0)$$

が成立する。順序単位元をもつアルキメデス的順序線形空間とその第 2 双対空間は順序関係も含めて一致することを第 3.1 節で言及したが，このことより $T(x_0) \leq 0$ が導かれ，そして $x^*(x_0) > 0$ をえる。線形不等式 $T(x) \leq a$ の解のひとつを x_1 とすると，$T(\lambda x_0 + x_1) \leq a$ がすべての $\lambda \geq 0$ について成立する。よって，仮定より $x^*(\lambda x_0 + x_1) \leq \alpha$ がすべての $\lambda \geq 0$ について成立し，これより $x^*(x_0) \leq 0$ をえて，矛盾が生じる。従って，$r_0 < 0$ である。

分離定理を表現している式で $y^* = 0, \lambda = 0$ とおくと，

$$x^*(x_0) + r_0\alpha > 0$$

が成立するので，$x^*(-x_0/r_0) > \alpha$ をえる。一方，$\lambda = 0$ とおくと，任意の $y^* \geq 0$ について，

$$y^*(T(x_0) + r_0 a) < x^*(x_0) + r_0\alpha$$

が成立するので，$y^*(T(x_0) + r_0 a) \leq 0$ をえる。これより $T(x_0) + r_0 a \leq 0$ が導かれ，$-x_0/r_0$ は線形不等式 $T(x) \leq a$ の解となり仮定に矛盾する。□

以上の準備の下に線形計画問題の双対定理の話題に入っていこう。線形空間 E とアルキメデス的線形束 F とその間に定義された線形写像 $T \in L(E, F)$ を考える。そして E^* の点 c^*，F の点 a を考える。E の点 x が動く範囲が $T(x) \leq a$ という線形不等式で制約を受けている状況で，線形汎関数 $c^*(x)$ の値を最大化するという最適化問題を考察する。線形不等式 $T(x) \leq a$ をこの

最適化問題の制約条件といい，最大化を図る線形汎関数 $c^*(x)$ を目的関数という。そして制約条件をみたす点の集合

$$\{x \in E : T(x) \leq a\}$$

をこの問題の**実行可能領域**といい，実行可能領域に属する点を**実行可能解**という。この最適化問題を (P) としたとき，その簡潔な表現をとって，

$$(\mathrm{P}) : \sup\{c^*(x) : x \in E, T(x) \leq a\} \text{ を求めよ。}$$

と表すことにする。この値 $\sup\{c^*(x) : x \in E, T(x) \leq a\}$ を最適化問題 (P) の**最適値**とよび，最適値を実現する実行可能解が存在するときこれを (P) の**最適解**という。最適解は目的関数の最大化を達成している実行可能解であり，最適解が存在すれば最適値は $\max\{c^*(x) : x \in E, T(x) \leq a\}$ となる。本来は最適解が存在するときに限り最適値とよぶべきであるが，議論を円滑に進めるためにこの様に最適値を定義する。

この最適化問題 (P) に付随して，F の双対空間 F^* 上で定義される次の最適化問題を考える。制約条件を $y^* \geq 0$ かつ $T^*(y^*) = c^*$ として，目的関数 $y^*(a)$ の最小化を図る最適化問題である。この問題は問題 (P) の双対問題とよばれ (D) と表す。双対問題 (D) の簡潔な表現は

$$(\mathrm{D}) : \inf\{y^*(a) : y^* \in F^*,\ y^* \geq 0,\ T^*(y^*) = c^*\} \text{ を求めよ。}$$

となる。問題 (P) を双対問題 (D) の**主問題**という。そしてここに登場する写像や汎関数はすべて線形であるのでこれらの最適化問題は**線形計画問題**とよばれる。

次の定理 4.4.2 は線形計画問題の主問題と双対問題の間の密接な関係を明らかにしており，この定理を線形計画問題の**双対定理**とよぶ。

定理 4.4.2 主問題 (P) と双対問題 (D) が共に実行可能解をもつとすると，共に最適解をもち，それらの最適値は一致する。

証明 主問題 (P) の実行可能解を x とし双対問題 (D) の実行可能解を y^* とすると，

$$c^*(x) = (T^*(y^*))(x) = y^*(T(x)) \leq y^*(a)$$

4.4 線形計画問題

が成立するので，c^* は問題 (P) の実行可能領域

$$D = \{x \in E : T(x) \leq a\}$$

上で上に有界である。それと共に不等式

$$\sup\{c^*(x) : T(x) \leq a\} \leq \inf\{y^*(a) : y^* \geq 0,\ T^*(y^*) = c^*\}$$

も成立する。この D は E 内の多面体なので定理 4.3.8 より，

$$D = L + Q + K$$

と線形部分空間 L，多角形 Q，多角錐 K を使って P は表現できるが，c^* が D 上で上に有界であることより

$$L \subset \{x : c^*(x) = 0\}, \quad K \subset \{x : c^*(x) \leq 0\}$$

が成立している。よって c^* は多角形 Q 上で最大値に達すればそれが D 上での最大値となる。Q はコンパクトなので，その連続性より c^* は Q のある点で最大値に達する。よってこの点が問題 (P) の最適解である。

問題 (P) の最適解のひとつを x_0 とし，$c^*(x_0) = \alpha_0$ とおく。このときすべての $x \in D$ について $c^*(x) \leq \alpha_0$ が成立しているので，命題 4.4.1 より

$$c^* = T^*(y_0^*), \quad y_0^*(a) \leq \alpha_0$$

となる $y_0^* \geq 0$ が存在する。このとき，問題 (D) の任意の実行可能解 y^* に対し，

$$y^*(a) \geq y^*(T(x_0)) = (T^*(y^*))(x_0) = c^*(x_0) = \alpha_0 \geq y_0^*(a)$$

が成立する。これより y_0^* が問題 (D) の最適解であることと同時に

$$\max\{c^*(x) : T(x) \leq a\} = \alpha_0 \geq \min\{y^*(a) : y^* \geq 0,\ T^*(y^*) = c^*\}$$

をえて，問題 (D) の最適値は問題 (P) の最適値と一致することが証明される。 □

上の証明で主問題 (P) の最適解は多角形 Q の中に存在することが示された。そして，系 4.1.7 より Q はその端点全体の集合の凸包に一致している，即ち，$Q = \text{co}(\text{ext}\, Q)$ が成立する。このことより線形汎関数 c^* の Q 上の最大値は Q のある端点で達成されていることが以下のように考えることにより確認できる。

最適解を x_0 とすると $x_0 = \sum_{i=1}^p \lambda_i e_i$, $\lambda_i \geq 0$, $\sum_{i=1}^p \lambda_i = 1$ とかけている。ここで各 e_i は Q の端点を表し，端点の個数を p としている。これに c^* を適用すると

$$c^*(x_0) = c^*\left(\sum_{i=1}^p \lambda_i e_i\right) = \sum_{i=1}^p \lambda_i c^*(e_i) \leq \max_{1 \leq i \leq p} c^*(e_i)$$

が成立するので，Q の端点の中で c^* の値が最大となるものが最適解となっていることが分る。しかし，どの最適解も Q の端点となっているわけではないことに注意する。さらに Q に属さない最適解も存在する可能性がある。

次に主問題とその双対問題の対称性を保った問題設定を試みよう。ここでは E と F は共にアルキメデス的線形束とする。T, c^*, a に関しては前の問題 (P), (D) と同じ設定とし，次の線形計画問題の組を考えよう。

(P'): $\sup\{c^*(x) : x \in E,\ x \geq 0,\ T(x) \leq a\}$ を求めよ。

(D'): $\inf\{y^*(a) : y^* \in F^*,\ y^* \geq 0,\ T^*(y^*) \geq c^*\}$ を求めよ。

この主問題 (P') と双対問題 (D') についても定理 4.4.2 と同様の結果がえられるが，そのためには命題 4.4.1 をこの問題に適応するように修正した次の命題 4.4.3 が必要となる。命題 4.4.3 の証明は命題 4.4.1 のそれとほとんど同じである。命題 4.4.1 の証明に現れる集合 A として，集合

$$\{(T^*(b_1^*), b_1^*(a)), \ldots, (T^*(b_m^*), b_m^*(a)), (-d_1^*, 0), \ldots, (-d_l^*, 0), (0, 1)\}$$

を考えれば，同様の推論で命題 4.4.3 の証明を進めることができる。よって詳細は省略する。ここで，線形空間 E の次元は l であり，その正錐 E_+ を生成する E の基底を $\{d_1, \ldots, d_l\}$ としている。そして，その双対基底 $\{d_1^*, \ldots, d_l^*\}$ を使い上記の集合は定義されている。

命題 4.4.3 アルキメデス的線形束 $(E, \leq)$, $(F, \leq)$ とその間に定義された線形写像 $T \in L(E, F)$, E^* の点 x^*, F の点 a, そして実数 α を考える。そして、線形不等式 $x \geq 0$ かつ $T(x) \leq a$ が解をもつと仮定する。このとき、線形不等式 $x \geq 0$ かつ $T(x) \leq a$ のすべての解 x が線形不等式 $x^*(x) \leq \alpha$ を満たすための必要十分条件は

$$y^* \geq 0, \quad T^*(y^*) \geq x^*, \quad y^*(a) \leq \alpha$$

を満たす $y^* \in F^*$ が存在することである。

そして命題 4.4.3 を適用して次の双対定理を導く過程も定理 4.4.2 のそれと同様なので省略する。

定理 4.4.4 主問題 (P′) と双対問題 (D′) が共に実行可能解をもつとすると、共に最適解をもち、それらの最適値は一致する。

線形計画問題の双対定理の経済学的な解釈については参考文献 [2] の第 6 章に適切な解説があるので参考にするとよい。

第5章

アフィン写像と期待効用理論

―――――――――

第4章までの考察対象は凸集合を始めとする線形空間内に定義された概念であった。その理解の補助として線形汎関数や線形写像を使用したが写像の研究が中心ではなかった。以後，線形空間の部分集合を定義域とする様々な写像の研究が話題の中心になる。本章では線形写像の一般化であるアフィン写像を取り上げ議論する。そして，アフィン関数が主要な概念となる期待効用理論を紹介する。

5.1 アフィン写像の基本性質

線形空間 E, F と E の凸部分集合 C が与えられたとする。C より F への写像 $A : C \to F$ は，任意の $x, y \in C$ と $\lambda \in {]}0, 1{[}$ について

$$A((1-\lambda)x + \lambda y) = (1-\lambda)A(x) + \lambda A(y)$$

が成立するとき，アフィン写像であるという。

この定義よりアフィン写像 A について，C の任意の有限個の点 $x_1, \ldots, x_k$ とこれに対応する非負実数 $\lambda_1, \ldots, \lambda_k \geq 0$ で $\sum_{i=1}^{k} \lambda_i = 1$ を満たすものに対し

$$A\left(\sum_{i=1}^{k} \lambda_i x_i\right) = \sum_{i=1}^{k} \lambda_i A(x_i)$$

が成立することが容易に確認できる。一般に線形写像の凸集合への制限は必

然的にアフィン写像になることは明らかであるが,以後しばらくの間その逆について議論する。

補題 5.1.1 線形空間 E の凸部分集合 C は E の原点 0 を内点としてもち,C から線形空間 F への写像 $A: C \to F$ は $A(0) = 0$ を満たすアフィン写像とする。このとき,A は E 上の線形写像に一意的に拡張可能である。

証明 線形空間 E の次元を m とする。0 が C の内点であるので E の基底 $\{b_1, \ldots, b_m\}$ が存在して

$$U = \mathrm{co}\{\pm b_1, \ldots, \pm b_m\} \subset C$$

となっている。基底 $\{b_1, \ldots, b_m\}$ の双対基底 $\{b_1^*, \ldots, b_m^*\}$ を使い任意の $x \in E$ に対し

$$B(x) = \sum_{i=1}^m b_i^*(x) A(b_i)$$

と定義する。この B が線形写像であることは明らかである。以下に線形写像 B が A の拡張であることを示すが,まず A と B が U 上で一致することを示す。任意の $x \in U$ について,

$$x = \sum_{i=1}^m \mu_i b_i + \sum_{i=1}^m \nu_i (-b_i), \quad \mu_i, \nu_i \geq 0, \ \sum_{i=1}^m \mu_i + \sum_{i=1}^m \nu_i = 1$$

とかけているとする。このとき $x = \sum_{i=1}^m (\mu_i - \nu_i) b_i$ と表現できるので

$$b_i^*(x) = \mu_i - \nu_i$$

がすべての $i = 1, \ldots, m$ に対し成立している。一方 A のアフィン性と $A(0) = 0$ の仮定より $-A(b_i) = A(-b_i)$ が成立するので,

$$A(x) = \sum_{i=1}^m \mu_i A(b_i) + \sum_{i=1}^m \nu_i A(-b_i)$$
$$= \sum_{i=1}^m \mu_i A(b_i) + \sum_{i=1}^m (-\nu_i) A(b_i)$$
$$= \sum_{i=1}^m (\mu_i - \nu_i) A(b_i)$$

5.1 アフィン写像の基本性質

$$= \sum_{i=1}^{m} b_i^*(x) A(b_i)$$

$$= B(x)$$

をえる．さらに，任意の $x \in C$ について，$\lambda x \in U$ となる $0 < \lambda < 1$ が存在する．A のアフィン性と $A(0) = 0$ の仮定より $\lambda A(x) = A(\lambda x)$ が成立し，そして写像 B が線形であることより

$$A(x) = \frac{1}{\lambda} A(\lambda x) = \frac{1}{\lambda} B(\lambda x) = B(x)$$

をえて，B は A の拡張であることが示せた．

次に B が線形写像としての A の一意的な拡張であることを示す．B' が A の線形拡張であるとして $B' = B$ を導く．任意の $x \in E$ に対し $\mu x \in C$ となる $\mu > 0$ が存在する．$B(\mu x) = A(\mu x) = B'(\mu x)$ より，$\mu B'(x) = \mu B(x)$ が成立する．従って，$\mu > 0$ より $B'(x) = B(x)$ をえる．□

定理 5.1.2 線形空間 E, F と E の凸部分集合 C が与えられたとする．C から F へのアフィン写像 $A : C \to F$ はある E 上の線形写像と定値写像の和の C への制限である．特に，C が内点をもつ場合には，この線形写像と定値写像は一意に定まる．

証明 凸集合 C の相対的内点を x_0 とする．$C - x_0$ は 0 を相対的内点としてもつ凸集合である．$C - x_0$ から生成される E の線形部分空間を E' とする．$C - x_0$ 上のアフィン写像 A' を

$$A'(x') = A(x' + x_0) - A(x_0), \quad x' \in C - x_0$$

で定義すると，補題 5.1.1 より A' は E' 上の線形写像 B' に拡張できる．これを E 上まで拡張した線形写像のひとつを B で表す．このとき，

$$A(x' + x_0) - A(x_0) = B(x')$$

がすべての $x' \in C - x_0$ に対し成立しているので，任意の $x \in C$ について，

$$A(x) - A(x_0) = B(x - x_0)$$

即ち，
$$A(x) = B(x) + (A(x_0) - B(x_0))$$
が成立する。従って，$B + (A(x_0) - B(x_0))$ の C への制限は A に等しい。

C が内点 x_0 をもつときの拡張の一意性については $B, B' \in L(E, F)$ と $y, y' \in F$ を使い
$$A(x) = B(x) + y = B'(x) + y', \quad x \in C$$
と表現されているとする。上で現れた 0 を内点とする凸集合 $C - x_0$ で定義されたアフィン写像 A' について
$$A'(x') = B(x') + B(x_0) + y = B'(x') + B'(x_0) + y', \quad x' \in C - x_0$$
が成立する。$x' = 0$ とすると $B(x_0) + y = B'(x_0) + y' = 0$ をえる。そして，補題 5.1.1 の拡張の一意性に関する主張より，$B = B'$ をえるが，$B(x_0) + y = B'(x_0) + y'$ より $y = y'$ も成立する。□

定理 1.5.1 より任意の線形写像は連続であるので定理 5.1.2 より次の系 5.1.3 をえる。

系 5.1.3 アフィン写像は連続である。

実数値アフィン写像のことをアフィン関数とよぶことにする。アフィン関数の接続に関する命題を証明しておく。これは第 5.2 節の議論で必要となる。

命題 5.1.4 線形空間 E の非空凸部分集合 A, B, C は $C = A \cup B$ かつ $A \cap B \neq \emptyset$ を満たすものとする。凸集合 C で定義された実数値関数 f はその A への制限も B への制限もアフィン関数であるとする。さらに，任意の $x \in A \setminus B$ と任意の $y \in B \setminus A$ に対し，$A \cap B$ は x と y を結ぶ閉線分 $[x, y]$ と少なくとも異なる 2 点で交わるとする。このとき，f は C 上のアフィン関数である。

証明 $A \setminus B = \emptyset$ または $B \setminus A = \emptyset$ のときはそれぞれ $C = B$, $C = A$ となり，f が C 上でアフィン関数であることは仮定そのものであるので何ら証明することはない。従って，$A \setminus B \neq \emptyset$ かつ $B \setminus A \neq \emptyset$ として証明を進める。任意の $x \in A \setminus B$ と $y \in B \setminus A$ と $\lambda \in\,]0, 1[$ について等式

5.1 アフィン写像の基本性質

$f((1-\lambda)x + \lambda y) = (1-\lambda)f(x) + \lambda f(y)$ が成立することを示せば十分である。$z = (1-\lambda)x + \lambda y$ とおく。

$z \in A \cap B$ となっている場合を初めに証明する。仮定より λ とは等しくない $\mu \in \,]0,1[$ が存在し，$(1-\mu)x + \mu y \in A \cap B$ となっている。$\lambda > \mu$ の場合も同様に推論を進めることができるので，ここでは $\lambda < \mu$ が成立していると仮定しても一般性は失われない。$w = (1-\mu)x + \mu y$ とおき，これを変形して

$$y = \frac{1}{\mu}w - \frac{1-\mu}{\mu}x$$

とし，$z = (1-\lambda)x + \lambda y$ に代入すると，

$$z = \frac{\mu - \lambda}{\mu}x + \frac{\lambda}{\mu}w$$

をえる。$x, z, w \in A$ で f が A 上のアフィン関数であることより，

$$f(z) = \frac{\mu - \lambda}{\mu}f(x) + \frac{\lambda}{\mu}f(w)$$

が成立する。一方，$z = (1-\lambda)x + \lambda y$ より

$$x = \frac{1}{1-\lambda}z - \frac{\lambda}{1-\lambda}y$$

と変形でき，これを $w = (1-\mu)x + \mu y$ に代入し，

$$w = \frac{1-\mu}{1-\lambda}z + \frac{\mu - \lambda}{1-\lambda}y$$

をえる。f は B 上のアフィン関数なので

$$f(w) = \frac{1-\mu}{1-\lambda}f(z) + \frac{\mu - \lambda}{1-\lambda}f(y)$$

が成立する。ここまでに導いた 2 つの式は

$$\mu(1-\lambda)f(z) = \lambda(1-\lambda)f(w) + (\mu - \lambda)(1-\lambda)f(x)$$

$$\lambda(1-\mu)f(z) = \lambda(1-\lambda)f(w) - \lambda(\mu - \lambda)f(y)$$

のように変形できる。辺々引いて $f(w)$ を消去し整理すると

$$(\mu - \lambda)f(z) = (\mu - \lambda)(1-\lambda)f(x) + \lambda(\mu - \lambda)f(y)$$

をえて，
$$f(z) = (1-\lambda)f(x) + \lambda f(y)$$
が成立することがわかる。

次に $z \in B \setminus A$ となっている場合を証明する。$z \in A \setminus B$ の場合も同様に証明できるのでこの場合を証明すれば本命題の証明が完了する。このとき $x \in A \setminus B$, $y \in B \setminus A$, $\lambda \in {]}0,1{[}$, $z = (1-\lambda)x + \lambda y \in B \setminus A$ である。仮定より x と y を結ぶ線分上に $A \cap B$ に属する点 w が存在する。そして，$\mu \in {]}0,1{[}$ によって，$w = (1-\mu)x + \mu y$ とかける。このとき，$\mu < \lambda$ である。実際，$\mu \geq \lambda$ とすると $z = (1-\lambda/\mu)x + (\lambda/\mu)w$ とかけるので $z \in A$ となり矛盾が生じる。前半の議論と同様にして

$$z = \frac{1-\lambda}{1-\mu}w + \frac{\lambda-\mu}{1-\mu}y$$

とかけるので，f が B 上でアフィン関数であることより，

$$f(z) = \frac{1-\lambda}{1-\mu}f(w) + \frac{\lambda-\mu}{1-\mu}f(y)$$

をえる。そして $w \in A \cap B$ であるから，前半で証明したことより

$$f(w) = (1-\mu)f(x) + \mu f(y)$$

が成立しているので，これを上式に代入することにより

$$f(z) = (1-\lambda)f(x) + \lambda f(y)$$

をえて証明が完了する。□

5.2 期待効用

事象をその要素とする有限集合 $X = \{x_1, \ldots, x_n\}$ が与えられたとする。そして X 上のひとつの確率分布 $p = (p_1, \ldots, p_n)$ を考える。確率の性質より $p_i \geq 0$ と $\sum_{i=1}^n p_i = 1$ が成立している。この確率分布 p は各事象 x_i が生起する確率が p_i である不確実性が存在する状況を表している。様々な確率分布

5.2 期待効用

p を考えることによりそれらに対応した不確実性の状況が表現される。これらの状況の間に選好関係がある場合に，この選好関係がどのような公理を満たすならば適切な X 上の効用関数 f が存在し，その期待値の大小で不確実性をもつ状況の間の選好関係を表すことが可能であるかという問題が生じる。本節の目的はこの問題に解を与えることである。

X 上の確率分布全体の集合は実数空間 R の直積空間 R^X の標準単体 S としてモデル化することができる。そして X 上の効用関数 f が存在したとすると，確率分布 p に関する効用の期待値，即ち，**期待効用**は $\sum_{i=1}^{n} f(x_i)p_i$ と表現できる。これを p を独立変数とする実数値関数 $a : S \to R$ の値と見なすと，

$$a(p) = \sum_{i=1}^{n} f(x_i)p_i, \quad p \in S$$

と定式化される。この関数 a が確率分布全体を表す凸集合 S で定義されたアフィン関数であることを見るのは容易である。そして，もし確率分布 p の間の選好関係と整合するアフィン関数 a がみつかったとすると，p として事象 x_i が確実に生起する確率分布 e_i，即ち，第 i 成分のみが 1 で他の成分はすべて 0 である確率分布，をとれば

$$f(x_i) = a(e_i), \quad i = 1, \ldots, n$$

と関数 f を定義することにより X 上の効用関数 f を求めることができる。従って，この問題は線形空間 E の凸部分集合にどのような公理を満たす選好関係が与えられたならば，その選好関係を表現するアフィン関数の存在を導くことができるかという問題に定式化されることになる。

以下参考文献 [12] の結果を本書の設定に合せて紹介しその別証を与える。線形空間 E とその凸部分集合 C を考え，そこには完全擬順序 $\precsim$ が定義されているものとする。C における**完全擬順序**とは以下の性質を満たす C 上の 2 項関係 $\precsim$ のことである。

(1) 反射性：任意の $x \in C$ に対し，$x \precsim x$ である。

(2) 推移性：任意の $x, y, z \in C$ に対し，$x \precsim y$ かつ $y \precsim z$ ならば $x \precsim z$ である。

(3) 比較可能性：任意の $x, y \in C$ に対し，$x \precsim y$ または $y \precsim x$ が成立している。

この完全擬順序と第 3.1 節で定義した半順序と比較してみると，完全擬順序では反対称性を要請していない。この点を擬順序という語で表現している。しかし，完全擬順序では比較可能性を要請しており，これを完全という語で表現している。

C 上の実数値関数 $u : C \to R$ は，任意の $x, y \in C$ に対し $x \precsim y$ であることと $u(x) \leq u(y)$ であることが同値であるとき，完全擬順序 $\precsim$ を表現する効用関数であるという。

C 上の完全擬順序 $\precsim$ から新たなふたつの 2 項関係 $\sim$ と $\prec$ を以下のように定義する。$x, y \in C$ に対し，$x \precsim y$ かつ $y \precsim x$ が成立するとき $x \sim y$ と表し，$x \precsim y$ でありかつ $y \precsim x$ ではないとき $x \prec y$ と表す。$x, y \in C$ が $x \sim y$ を満たすとき x と y は無差別であるという。$\sim$ に関する命題 5.2.1，$\prec$ に関する命題 5.2.2，3 つの 2 項関係 $\precsim, \prec, \sim$ の相互関係についての命題 5.2.3 を以下に示すが，それらの証明はこれら 2 項関係の定義より明らかなので省略する。そして本節の議論では，これらの主張を断りなしに使うことにする。

命題 5.2.1 (1) 任意の $x \in C$ に対し，$x \sim x$ である。

(2) 任意の $x, y \in C$ に対し，$x \sim y$ ならば $y \sim x$ である。

(3) 任意の $x, y, z \in C$ に対し，$x \sim y$ かつ $y \sim z$ ならば $x \sim z$ である。

命題 5.2.2 (1) 任意の $x \in C$ に対し，$x \not\prec x$ である。

(2) 任意の $x, y, z \in C$ に対し，$x \prec y$ かつ $y \prec z$ ならば $x \prec z$ である。

命題 5.2.3 (1) 任意の $x, y \in C$ に対し，$x \prec y$ か $x \sim y$ か $y \prec x$ の 3 つの場合のいずれかが成立しており，そして，どの 2 つも同時に成立することはない。

(2) 任意の $x, y \in C$ に対し，$x \precsim y$ であることと，$x \prec y$ または $x \sim y$ であることは同値である。

(3) 任意の $x,y,x',y' \in C$ に対し，$x \precsim y$ かつ $x \sim x'$ かつ $y \sim y'$ ならば $x' \precsim y'$ である．

(4) 任意の $x,y,x',y' \in C$ に対し，$x \prec y$ かつ $x \sim x'$ かつ $y \sim y'$ ならば $x' \prec y'$ である．

(5) 任意の $x,y,z \in C$ に対し，$x \precsim y$ かつ $y \prec z$ ならば $x \prec z$ であり，$x \prec y$ かつ $y \precsim z$ ならば $x \prec z$ である．

(6) 関数 $u : C \to R$ が $\precsim$ を表現する効用関数ならば，任意の $x,y \in C$ に対し，$x \prec y$ と $u(x) < u(y)$ は同値であり，$x \sim y$ と $u(x) = u(y)$ は同値である．

集合 C 上の完全擬順序 $\precsim$ は，すべての $x \in C$ に対し，集合 $\{y \in C : x \precsim y\}$ と $\{y \in C : y \precsim x\}$ が共に C の閉集合であるとき**連続**であるという．この定義より，$\precsim$ が連続であることと，任意の $x \in C$ に対し集合 $\{y \in C : x \prec y\}$ と $\{y \in C : y \prec x\}$ が共に C の開集合であることが同値であることを見るのは容易である．

第 3.2 節の最初で順序線形空間における順序区間を定義したが，これに習って完全擬順序に関する順序区間を定義する．$x, y \in C$ で $x \precsim y$ である x, y について，集合 $\{z \in C : x \precsim z \precsim y\}$ を x と y を結ぶ**順序区間**といい，第 3.2 節と同じ記号を使い $\langle x, y \rangle$ と表す．

本章の主目的である定理 5.2.4 を以下に述べる．これは凸集合に定義された完全擬順序がある種の条件を満たすとき，それを表現するアフィン効用関数の存在を主張するものである．

定理 5.2.4 線形空間 E の凸部分集合 C に以下の性質を満たす完全擬順序 $\precsim$ が与えられているとする．

(1) 完全擬順序 $\precsim$ は連続である．

(2) 任意の $a, b, c \in C$ と $\lambda \in]0, 1[$ に対し，

$$a \sim b \Rightarrow (1 - \lambda)a + \lambda c \sim (1 - \lambda)b + \lambda c$$

が成立する．

このとき，$\precsim$ を表現するアフィン効用関数が存在する．そしてこのアフィン効用関数は正の1次変換の範囲内で一意的である，即ち，$\precsim$ を表現する2つのアフィン効用関数 u と v に対し，正の実数 α と実数 β が存在し

$$u(x) = \alpha v(x) + \beta$$

がすべての $x \in C$ について成立する．

定理 5.2.4 の証明を進めていくが，その証明のためにはいくつかの補題が必要である．以下に現れる補題は定理 5.2.4 の仮定 (1) と (2) を踏襲するものとする．

補題 5.2.5 任意の $a, b, c \in C$ に対し，

$$a \prec c \prec b \Rightarrow \exists \lambda \in \,]0,1[\, ; c \sim (1-\lambda)a + \lambda b$$

証明

$$\lambda_0 = \min\{\lambda \in [0,1] : (1-\lambda)a + \lambda b \succsim c\}$$

とおく．この定義は $\precsim$ の連続性から右辺の最小値が達成されることに注意する．よって，$(1-\lambda_0)a + \lambda_0 b \succsim c$ が成立しており，仮定より $\lambda_0 > 0$ である．逆向きの順序関係 $(1-\lambda_0)a + \lambda_0 b \precsim c$ を示す．$\lambda < \lambda_0$ を満たす任意の $\lambda \in [0,1]$ に対しては λ_0 の定義より，$(1-\lambda)a + \lambda b \succsim c$ が成立しないので $(1-\lambda)a + \lambda b \prec c$ となる．従って，$\precsim$ の連続性より $(1-\lambda_0)a + \lambda_0 b \precsim c$ が成立する．以上で $c \sim (1-\lambda_0)a + \lambda_0 b$ をえる．□

補題 5.2.6 任意の $a, b \in C$ に対し，

$$a \prec b, \, \lambda \in \,]0,1[\, \Rightarrow a \prec (1-\lambda)a + \lambda b \prec b$$

が成立する．

証明 $a \prec b$ かつ $\lambda_0 \in \,]0,1[$ であるが，$b \precsim (1-\lambda_0)a + \lambda_0 b$ であるような λ_0 が存在したと仮定し矛盾を導く．$a \prec b \precsim (1-\lambda_0)a + \lambda_0 b$ が成立しているので，補題 5.2.5 より

$$b \sim (1-\mu)a + \mu((1-\lambda_0)a + \lambda_0 b)$$

5.2 期待効用

$$= (1-\mu\lambda_0)a + \mu\lambda_0 b$$

となる $\mu \in \,]0,1]$ が存在する。

$$\mu_0 = \min\{\mu \in [0,1] : b \sim (1-\mu\lambda_0)a + \mu\lambda_0 b\}$$

と μ_0 を定義すると $\precsim$ の連続性から右辺の最小値は達成され，$\mu_0 > 0$ である。よって，定理 5.2.4 の仮定 (2) を考慮すると

$$\begin{aligned} a \prec b &\precsim (1-\lambda_0)a + \lambda_0 b \\ &\sim (1-\lambda_0)a + \lambda_0((1-\mu_0\lambda_0)a + \mu_0\lambda_0 b) \\ &= (1-\mu_0\lambda_0^2)a + \mu_0\lambda_0^2 b \end{aligned}$$

をえるので，再び補題 5.2.5 より，

$$\begin{aligned} b &\sim (1-\nu_0)a + \nu_0((1-\mu_0\lambda_0^2)a + \mu_0\lambda_0^2 b) \\ &= (1-\nu_0\mu_0\lambda_0^2)a + \nu_0\mu_0\lambda_0^2 b \end{aligned}$$

を満たす $\nu_0 \in \,]0,1]$ が存在する。よって μ_0 の定義より $\mu_0 \leq \nu_0\mu_0\lambda_0$ となるが，これより $1 \leq \nu_0\lambda_0 < 1$ をえて矛盾が生じる。

また，$a \prec b$ かつ $\lambda \in \,]0,1[$ であるが，$(1-\lambda)a + \lambda b \precsim a$ であるような λ が存在したと仮定した場合も，同様にして矛盾が生じる。□

次の補題 5.2.7 は補題 5.2.6 の精緻化である。

補題 5.2.7 任意の $a,b \in C$ と $\mu, \lambda \in [0,1]$ に対し，

$$a \prec b,\ \mu < \lambda \Rightarrow (1-\mu)a + \mu b \prec (1-\lambda)a + \lambda b$$

が成立する。

証明 $a \prec b$ かつ $\mu < \lambda$ とする。$\mu = 0$ の場合は補題 5.2.6 より明らかなので $\mu > 0$ と仮定する。補題 5.2.6 より $a \prec (1-\lambda)a + \lambda b$ であり，$\nu = \mu/\lambda$ とおくと，

$$(1-\mu)a + \mu b = (1-\nu)a + \nu((1-\lambda)a + \lambda b)$$

が成立し，$\nu \in\ ]0,1[$ に注意すると再び補題 5.2.6 より，

$$(1-\mu)a + \mu b \prec (1-\lambda)a + \lambda b$$

をえる。□

次の補題 5.2.8 は定理 5.2.4 の仮定 (2) の $\sim$ を $\prec$ に置き換えたものである。

補題 5.2.8 任意の $a,b,c \in C$ と $\lambda \in\ ]0,1[$ に対し，

$$a \prec b \Rightarrow (1-\lambda)a + \lambda c \prec (1-\lambda)b + \lambda c$$

が成立する。

証明 $a \prec b$ とする。c と a,b との関係について次の 5 通りの場合が考えられる。

$$c \prec a, \quad c \sim a, \quad a \prec c \prec b, \quad c \sim b, \quad b \prec c$$

この 5 つのいずれの場合もこの補題の結論が成立することを示せば証明が完了するが，第 4 の場合は第 2 の，第 5 の場合は第 1 の場合と同様の証明法が適用できるので第 1 から第 3 の場合を示せば十分である。

$c \prec a$ の場合には $c \prec a \prec b$ となるので，補題 5.2.5 より $a \sim (1-\mu)c + \mu b$ を満たす $\mu \in\ ]0,1[$ が存在する。よって定理 5.2.4 の仮定 (2) と補題 5.2.7 より以下の式が成立する。

$$(1-\lambda)a + \lambda c \sim (1-\lambda)\left((1-\mu)c + \mu b\right) + \lambda c$$
$$= (1-\lambda)\mu b + \left(1 - (1-\lambda)\mu\right)c$$
$$\prec (1-\lambda)b + \lambda c$$

$c \sim a$ の場合は，定理 5.2.4 の仮定 (2) より $(1-\lambda)a + \lambda c \sim (1-\lambda)c + \lambda c = c$ が成立する。また，$c \prec b$ と補題 5.2.6 より $c \prec (1-\lambda)b + \lambda c$ が成立するので，$(1-\lambda)a + \lambda c \prec (1-\lambda)b + \lambda c$ をえる。

$a \prec c \prec b$ の場合は補題 5.2.6 より $(1-\lambda)a + \lambda c \prec c \prec (1-\lambda)b + \lambda c$ をえる。□

5.2 期待効用

補題 5.2.9 $a \prec b$ を満たす C の 2 点 a と b を考える。このとき，順序区間 $\langle a,b \rangle$ は C の凸部分集合であり，完全擬順序 $\precsim$ の順序区間 $\langle a,b \rangle$ への制限を表現するアフィン効用関数 $u : \langle a,b \rangle \to [0,1]$ で以下の性質をもつものが存在する。

(1) $u(a) = 0$, $u(b) = 1$

(2) 任意の $x \in \langle a,b \rangle$ に対し，$x \sim (1-u(x))a + u(x)b$

(3) 任意の $x \in \langle a,b \rangle$ に対し，$x \sim (1-\lambda)a + \lambda b$, $\lambda \in [0,1] \Rightarrow \lambda = u(x)$

証明 補題 5.2.5 より $x \in \langle a,b \rangle$ とすれば，$x \sim (1-\lambda)a + \lambda b$ を満たす $\lambda \in [0,1]$ が存在する。さらに，補題 5.2.7 よりこのような λ は一意的なので，これを $u(x)$ とすることにより関数 $u : \langle a,b \rangle \to [0,1]$ を定義することができる。この u が (1), (2), (3) の 3 つの性質をもつことはその定義から明らかである。

補題 5.2.7 と u の性質 (2) より，任意の $x,y \in \langle a,b \rangle$ に対し $x \prec y$ と $u(x) < u(y)$ が同値であることが容易に確認できる。これより u が $\precsim$ を表現する効用関数であることは明らかである。

最後に $\langle a,b \rangle$ が凸集合であり，u がアフィン関数であることを示す。任意の $c, d \in \langle a,b \rangle$ と $\lambda \in {]0,1[}$ をとる。このとき，定理 5.2.4 の仮定 (2) より

$$(1-\lambda)c + \lambda d \sim (1-\lambda)\left[(1-u(c))a + u(c)b\right] + \lambda\left[(1-u(d))a + u(d)b\right]$$
$$= \left[1 - ((1-\lambda)u(c) + \lambda u(d))\right]a + \left[(1-\lambda)u(c) + \lambda u(d)\right]b$$

が成立する。従って，補題 5.2.6 より $(1-\lambda)c + \lambda d \in \langle a,b \rangle$ をえて，$\langle a,b \rangle$ は凸集合である。さらに，u の性質 (3) と上の式より

$$u((1-\lambda)c + \lambda d) = (1-\lambda)u(c) + \lambda u(d)$$

が成立するので，u は $\langle a,b \rangle$ 上のアフィン関数である。□

定理 5.2.4 の証明
C のすべての要素が互いに無差別であるときには C 上の定数関数がアフィン効用関数となるので証明の必要はない。従って，$a \prec b$ である a と b が C 内に存在すると仮定する。$A = \{x \in C : x \prec b\}$, $B = \{x \in C : x \succ a\}$

とおくと A と B は凸集合である。実際，A が凸集合であることを示すために，任意の $x,y \in A$ と $\lambda \in \,]0,1[$ をとる。この x と y について $x \prec y$ または $y \prec x$ または $x \sim y$ のどれかが成立している。$x \prec y$ の場合は補題 5.2.6 より $(1-\lambda)x + \lambda y \prec y \prec b$ となるので $(1-\lambda)x + \lambda y \in A$ をえる。$y \prec x$ の場合も同様である。$x \sim y$ の場合は仮定 (2) より

$$(1-\lambda)x + \lambda y \sim (1-\lambda)y + \lambda y = y \prec b$$

が成立するので $(1-\lambda)x + \lambda y \in A$ をえる。以上で A が凸集合であることが示せたが，B についても同様の推論で凸集合であることが証明できる。また $C = A \cup B$ が成立していることは明らかである。

補題 5.2.9 より $\langle a,b \rangle$ 上への完全擬順序 $\precsim$ の制限を表現するアフィン効用関数 $u : \langle a,b \rangle \to [0,1]$ で，すべての $x \in A \cap B$ に対し $0 < u(x) < 1$ を満たすものが存在する。1 に十分近い $\mu \in \,]0,1[$ に対し，アフィン写像 $i_\mu : A \to A$ を

$$i_\mu(x) = (1-\mu)x + \mu b, \quad x \in A$$

と定義する。補題 5.2.6 より $i_\mu(A) \subset A$ が成立する。

A 上の実数値関数 v を，上で定義した i_μ を使い

$$v(x) = \frac{u(i_\mu(x)) - \mu}{1 - \mu}, \quad x \in A$$

と定義する。ここで $\mu \in \,]0,1[$ は十分 1 に近くとっているので $i_\mu(x) \in B$ が成立している。実際，B は C 内の点 b の近傍であるのでこのような μ は存在し，$i_\mu(x) \in A \cap B \subset \langle a,b \rangle$ が成立するので $u(i_\mu(x))$ の値が定まる。この $v(x)$ の定義が μ に依存しないことは以下のようにして分る。$i_{\mu'}(x) \in B$ を満たす μ とは異なる $\mu' \in \,]0,1[$ をとる。$\mu < \mu'$ と仮定しても一般性は失われない。

$$(1-\mu')x + \mu' b = \frac{1-\mu'}{1-\mu}((1-\mu)x + \mu b) + \frac{\mu' - \mu}{1-\mu}b$$

と表現できることに注意し，u が $\langle a,b \rangle$ 上でアフィンであることより，

$$u(i_{\mu'}(x)) = \frac{1-\mu'}{1-\mu}u(i_\mu(x)) + \frac{\mu' - \mu}{1-\mu}$$

5.2 期待効用

が成立する。これより

$$\frac{u(i_{\mu'}(x)) - \mu'}{1 - \mu'} = \frac{u(i_\mu(x)) - \mu}{1 - \mu}$$

をえる。また，すべての $x \in A$ に対し $v(x) < 1$ であり，$v(a) = 0$ であることは，v の定義より明らかである。

さらに，v は $A \cap B$ において u に等しいことも u のアフィン性より明らかである。また，v がアフィン関数であることは以下のようにして示すことができる。$x, y \in A$ で $\lambda \in {]}0, 1{[}$ とする。$i_\mu(x), i_\mu(y) \in B$ となる $\mu \in {]}0, 1{[}$ が存在するが，i_μ はアフィン写像であるので

$$i_\mu((1-\lambda)x + \lambda y) = (1-\lambda)i_\mu(x) + \lambda i_\mu(y) \in B$$

が成立している。よって，

$$\begin{aligned}
v((1-\lambda)x + \lambda y) &= \frac{u(i_\mu((1-\lambda)x + \lambda y)) - \mu}{1 - \mu} \\
&= \frac{u((1-\lambda)i_\mu(x) + \lambda i_\mu(y)) - \mu}{1 - \mu} \\
&= (1-\lambda)\frac{u(i_\mu(x)) - \mu}{1 - \mu} + \lambda \frac{u(i_\mu(y)) - \mu}{1 - \mu} \\
&= (1-\lambda)v(x) + \lambda v(y)
\end{aligned}$$

が成立する。

次に v が完全擬順序 $\precsim$ の A への制限を表現する効用関数であることを示す。任意の $x, y \in A$ について考える。$x \precsim y$ とすると，$i_\mu(x), i_\mu(y) \in B$ を満たす $\mu \in {]}0, 1{[}$ が存在する。仮定 (2) と補題 5.2.8 より $i_\mu(x) \precsim i_\mu(y)$ が成立している。u は $\langle a, b \rangle$ 上の $\precsim$ を表す効用関数なので，$u(i_\mu(x)) \leq u(i_\mu(y))$ が成立し，$v(x) \leq v(y)$ をえる。

逆に，$v(x) \leq v(y)$ とすると，$\mu, \mu' \in {]}0, 1{[}$ が存在し

$$\frac{u(i_\mu(x)) - \mu}{1 - \mu} \leq \frac{u(i_{\mu'}(y)) - \mu'}{1 - \mu'}$$

が成立している。$\mu'' = \max\{\mu, \mu'\}$ とおくと，$i_{\mu''}(x), i_{\mu''}(y) \in B$ で

$$\frac{u(i_{\mu''}(x)) - \mu''}{1 - \mu''} \leq \frac{u(i_{\mu''}(y)) - \mu''}{1 - \mu''}$$

が成立しているので, $u(i_{\mu''}(x)) \leq u(i_{\mu''}(y))$ をえる。u は $\langle a, b \rangle$ 上で $\precsim$ を表す効用関数となっているので, $i_{\mu''}(x) \precsim i_{\mu''}(y)$ が成立する。これより $x \precsim y$ をえる。実際, もし $y \prec x$ とすると補題 5.2.8 より

$$(1-\mu'')y + \mu''b \prec (1-\mu'')x + \mu''b$$

をえるが, これは $i_{\mu''}(y) \prec i_{\mu''}(x)$ を意味する。しかし, これは上でえた $i_{\mu''}(x) \precsim i_{\mu''}(y)$ に矛盾する。以上で, v が A 上で $\precsim$ を表現するアフィン効用関数であることが証明された。

v の定義と同様の考え方で, $\mu \in \,]0,1[$ に対しアフィン写像 $j_\mu : B \to B$ を

$$j_\mu(y) = (1-\mu)a + \mu y, \quad y \in B$$

と定義し, B 上の実数値関数 w を

$$w(y) = \frac{u(j_\mu(y))}{\mu}, \quad y \in B$$

と定義する。ここで, μ は十分 0 に近くとり $j_\mu(y) \in A$ とした任意の $\mu \in \,]0,1[$ である。この w の定義も正当であり, w は B 上のアフィン写像であり, $A \cap B$ 上では u と一致し, すべての $y \in B$ に対し $w(y) > 0$ で, $w(b) = 1$ が成立している。さらに, w は完全擬順序 $\precsim$ の B への制限の効用関数となっていることも v と同様である。

従って,

$$\overline{u}(x) = \begin{cases} v(x) & x \in A \\ w(y) & y \in B \end{cases}$$

と定義すればこの定義は正当である。そして命題 5.1.4 を適用することにより $\overline{u}$ は $C = A \cup B$ 上でアフィン関数であることが確認できる。命題 5.1.4 の仮定である, 任意の $x \in A \setminus B$ と $y \in B \setminus A$ を結ぶ線分が $A \cap B$ と 2 点以上で交わることを確認する必要があるが, それは以下のようにして確認できる。$x \in A \setminus B$, $y \in B \setminus A$ とすると, $x \precsim a \prec b \precsim y$ が成立している。$x \sim a \prec b \sim y$ のときは, 任意の $\lambda \in \,]0,1[$ について

$$(1-\lambda)x + \lambda y \sim (1-\lambda)a + \lambda y \sim (1-\lambda)a + \lambda b$$

5.2 期待効用

143

が成立する。補題 5.2.6 より $a \prec (1-\lambda)x + \lambda y \prec b$ が任意の $\lambda \in\,]0,1[$ に対し成立するので，x と y を結ぶ線分は $A \cap B$ と無数の点で交わる。

$x \prec a \prec b \prec y$ のときは，補題 5.2.6 より $a \sim (1-\lambda)x + \lambda y$，$b \sim (1-\mu)x + \mu y$ を満たす $\lambda, \mu \in\,]0,1[$ が存在する。補題 5.2.7 より $\lambda < \mu$ でなくてはならない。任意の $\nu \in\,]\lambda, \mu[$ について $a \prec (1-\nu)x + \nu y \prec b$ が成立するのでやはり x と y を結ぶ線分は $A \cap B$ と無数の点で交わる。

$x \sim a \prec b \prec y$ のときは補題 5.2.6 より $b = (1-\lambda)x + \lambda y$ を満たす $\lambda \in\,]0,1[$ が存在する。よって補題 5.2.7 より，任意の $\nu \in\,]0, \lambda[$ について $a \prec (1-\nu)x + \nu y \prec b$ が成立するので，やはり x と y を結ぶ線分は $A \cap B$ と無数の点で交わる。$x \prec a \prec b \sim y$ のときも同様に考えればよいので，以上で命題 5.1.4 の仮定が満たされていることが確認できた。

さらに，$\overline{u}(a) = 0$ と $\overline{u}(b) = 1$ が成立している。また，$A = \{x \in C : \overline{u}(x) < 1\}$ と $B = \{x \in C : \overline{u}(x) > 0\}$ が成立することが容易に確認できる。

$\overline{u}$ が $\precsim$ を表現する効用関数であることは，v と w がそれぞれ A 上，B 上の効用関数であることに注意して以下のように示すことができる。x, y を任意の C の元とする。

まず，$x \precsim y$ を仮定し，$\overline{u}(x) \leq \overline{u}(y)$ を導く。$y \in A$ の場合は必然的に $x \in A$ となるので，$\overline{u}(x) = v(x) \leq v(y) = \overline{u}(y)$ となる。$y \notin A$ の場合は，$x \in A$ の場合と $x \notin A$ の場合がある。$x \in A$ かつ $y \notin A$ の場合は，$\overline{u}(x) = v(x) < 1 = w(b) \leq w(y) = \overline{u}(y)$ となる。$x \notin A$ かつ $y \notin A$ の場合は，$x, y \in B$ となるので，$\overline{u}(x) = w(x) \leq w(y) = \overline{u}(y)$ となる。

逆を示すために $\overline{u}(x) \leq \overline{u}(y)$ を仮定する。$y \in A$ の場合は $\overline{u}(x) \leq \overline{u}(y) = v(y) < 1$ なので，$\overline{u}(x) < 1$ となり，$x \in A$ である。よって，$v(x) = \overline{u}(x) \leq \overline{u}(y) = v(y)$ となる。そして，v が A 上の $\precsim$ を表す効用関数であることより $x \precsim y$ をえる。

次に $y \notin A$ の場合を考える。$\overline{u}(x) < 1$ の場合は $x \in A$ なので，$x \prec b \precsim y$ より，$x \precsim y$ をえる。$\overline{u}(x) \geq 1$ の場合は $x \in B$ となるので，$w(x) = \overline{u}(x) \leq \overline{u}(y) = w(y)$ となる。そして，w が B 上の $\precsim$ を表す効用関数であることより，$x \precsim y$ をえる。

以上でアフィン効用関数の存在の証明が完了したので，正の 1 次変換の範囲内で一意的であることの証明に移る。u と v が $\precsim$ を表現するアフィン効用

関数とする。C のすべての点が互いに無差別であるときには u も v も定数関数である。C の点 x_0 をひとつとる。このとき，すべての $x \in C$ について

$$u(x) = v(x) + (u(x_0) - v(x_0))$$

が成立することは明らかである。従って，$c \prec d$ を満たす 2 点 $c, d \in C$ が存在する場合を考える。このときはすべての $x \in C$ について

$$\frac{u(x) - u(c)}{u(d) - u(c)} = \frac{v(x) - v(c)}{v(d) - v(c)}$$

が成立することが確認できる。実際，任意の $x \in C$ について，

$$x \prec c, \quad x \sim c, \quad c \prec x \prec d, \quad x \sim d, \quad d \prec x$$

の 5 通りの場合が考えられる。$x \sim c$ の場合は両辺とも 0 となり等しく，$x \sim d$ の場合は両辺とも 1 となり等しい。$x \prec c$ の場合は補題 5.2.5 より $c \sim (1-\lambda)x + \lambda d$ を満たす $\lambda \in \,]0,1[$ が存在する。この無差別の関係と効用関数 u と v がアフィン関数であることより

$$\frac{u(x) - u(c)}{u(d) - u(c)} = \frac{\lambda}{\lambda - 1} = \frac{v(x) - v(c)}{v(d) - v(c)}$$

をえる。$c \prec x \prec d$ の場合も $d \prec x$ の場合も同様の考え方で

$$\frac{u(x) - u(c)}{u(d) - u(c)} = \frac{v(x) - v(c)}{v(d) - v(c)}$$

をえて，この等式がすべての $x \in C$ について成立することが確認できる。これを変形して

$$u(x) = \frac{u(d) - u(c)}{v(d) - v(c)} v(x) + \frac{u(c)v(d) - u(d)v(c)}{v(d) - v(c)}$$

をえる。$c \prec d$ より $u(c) < u(d)$ と $v(c) < v(d)$ が成立するので $v(x)$ の係数 $(u(d) - u(c))/(v(d) - v(c))$ は正である。よって v を正 1 次変換することにより u がえられることが証明された。□

これまで定理 5.2.4 の証明を延々と続けてきたが，その証明法を反省してみると線形空間 E の有限次元性とハウスドルフの分離公理を一切使っていない。従って，E を一般の位相線形空間としても定理 5.2.4 は成立する。

第 6 章
不動点定理

本章では様々な最適化問題の解の存在性の議論において基本的役割を果すブラウアの不動点定理を話題の中心に据える．最近発表された初等的なブラウアの不動点定理の証明法を紹介すると共に，本書の中心的概念である凸集合の不動点性質について議論する．そして，第 3 章で導入した半順序，第 5 章で導入した完全擬順序よりも一般的な順序を考察対象とし，その順序に関する極大元として非協力ゲームのナッシュ均衡や変分不等式の解を捉える．

6.1 ブラウアの不動点定理

本節では次のブラウアの不動点定理 (定理 6.1.1) の初等的証明を与え，さらに凸集合の不動点性質について考察する．

定理 6.1.1 線形空間 E のコンパクト凸集合からそれ自身への連続写像は不動点をもつ．

定理 1.2.6 より凸集合の相対的内部は空ではないので内点をもつコンパクト凸集合に限って定理 6.1.1 を証明すれば十分である．さらに定理 1.4.5 より内点をもつコンパクト凸集合は互いに位相同形であるので，内点をもつある特定のコンパクト凸集合について定理 6.1.1 を証明すれば十分である．このコンパクト凸集合として平行体をとる．

以下に記述する定理 6.1.1 の証明は参考文献 [15] にある証明法を本書の枠組に適合させたものである。そして，その証明の考え方の丁寧な説明が参考文献 [4] にある。線形空間 E の次元を n としその基底 $\{b_1, \ldots, b_n\}$ を 1 つとり固定して考える。その双対基底は例によって $\{b_1^*, \ldots, b_n^*\}$ と表す。2 つの非負整数 i と j について i 以上 j 以下の非負整数全体の集合を $N(i, j)$ と表す。そして正整数全体の集合を N と表す。任意の $k \in N(1, n)$ について

$$P_k = \left\{ \sum_{i=1}^k \lambda_i b_i : i \in N(1, k), \ \lambda_i \in [0, 1] \right\}$$

と定義し，この P_k を第 k 平行体とよぶことにする。$k = 0$ については $P_0 = \{0\}$ と約束する。任意の $m \in N$ と $k \in N(1, n)$ に対し，

$$L_k^m = \left\{ \sum_{i=1}^k \frac{l_i}{m} b_i : i \in N(1, k), \ l_i \in N(0, m) \right\}$$

と定義し，これを第 k m–分割格子点集合とよぶ。$k = 0$ については $L_0^m = \{0\}$ と約束する。$L_k^m \subset P_k$ と $|L_k^m| = (m+1)^k$ が成立している。ここで $|L_k^m|$ は集合 L_k^m の点の個数を表している。そして第 k m–分割格子点集合 L_k^m 内の $k+1$ 個の点からなる点列 $\{x_0, \ldots, x_k\}$ で，$N(1, k)$ のある置換 σ により

$$x_j = x_0 + \frac{1}{m} \sum_{i=1}^j b_{\sigma(i)}, \quad j \in N(1, k)$$

と表現されるものを k 系列とよぶ。$k = 0$ の場合，0 系列は 1 点集合 $\{x_0\}$ と約束する。各 $k \in N(1, n)$ に対し，k 系列 $\{x_0, \ldots, x_k\}$ において

$$x_k = x_0 + \frac{1}{m} \sum_{i=1}^k b_i$$

が成立し，各 $i \in N(1, k)$ について

$$x_i = x_{i-1} + \frac{1}{m} b_{\sigma(i)}$$

が成立する。

第 n 平行体 P_n の m–分割格子点集合 L_n^m で定義され $N(0, n)$ に値をもつ関数 ℓ が存在するとき L_n^m は ℓ によって番号付けられているという。L_n^m が

6.1 ブラウアの不動点定理

ℓ によって番号付けられている状況で, $k \in N(0,n)$ について L_n^m の $k+1$ 点部分集合 B は, $\ell(B) = N(0,k)$ が成立しているとき, 完全に番号付けられているという.

L_n^m が ℓ によって番号付けられており, この ℓ が次の性質を満たす場合を考える. 任意の $x \in L_n^m$ について

(1) $b_i^*(x) = 0$ ならば $\ell(x) \neq i$

(2) $b_i^*(x) = 1$ ならば $\ell(x) \geq i$

このとき L_n^m は ℓ によりブラウア的に番号付けられているという.

以下の補題 6.1.2 より補題 6.1.6 では, $m \in N$ を任意に固定して考え, L_n^m は関数 ℓ によりブラウア的に番号付けられているとする. そして $k \in N(1,n)$ とする.

補題 6.1.2 B を k 系列とする. C は B の部分集合で完全に番号付けられており $|C| = k$ とする.

(1) $C \subset L_{k-1}^m$ であれば, C を含む k 系列は B のみである. そして, C は $(k-1)$ 系列である.

(2) $C \not\subset L_{k-1}^m$ であれば, B の他に C を含む k 系列がただ 1 つ存在する.

証明

(1) $C \subset B$ に注意すると C は $(k-1)$ 系列であることは明らかで, このことよりこれを含む k 系列が B のみであることも明らかである.

(2) $B = \{x_0, \ldots, x_k\}$ で $x_i = x_{i-1} + b_{\sigma(i)}/m$ と $N(1,k)$ の順列 σ を使い表現されているとする. そして, $x_h \notin C$ とする.

$h = 0$ の場合は $b_{\sigma(1)}^*(x_k) < 1$ が成立している. 実際, もし $b_{\sigma(1)}^*(x_k) = 1$ とすると $b_{\sigma(1)}^*(x_1) = \cdots = b_{\sigma(1)}^*(x_k) = 1$ が成立しているので, L_n^m が ℓ によりブラウア的に番号付けられていることから, $\ell(x_i) \geq \sigma(1) > 0$ がすべての $i \in N(1,k)$ について成立する. これは $C = \{x_1, \ldots, x_k\}$

が完全に番号付けられていることに反する．このとき C を含む B 以外の k 系列として

$$\{x_1, \ldots, x_k, x_k + b_{\sigma(1)}/m\}$$

を考えることができ，さらにこれのみであることは明らかである．
$0 < h < k$ の場合は C を含む B 以外の k 系列は

$$\{x_0, \ldots, x_{h-1}, x_{h-1} + b_{\sigma(h+1)}/m, x_{h+1}, \ldots, x_k\}$$

のみであることは明らかである．

$h = k$ の場合は $b^*_{\sigma(k)}(x_0) > 0$ が成立している．実際，もし $b^*_{\sigma(k)}(x_0) = 0$ とすると $b^*_{\sigma(k)}(x_0) = \cdots = b^*_{\sigma(k)}(x_{k-1}) = 0$ が成立しているので，L^m_n が ℓ によりブラウア的に番号付けられていることから，$\ell(x_i) \neq \sigma(k)$ がすべての $i \in N(0, k-1)$ について成立する．$C = \{x_0, \ldots, x_{k-1}\}$ が完全に番号付けられていることから $\sigma(k) = k$ が成立するので $C \subset L^m_{k-1}$ をえる．これは矛盾である．このとき C を含む B 以外の k 系列として

$$\{x_0 - b_{\sigma(k)}/m, x_0, \ldots, x_{k-1}\}$$

を考えることができ，さらにこれのみであることは明らかである．

□

補題 6.1.2 より次の補題 6.1.3 をえる．

補題 6.1.3 C を L^m_k の完全に番号付けられている部分集合で $|C| = k$ とする．このとき，

(1) C は高々 2 つの k 系列に含まれる．

(2) C がちょうど 1 つの k 系列に含まれるための必要十分条件は C が $(k-1)$ 系列であることである．

補題 6.1.4 L^m_n の部分集合 B は $|B| = k+1$ と $\ell(B) \subset N(0, k)$ を満たすとする．このとき以下の主張が成立する．

(1) B の完全に番号付けられている部分集合 C で $|C|=k$ を満たすものは高々2つである。

(2) B の完全に番号付けられている部分集合 C で $|C|=k$ を満たすものがただ1つ存在するための必要十分条件は B が完全に番号付けられていることである。

証明 C を B の完全に番号付けられた部分集合で $|C|=k$ とする。B の点で C には属さないものが1つだけあるのでそれを b とする。$\ell(b)<k$ のときは $\ell(x)=\ell(b)$ となる $x\in C$ がただ1つ存在する。C の点 x を b で取り換えた集合を C' とすると，C と C' だけが B に含まれる完全に番号付けられた $|C|=k$ を満たす集合である。$\ell(b)=k$ のときは，C のみが完全に番号付けられた $|C|=k$ を満たす B の部分集合である。よって第1の主張が成立する。上記の議論より第2の主張は明らかである。□

補題 6.1.5 L_n^m において，完全に番号付けられている $(k-1)$ 系列の総数が奇数ならば，完全に番号付けられている k 系列の総数は奇数である。

証明 4つの集合 S_1,S_2,T_1,T_2 を以下のように定義する。S_1 は完全に番号付けられている k 点集合をちょうど1つ含む k 系列の全体，S_2 は完全に番号付けられている k 点集合をちょうど2つ含む k 系列の全体，T_1 は1つの k 系列だけに含まれる完全に番号付けられている k 点部分集合の全体，T_2 は2つの k 系列に含まれる完全に番号付けられている k 点部分集合の全体とする。L_n^m の各 k 系列をとりあげその完全に番号付けられた k 点部分集合の数を求め，それらの数をすべての k 系列について足し合わせた数を求める。ブラウア的番号付けでは $\ell(L_k^m)\subset N(0,k)$ が成立しているので，補題 6.1.4 より，それは $|S_1|+2|S_2|$ に等しい。一方，補題 6.1.3(1) より，それは $|T_1|+2|T_2|$ に等しい。従って，

$$|S_1|+2|S_2|=|T_1|+2|T_2|$$

が成立する。補題 6.1.3(2) より，$C\in T_1$ であることは C が完全に番号付けられている $(k-1)$ 系列であることと同値であるので，仮定より $|T_1|$ は奇数である。よって，上の等式より $|S_1|$ は奇数である。そして，補題 6.1.4(2) よ

り，$B \in S_1$ であることは B が完全に番号付けられている k 系列であることと同値であるので証明が完了する。□

補題 6.1.6 第 n m–分割格子点集合 L_n^m は完全に番号付けされている n 系列をもつ。

証明 第 0 m–分割格子点集合 L_0^m については，$L_0^m = \{0\}$ と $\ell(0) = 0$ が成立する。従って，L_0^m はただ 1 つの，すなわち奇数個の完全に番号付けられている 0 系列 $\{0\}$ をもつ。よって補題 6.1.5 より L_n^m の完全に番号付けられている n 系列の総数は奇数であるので，完全に番号付けられている n 系列が存在する。□

補題 6.1.6 をえると第 n 平行体 P_n に対する不動点定理を容易に証明することができる。

補題 6.1.7 P_n からそれ自身への連続写像は不動点をもつ。

証明 問題としている連続写像を g とする。$m \in N$ を任意にとる。関数 $\ell : L_n^m \to N(0, n)$ を

$$\ell(x) = \max\{k \in N(1, n) : b_k^*(x) > 0,\ b_k^*(x) \geq b_k^*(g(x))\}$$

と定義する。ここで $\max \emptyset = 0$ と約束する。この関数 ℓ により番号付けられた L_n^m を考えると，これはブラウア的であることは容易に確認できるので補題 6.1.6 より完全に番号付けされている n 系列 $\{x_0^m, \ldots, x_n^m\}$ が存在する。ここで順番を適当に入れ換えることにより，すべての $k \in N(0, n)$ に対し $\ell(x_k^m) = k$ が成立しているとしてよい。

このようにして各 $k \in N(0, n)$ 毎に点列 $\{x_k^m\}_{m=1}^\infty$ をえるが，P_n のコンパクト性よりこれらの列はすべて収束するとしても一般性は失われない。さらにこの $(n+1)$ 個の点列は共通の極限をもつこともこれらの点列の作りかたより明らかであるのでその共通の極限を y とする。関数 ℓ の定義より，すべての $k \in N(1, n)$ に対し，$b_k^*(x_0^m) \leq b_k^*(g(x_0^m))$ が成立しているので $b_k^*(y) \leq b_k^*(g(y))$ をえる。一方，すべての $k \in N(1, n)$ に対し，$b_k^*(x_k^m) \geq b_k^*(g(x_k^m))$ が成立しているので $b_k^*(y) \geq b_k^*(g(y))$ をえる。従って $y = g(y)$ をえて，y が g の不動点であることが証明された。□

第 n 平行体 P_n は線形空間 E を生成するので内点をもつ. 定理 6.1.1 の直後に記した注意より, 補題 6.1.7 をえることにより定理 6.1.1 の証明が完了する.

線形空間 E の部分集合 A は A からそれ自身への任意の連続写像が不動点をもつとき**不動点性質**をもつという. ブラウアの不動点定理は凸集合がコンパクトであるとき, その凸集合が不動点性質をもつことを主張する定理である. 実はこの逆も成立する. すなわち, 凸集合が不動点性質をもつならば, それはコンパクトな場合に限るのである. この結果を証明するためにティーツェの拡張定理を使用する. ティーツェの拡張定理は位相空間論の基本的な結果であるが, 通常教科書で解説される結果よりも表面上強い結果をここでは用いる. しかし, その証明は通常のものと同じ方法を注意深く遂行すればよいので, その主張のみを記す.

定理 6.1.8 X を正規位相空間とし F は X の閉部分集合とする. f は F を定義域とする定値関数ではない有界実数値連続関数とし, $m = \inf f(F)$, $M = \sup f(F)$ とする. このとき f は $g(X \setminus F) \subset]m, M[$ を満たす X を定義域とする連続関数 g に拡張することができる.

凸集合の不動点性質に関する次の定理 6.1.9 が成立する.

定理 6.1.9 線形空間 E の凸部分集合が不動点性質をもつための必要十分条件はそれがコンパクトであることである.

証明 十分性は定理 6.1.1 より明らかであるので必要性を以下に示す. E の凸部分集合 C は不動点性質をもつが, コンパクトではないと仮定して矛盾を導く. C がコンパクトでないということは, 定理 1.4.4 より C が閉集合でないか, あるいは閉集合であるが有界ではないということである. C が閉集合でないときには, 定理 1.2.9 より C は線形閉集合ではないので, ある直線 l が存在し, $C \cap l$ は l 内で閉集合ではない. 従って, $[0, 1[$ と同相であり, なおかつ C 内では閉である $C \cap l$ の部分集合 H が存在する. この同相写像を $i : H \to [0, 1[$ とする. このとき, H から $[1/2, 1[$ への連続写像 $f : H \to [1/2, 1[$ を

$$f(x) = \frac{i(x) + 1}{2}$$

と定義する．定理 6.1.8 より，f は $g: C \to [1/2, 1[$ で $g(C \setminus H) \subset]1/2, 1[$ で あるような連続拡張 g をもつ．ここで，C から C への写像 $h: C \to C$ を

$$h = i^{-1} \circ g$$

と定義すると，これは連続であり不動点をもたない．実際，もし h が不動点 x をもったとすると，$h(x) = i^{-1}(g(x)) = x$ となり，$x \in H$ で

$$i(x) = g(x) = f(x) = \frac{i(x) + 1}{2}$$

が成立することより $i(x) = 1$ が演繹され矛盾が生じる．よって h は不動点を もたない．

次に C は閉集合であるが有界ではない場合を考察する．定理 1.4.9 より C の遠離楔 $0^+ C$ は 0 でない遠離方向 d を含むので，命題 1.4.8(2) より $x \in C$ とすると $x + [0, \infty[d \subset C$ が成立する．閉半直線 $x + [0, \infty[d$ は C の閉集合で あり，$[0, 1[$ と同相である．前段の H と同様の役割をこの閉半直線 $x + [0, \infty[$ にも課せばやはり不動点をもたない C から C への連続写像を構成すること ができ矛盾が生じる．□

線形空間 E の凸部分集合 C 上の 2 項関係 $\prec$ を考える．この 2 項関係には $x \not\prec x$ がすべての $x \in C$ に対して成立するという**非反射性**の条件を 1 つだ け要請することにする．これに加えて $\prec$ が推移性を満たすとき，通常**狭義の 半順序**というが，ここでは推移性を仮定しないので通常の順序からかけはな れている可能性がある．しかしこの 2 項関係を順序の一種とみなして**原始順 序**とよぶことにする．そして，$x \prec y$ が成立するとき y は x より大きいと解 釈する．従って，この原始順序 $\prec$ に関し $x \in C$ が**極大元**であるとは，$x \prec y$ となる y が C に存在しないことを意味する．次の定理はコンパクト凸集合上 の原始順序が適当な条件を満たすときには極大元が存在することを主張して いる．

定理 6.1.10 線形空間 E のコンパクト凸部分集合 C と，以下の性質を満た す C 上の原始順序 $\prec$ を考える．

(1) すべての $x \in C$ について，集合 $B_x = \{y \in C : x \prec y\}$ は凸集合で ある．

(2) すべての $y \in C$ について，集合 $W_y = \{x \in C : x \prec y\}$ は C における開集合である。

このとき，C は原始順序 $\prec$ に関する極大元をもつ。

証明 極大元が存在しないと仮定して矛盾を導く。任意の $x \in C$ について，$x \prec y$ となる $y \in C$ が存在するので，$C = \bigcup_{y \in C} W_y$ が成立する。仮定より W_y は開集合であるので，C のコンパクト性より有限個の $y_1, \ldots, y_m \in C$ が存在し，$C = \bigcup_{i=1}^m W_{y_i}$ が成立している。C の有限開被覆 $\{W_{y_1}, \ldots, W_{y_m}\}$ に付随する連続関数による単位の分解を $\{f_1, \ldots, f_m\}$ とする。そして，C から E への連続関数 f を

$$f(x) = \sum_{i=1}^m f_i(x) y_i, \quad x \in C$$

と定義する。任意の $x \in C$ に対し，$f_i(x) > 0$ となる i については $x \in W_{y_i}$ が成立するので，$y_i \in B_x$ となり $f(x) \in B_x \subset C$ をえる。よって，定理 6.1.1 より f は C 内に不動点 x_0 をもつので，

$$x_0 = f(x_0) \in B_{x_0}$$

が成立する。これは $x_0 \prec x_0$ を意味するが，$\prec$ が原始順序であることに反する。□

極大元の存在を保証する定理 6.1.10 を応用し，第 6.2 節ではナッシュ均衡の存在性を，第 6.3 節では変分不等式の解の存在性を証明する。

6.2 非協力ゲームの基本定理

n 人非協力ゲームは以下のように数学的に定式化される。ゲームのプレイヤーは全部で n 人であり，これを集合 $N = \{1, 2, \ldots, n\}$ で表す。各プレイヤー $i(i = 1, \ldots, n)$ は自分が選択できる戦略をすべて集めた**戦略集合**をもっており，これは線形空間 E_i の部分集合 S_i で表されるものとする。n 個の線形空間 $E_1, \ldots, E_n$ の直積線形空間を E と表し，$S_1, \ldots, S_n$ の直積集合を S と

表すことにする。S の点は各プレイヤーがとりうる戦略の一覧を表すことになる。そして、各プレイヤー i は利得関数とよばれる S 上で定義された実数値関数 f_i をもっており、各プレイヤーがとる戦略の一覧 $s \in S$ に応じた利得 $f_i(s)$ を受け取るものとする。このような状況を 3 つ組 $(N, \{S_i\}_{i \in N}, \{f_i\}_{i \in N})$ で表し、これを n 人非協力ゲームという。

n 人非協力ゲームにおいて戦略の一覧 $\tilde{s} = (\tilde{s}_1, \ldots, \tilde{s}_n) \in S$ は以下の条件を満たすときナッシュ均衡であるという。任意の $i \in N$ と任意の $s_i \in S_i$ に対し

$$f_i(\tilde{s}) \geq f_i(s_i, \tilde{s}_{-i})$$

が成立する。ここで、$\tilde{s}_{-i}$ は $\tilde{s}$ から $\tilde{s}_i$ を除いたものを表しており、$(s_i, \tilde{s}_{-i})$ は $\tilde{s}$ の成分 $\tilde{s}_i$ を s_i に交換したものを表している。ナッシュ均衡 $\tilde{s}$ は各プレイヤー i が戦略 $\tilde{s}_i$ をとっている状況では、どのプレイヤーも他のプレイヤーが戦略を変更しないという条件下で自分だけ戦略を変更しても利得が増えることがないという意味でゲームの均衡点であると考えることができる。

戦略集合 S_i と利得関数 f_i に適当な仮定をおくとナッシュ均衡の存在を証明することができる。第 5 章ではアフィン関数の概念を紹介したが、以下の定理 6.2.1 では関数のアフィン性を緩めた凹関数の概念が登場する。ここでその定義を明示する。線形空間 E の非空凸部分集合 C で定義された実数値関数 $f : C \to R$ は、任意の $x, y \in C$ と $\lambda \in\,]0, 1[$ について

$$f((1 - \lambda)x + \lambda y) \geq (1 - \lambda)f(x) + \lambda f(y)$$

が成立するとき凹関数であるという。実数値関数 f がアフィン関数であるための必要十分条件は、f と $-f$ が共に凹関数であることである。

定理 6.2.1 n 人非協力ゲーム $(N, \{S_i\}_{i \in N}, \{f_i\}_{i \in N})$ は以下の性質をもつとする。

(1) 各 $i = 1, \ldots, n$ に対し、戦略集合 S_i は非空コンパクト凸集合である。

(2) 各 $i = 1, \ldots, n$ に対し、利得関数 f_i は連続関数である。

(3) 各 $i = 1, \ldots, n$ と各 $s_{-i} \in S_{-i}$ に対し、S_i 上の実数値関数

$$s_i \mapsto f_i(s_i, s_{-i})$$

は凹関数である.ここで S_{-i} は $S_1,\ldots,S_n$ より S_i を除いて作った直積集合を表す.

このとき n 人非協力ゲーム $(N, \{S_i\}_{i\in N}, \{f_i\}_{i\in N})$ はナッシュ均衡をもつ.

証明 コンパクト凸集合 $S = S_1 \times \cdots \times S_n$ 上の原始順序 $\prec$ を

$$s \prec t \Leftrightarrow \sum_{i=1}^n f_i(s) < \sum_{i=1}^n f_i(t_i, s_{-i})$$

と定義する.各 $s \in S$ について $B_s = \{t \in S : s \prec t\}$ は凸集合であり,各 $t \in S$ について $W_t = \{s \in S : s \prec t\}$ は S 内の開集合であることは仮定より明らかである.従って,定理 6.1.10 より S は原始順序 $\prec$ に関する極大元 $\tilde{s}$ をもつ.このことよりすべての $(s_1,\ldots,s_n) \in S$ について

$$\sum_{i=1}^n f_i(\tilde{s}) \geq \sum_{i=1}^n f_i(s_i, \tilde{s}_{-i})$$

が成立する.ここで任意の i と任意の $s_i \in S_i$ を考える.S の点 $(s_i, \tilde{s}_{-i})$ に対し上の不等式を適用する.i と異なる j については上式の左辺と右辺の f_j の値は一致するので,

$$f_i(\tilde{s}) \geq f_i(s_i, \tilde{s}_{-i})$$

をえる.i は任意なので原始順序の極大元 $\tilde{s}$ がナッシュ均衡となっていることが証明された.□

このように戦略の一覧の集合 S に利得関数 f_i を使って原始順序を定義しその極大元としてナッシュ均衡を捉えることができる.同様の考え方をとり,次節では変分不等式の解をある原始順序の極大元として特徴付ける.

6.3 変分不等式

変分不等式は偏微分方程式の研究に端を発しそこでは無限次元空間が考察の対象となっている.これとは独立に数理計画問題に関連して,有限次元の変分不等式の研究が進められてきた.本節では有限次元空間における変分不

等式の解の存在性を議論する.変分不等式の説明に入る前にいくつかの概念を用意しておく.

集合 X, Y をそれぞれ定義域,値域としてもつ**多価写像** $T: X \twoheadrightarrow Y$ とは,X の各点 $x \in X$ に対し Y の非空部分集合 $T(x)$ を対応させる写像をいう.多価写像についてはその対応関係を表すために 2 重矢印 $\twoheadrightarrow$ を使う.任意の $x \in X$ について,$T(x)$ が凸集合であるとき T は**凸値**であるといい,$T(x)$ がコンパクトであるとき T は**コンパクト値**であるという.Y の部分集合 B に対し,

$$T^u(B) = \{x \in X : Tx \subset B\}$$

と X の部分集合 $T^u(B)$ を定義し,これを T による B の**上逆像**という.そして $Tx \subset V$ である任意の開集合 V に対し,$T^u(V)$ が x の近傍となるとき,T は x において**上半連続**であるという.すべての $x \in X$ に対し上半連続であるとき T は単に**上半連続**であるという.多価写像 $T : X \twoheadrightarrow Y$ が上半連続であることと Y の任意の開集合 V に対し $T^u(V)$ が X の開集合であることとが同値であることは容易に確かめられる.多価写像 T の**グラフ**とは直積集合 $X \times Y$ の部分集合 $\{(x,y) \in X \times Y : y \in T(x)\}$ のことをいい $\mathrm{Gr}(T)$ と表す.

補題 6.3.1 位相空間 X と Y を考える.多価写像 $T : X \twoheadrightarrow Y$ は上半連続かつコンパクト値であるとし,実数値関数 $f : \mathrm{Gr}(T) \to R$ は上半連続であるとする.このとき,実数値関数 $m : X \to R$ を

$$m(x) = \max_{y \in T(x)} f(x,y)$$

と定義すると,m は上半連続である.

証明 任意の実数 α に対し,集合 $\{x \in X : m(x) < \alpha\}$ が開集合であることを示す.$x_0 \in \{x \in X : m(x) < \alpha\}$ を任意にとり固定する.

$$W = \{(x,y) \in \mathrm{Gr}(T) : f(x,y) < \alpha\}$$

とおく.$y \in T(x_0)$ とすると $f(x_0, y) < \alpha$ なので,$(x_0, y) \in W$ である.W は f の上半連続性より $\mathrm{Gr}(T)$ 内の開集合であるので,

$$(U_y \times V_y) \cap \mathrm{Gr}(T) \subset W$$

6.3 変分不等式

となる x_0 の近傍 U_y と y の近傍 V_y が存在する．$\{V_y\}_{y\in T(x_0)}$ は $T(x_0)$ の開被覆であり，$T(x_0)$ はコンパクトなので，$\{V_y\}_{y\in T(x_0)}$ は $T(x_0)$ の有限部分被覆 $\{V_{y_i}\}_{i=1}^n$ をもつ．

$$U = \bigcap_{i=1}^n U_{y_i}, \quad V = \bigcup_{i=1}^n V_{y_i}$$

とおくと，$V \supset T(x_0)$ と $(U\times V)\cap \mathrm{Gr}(T) \subset W$ が成立している．T の上半連続性より，$T^u(V)\cap U$ は x_0 の近傍であるが，以下の推論により

$$T^u(V)\cap U \subset \{x\in X : m(x) < \alpha\}$$

がえられ証明が完了する．$u\in T^u(V)\cap U$ を任意にとり，$v\in T(u)$ を任意にとる．$(u,v)\in (U\times V)\cap \mathrm{Gr}(T)\subset W$ となるので W の定義より $f(u,v) < \alpha$ となり，$m(u) < \alpha$ である．よって，$T^u(V)\cap U \subset \{x\in X : m(x) < \alpha\}$ が成立する．□

C を線形空間 E のコンパクト凸集合とする．コンパクト凸値多価写像 $T : C \twoheadrightarrow E^*$ が与えられたとする．C 内の点 x_0 は，$T(x_0)$ 内の点 z^* が存在して

$$z^*(x_0 - y) \geq 0$$

がすべての $y\in C$ について成立するとき，T より定まる**変分不等式の解**であるという．そして，この不等式を T より定まる**変分不等式**という．この T より C 上に適当な原始順序を導入することによりその原始順序に関する極大元として変分不等式の解を捉えたのが次の定理 6.3.2 である．

定理 6.3.2 線形空間 E のコンパクト凸部分集合 C と，上半連続コンパクト凸値多価写像 $T : C \twoheadrightarrow E^*$ が与えられたとする．このとき T より定まる変分不等式の解 x_0 が存在する．即ち，x_0 は C の点であり，$T(x_0)$ の点 z^* が存在し

$$z^*(x_0 - y) \geq 0$$

がすべての $y\in C$ について成立している．

証明 C 上の原始順序 $\prec$ を

$$x \prec y \overset{\text{def}}{\iff} \forall z^* \in T(x),\ z^*(x) < z^*(y)$$

と定義する。$x \in C$ と $y \in C$ について，それぞれ

$$B_x = \{y \in C : x \prec y\}, \quad W_y = \{x \in C : x \prec y\}$$

とおく。B_x が凸集合であることは明らかである。さらに W_y が開集合であることが以下のようにして分る。$x \in E$ と $x^* \in E^*$ に対し，

$$f(x, x^*) = x^*(x - y)$$

と定義すると定理 1.5.8 より f は $\operatorname{Gr}(T)$ 上で連続である。T が上半連続コンパクト値なので補題 6.3.1 より

$$m(x) = \max_{x^* \in T(x)} x^*(x - y)$$

は上半連続である。$x \in W_y$ とすると $m(x) < 0$ が成立しているので x の近傍 U が存在し，任意の $z \in U$ に対し $m(z) < 0$ が成立している。即ち，任意の $z \in U$ と $z^* \in T(z)$ に対し $z^*(z-y) < 0$ が成立する。これは $z \prec y$ を意味し $U \subset W_y$ をえて W_y が開集合であることが示せた。よって，定理 6.1.10 より，すべての $y \in C$ について $x_0 \not\prec y$ である $x_0 \in C$ が存在する。すなわち，$z^* \in T(x_0)$ が存在し $z^*(x_0) \geq z^*(y)$ がすべての $y \in C$ について成立する。これは x_0 が T より定まる変分不等式の解であることを示している。□

定理 6.3.2 は一般均衡理論における基本的な結果である均衡の存在性を導くための主要な道具となっている。このことの適切な解説が参考文献 [7] の第 6 章にあるので参考にするとよい。

第7章

微 分 法

　本章では以後の議論において必要となる線形空間における微分法の知識をまとめることにする．第6章までは線形空間に値をもつ写像を線形写像も含めて大文字のアルファベットを使い表してきた．そして実数値の写像は汎関数あるいは関数とよび暗黙のうちに言葉使いも区別し，記号は小文字のアルファベットを使ってきた．本章では線形空間に値をもつ写像が頻繁に現れるので，記号が重くならないよう大文字に代えて小文字のアルファベットを使うことにする．なお，微分法に関する諸概念の定義や記号はほぼ参考文献 [16] に従っている．

7.1 微分可能写像とその基本性質

　2つの線形空間 E と F に対し，E から F への線形写像の全体の集合に通常の写像の和とスカラー乗法を定義した線形空間を $L(E,F)$ と表した．E の次元を m，F の次元を n とすると，$L(E,F)$ は次元 mn の有限次元線形空間となるので，定理 1.1.4 より唯一のハウスドルフ線形位相をもつ．$L(E,F)$ の位相に言及するときには常にこの線形位相を考えるのはこれまでと同様である．さらに，$L(E,L(E,F))$，即ち，E から $L(E,F)$ への線形写像全体からなる線形空間も後に考察の対象となる．これも $m^2 n$ 次元の有限次元線形空間であるので，やはりただ1つのハウスドルフ線形位相しかもたない．$L(E,L(E,F))$ の位相を考えるときには常にこの線形位相を考える．よって，線形空間の位

相に関するあいまいさは生じない。

以下で度々登場する記号を導入しておく。0 に収束しその各成分が 0 ではない数列の全体を $\tilde{c}_0$ とし，点 $d \in E$ に収束する E 内の点列の全体を $c(d, E)$ とする。特にそのうちですべての項が 0 と異なるもの全体の集合を $\tilde{c}(d, E)$ とする。

X を線形空間 E の開集合とする。写像 $f: X \to F$ は，$L(E, F)$ の点 u が存在し，各 $d \in E$ に対し，いかなる $\{\varepsilon_n\} \in \tilde{c}_0$ についても

$$\lim_{n \to \infty} \frac{f(x + \varepsilon_n d) - f(x)}{\varepsilon_n} = u(d)$$

が成立するとき，x においてガトー微分可能であるという。この式は任意の $\{\varepsilon_n\} \in \tilde{c}_0$ について F 内の点列

$$\left\{ \frac{f(x + \varepsilon_n d) - f(x)}{\varepsilon_n} \right\}$$

が共通の点 $u(d)$ に収束することを意味している。

この定義の内容を強めて，$u \in L(E, F)$ が存在し，各 $d \in E$ に対し，いかなる $\{\varepsilon_n\} \in \tilde{c}_0$ といかなる $\{d_n\} \in c(d, E)$ についても

$$\lim_{n \to \infty} \frac{f(x + \varepsilon_n d_n) - f(x)}{\varepsilon_n} = u(d)$$

が成立するとき，f は x においてフレッシェ微分可能であるという。

これらの定義から，写像 f が x においてフレッシェ微分可能であるならばガトー微分可能であることは明らかである。そして，それらの定義に現れる $u \in L(E, F)$ が一致することも明らかである。

x でガトー微分可能な写像の定義に現れる $u \in L(E, F)$ はその定義から明らかに一意に定まる。これを f の x における**微分係数**といい，$f'(x)$ と表す。また，すべての $x \in X$ においてガトー微分可能，または，フレッシェ微分可能であるとき，f は単にガトー微分可能，または，フレッシェ微分可能であるとそれぞれいう。この場合，写像 $f': X \to L(E, F)$ を f の**導関数**という。$x \in X$ でガトー微分可能，または，フレッシェ微分可能である写像 $f: X \to F$ をすべて集めた集合をそれぞれ $D_g(x, F)$, $D_f(x, F)$ と表し，X 上でガトー微分可能，または，フレッシェ微分可能である写像 $f: X \to F$ をすべて集めた集合をそれぞれ $D_g(X, F)$, $D_f(X, F)$ と表す。

線形空間 E の開部分集合 X 上で定義された線形空間 F に値をもつ写像 $f : X \to F$ は，E 内の X と交わりをもつ任意の直線 l について f の $X \cap l$ への制限が連続であるとき，**線形連続**であるという。一般に $f \in D_g(X, F)$ は連続になるとは限らないが，線形連続であることは次の命題 7.1.1 より保証される。

命題 7.1.1 $f \in D_g(X, F)$ とすると f は線形連続である。

証明 l を X と交わる直線とし，$x \in l$ と $d \neq 0$ なる $d \in E$ を使い，$l = x + Rd$ と表されているとする。$A = \{\lambda \in R : x + \lambda d \in X\}$ とおくと A は R 内の開集合であり $X \cap l$ と位相同形である。$y^* \in F^*$ を任意にとり

$$\varphi(\lambda) = y^*(f(x + \lambda d)), \quad \lambda \in A$$

と定義すると，簡単な計算により φ は A 上で初等的な意味で微分可能であり，

$$\frac{d\varphi}{d\lambda}(\lambda) = y^*(f'(x + \lambda d)(d)), \quad \lambda \in A$$

をえる。ここで $d\varphi/d\lambda$ は初等的な意味での φ の導関数を表している。その微分可能性より φ は連続である。$y^* \in F^*$ は任意であったので，系 1.1.6 より写像 $\lambda \mapsto f(x + \lambda d)$ は連続である。これは f の $X \cap l$ への制限が連続であることを意味している。□

次にフレッシェ微分可能性をノルムで特徴付けた主張を紹介するが，そのために補題をひとつ証明しておく。なお，本節では常に E と F と G は線形空間を表し X は E 内の Y は F 内の開部分集合を表すことにする。そして重複を避けるため以下に現れる定理，命題，系，補題においてこれらのことはいちいち断わらないことにする。

補題 7.1.2 $x \in X$ で $f \in D_f(x, F)$ とする。そして，$\{\varepsilon_n\} \in \tilde{c}_0$ で，B は E の有界部分集合であるとする。このとき，F の原点の任意の近傍 V に対し自然数 n_0 が存在し，任意の $n \geq n_0$ と任意の $d \in B$ について

$$\frac{f(x + \varepsilon_n d) - f(x)}{\varepsilon_n} - f'(x)(d) \in V$$

が成立する。

証明 結論を否定して矛盾を導くことにする。結論を否定すると，F の原点のある近傍 V が存在し，$\{\varepsilon_n\}$ の部分列 $\{\varepsilon_{n_k}\}$ と B 内の点列 $\{d_k\}$ が存在し，すべての k について

$$\frac{f(x+\varepsilon_{n_k}d_k)-f(x)}{\varepsilon_{n_k}} - f'(x)(d_k) \notin V$$

が成立する。

一方，B は有界であるので命題 1.4.4 より部分列に移行することにより，$\{d_k\}$ は E のある点 d に収束しているとしても一般性は失われない。f が x でフレッシェ微分可能であることより，

$$\lim_{k\to\infty} \frac{f(x+\varepsilon_{n_k}d_k)-f(x)}{\varepsilon_{n_k}} = f'(x)(d)$$

が成立し，また，定理 1.5.1 より $f'(x)$ が連続なので，

$$\lim_{k\to\infty} f'(x)(d_k) = f'(x)(d)$$

が成立している。よって，

$$\lim_{k\to\infty} \left[\frac{f(x+\varepsilon_{n_k}d_k)-f(x)}{\varepsilon_{n_k}} - f'(x)(d_k)\right] = 0$$

をえるが，これは矛盾である。□

命題 7.1.3 $x \in X$ と写像 $f : X \to F$ を考える。以下の 3 つ主張は互いに同値である。

(1) $f \in D_f(x, F)$ が成立する。

(2) $u \in L(E, F)$ が存在し，E 上のすべてのノルム $\|\cdot\|$ とすべての $\{h_n\} \in \tilde{c}(0, E)$ について，

$$\lim_{n\to\infty} \frac{f(x+h_n)-f(x)-u(h_n)}{\|h_n\|} = 0$$

が成立する。

(3) $u \in L(E, F)$ と E 上のノルム $\|\cdot\|$ が存在し，すべての $\{h_n\} \in \tilde{c}(0, E)$ について，
$$\lim_{n \to \infty} \frac{f(x + h_n) - f(x) - u(h_n)}{\|h_n\|} = 0$$
が成立する。

そして，この場合 $u = f'(x)$ が成立する。

証明 (1)⇒(2) $\varepsilon_n = \|h_n\|$, $d_n = h_n/\varepsilon_n$ とおくと，
$$\frac{f(x + h_n) - f(x) - f'(x)(h_n)}{\|h_n\|} = \frac{f(x + \varepsilon_n d_n) - f(x)}{\varepsilon_n} - f'(x)(d_n)$$
と変形できるが，命題 1.4.2 より点列 $\{d_n\}$ は有界なので，補題 7.1.2 より
$$\lim_{n \to \infty} \frac{f(x + h_n) - f(x) - f'(x)(h_n)}{\|h_n\|} = 0$$
をえる。u として $f'(x)$ を考えればこれが証明すべきことであった。

(2)⇒(3) 明らかである。

(3)⇒(1) 任意の $d \in E$ をとり固定する。さらに，任意の $\{\varepsilon_n\} \in \tilde{c}_0$ と $\{d_n\} \in c(d, E)$ をとる。$h_n = \varepsilon_n d_n$ とおくと，$\{d_n\}$ が有界なので $\lim_{n \to \infty} h_n = 0$ が成立する。そして，
$$\frac{f(x + \varepsilon_n d_n) - f(x) - u(\varepsilon_n d_n)}{\varepsilon_n}$$
$$= \begin{cases} \|d_n\| \dfrac{f(x + h_n) - f(x) - u(h_n)}{\|h_n\|} & d_n \neq 0 \\ 0 & d_n = 0 \end{cases}$$

が成立するので，再び $\{d_n\}$ が有界であることに注意すると仮定より上式は 0 に収束する。さらに，$u(d_n)$ は $u(d)$ に収束するので，
$$\lim_{n \to \infty} \frac{f(x + \varepsilon_n d_n) - f(x)}{\varepsilon_n} = u(d)$$
をえる。従って，$f \in D_f(x, F)$ と $u = f'(x)$ が成立する。□

次の系 7.1.4 は命題 7.1.3 と定理 1.1.4 より明らかである。

系 7.1.4 $x \in X$ と写像 $f: X \to F$ を考える。このとき以下の主張は互いに同値である。

(1) $f \in D_f(x, F)$ である。

(2) $f \in D_g(x, F)$ であり，任意の E 上のノルム $\|\cdot\|$ と任意の F 上のノルム $\|\cdot\|$ について，任意の $\{h_n\} \in \tilde{c}(0, E)$ に対し，
$$\lim_{n\to\infty} \frac{\|f(x+h_n) - f(x) - f'(x)(h_n)\|}{\|h_n\|} = 0$$
が成立する。

(3) $f \in D_g(x, F)$ であり，E 上のノルム $\|\cdot\|$ と F 上のノルム $\|\cdot\|$ が存在し，任意の $\{h_n\} \in \tilde{c}(0, E)$ に対し，
$$\lim_{n\to\infty} \frac{\|f(x+h_n) - f(x) - f'(x)(h_n)\|}{\|h_n\|} = 0$$
が成立する。

定理 7.1.5 $f \in D_f(x, F)$ ならば，f は x で連続である。

証明 任意の $\{x_n\} \in c(x, X)$ をとる。すべての n について $x_n \neq x$ と仮定しても一般性は失われない。$h_n = x_n - x$ とおくと $\{h_n\} \in \tilde{c}(0, E)$ である。命題 7.1.3 より
$$\lim_{n\to\infty}[f(x_n) - f(x) - u(h_n)] = \lim_{n\to\infty}[f(x+h_n) - f(x) - u(h_n)] = 0$$
を満たす $u \in L(E, F)$ が存在する。u は連続なので $\lim_{n\to\infty} u(h_n) = 0$ が成立する。よって，$\lim_{n\to\infty} f(x_n) = f(x)$ をえる。□

E が 1 次元である場合，f が $x \in E$ においてガトー微分可能であることと，フレッシェ微分可能であることは同値であることに注意する。これは各々の微分の定義を反省してみると明らかである。

　線形空間 E の部分集合 A から線形空間 F への写像 f は，任意の F 上のノルム $\|\cdot\|_F$ に対し E 上のノルム $\|\cdot\|_E$ が存在し
$$\|f(x) - f(y)\|_F \leq \|x - y\|_E$$
が任意の $x, y \in A$ に対し成立するとき，A 上でリプシッツ連続であるという。また，点 $x \in A$ に対し x の A 内の近傍 U が存在し U への制限がリプシッツ

連続であるとき，f は x において**局所リプシッツ連続**であるという．そして，すべての $x \in A$ において局所リプシッツ連続であるとき，f は A 上で局所リプシッツ連続であるという．

次の定理 7.1.6 は局所リプシッツ連続性とガトー微分可能性よりフレッシェ微分可能性が導出されることを主張している．

定理 7.1.6 写像 $f : X \to F$ と点 $x \in X$ に関し，f が x で局所リプシッツ連続で $f \in D_g(x, F)$ ならば，$f \in D_f(x, F)$ である．

証明 f が x で局所リプシッツ連続であることより，x の近傍 U と E 上のノルム $\|\cdot\|$ と F 上のノルム $\|\cdot\|$ が存在し $\|f(x) - f(y)\| \leq \|x - y\|$ が任意の $x, y \in U$ について成立している．$d \in E$ を任意にとり，$\{\varepsilon_n\} \in \tilde{c}_0$ と $\{d_n\} \in C(d, E)$ を任意にとる．このとき，十分大きい n について

$$\left\| \frac{f(x + \varepsilon_n d_n) - f(x)}{\varepsilon_n} - f'(x)(d) \right\|$$
$$= \left\| \frac{f(x + \varepsilon_n d_n) - f(x + \varepsilon_n d) + f(x + \varepsilon_n d) - f(x)}{\varepsilon_n} - f'(x)(d) \right\|$$
$$\leq \left\| \frac{f(x + \varepsilon_n d_n) - f(x + \varepsilon_n d)}{\varepsilon_n} \right\| + \left\| \frac{f(x + \varepsilon_n d) - f(x)}{\varepsilon_n} - f'(x)(d) \right\|$$
$$\leq \|d_n - d\| + \left\| \frac{f(x + \varepsilon_n d) - f(x)}{\varepsilon_n} - f'(x)(d) \right\|$$

が成立する．$d_n \to d$ で，f は x においてガトー微分可能であるので，f は x においてフレッシェ微分可能である．□

$f \in D_g(X, F)$ とする．このとき f の導関数 $f' : X \to L(E, F)$ が定義されるが，$f' \in D_g(x, L(E, F))$ であるとき f は x において **2 階ガトー微分可能**であるという．$f' \in D_g(X, L(E, F))$ であるとき f は X 上で 2 階ガトー微分可能であるという．このとき f' の導関数を f'' と表し，これを f の **2 階の導関数**という．任意の $x \in X$ について，$f''(x) \in L(E, L(E, F))$ であり，f'' は X で定義され $L(E, L(E, F))$ に値をもつ写像である．x において 2 階ガトー微分可能な写像全体の集合を $D_g^2(x, F)$ と表し，X 上で 2 階ガトー微分可能な写像全体の集合を $D_g^2(X, F)$ と表す．同様に $f \in D_f(X, F)$ で $f' \in D_f(x, L(E, F))$ であるとき f は x で **2 階フレッシェ微分可能**であるといい，$f' \in D_f(X, L(E, F))$ であるとき f は X 上で 2 階フレッシェ微分可能

であるという．$D_f^2(x,F)$, $D_f^2(X,F)$ といった記号も同様に定義する．また，$f \in D_g(X,F)$ でその導関数 f' が連続であるとき f は**連続微分可能である**，または，C^1 **級である**といい，X から F への C^1 級写像全体の集合を $C^1(X,F)$ と表す．さらに，$f' \in D_g(X,L(E,F))$ であり $f'': X \to L(E,L(E,F))$ が連続であるとき，f は **2 階連続微分可能である**，または，C^2 **級である**といい，C^2 級写像全体の集合を $C^2(X,F)$ と表す．

簡単な写像の 2 階までの微分公式を次の定理 7.1.7 で確認しておく．

定理 7.1.7 次の写像はすべて 2 階フレッシェ微分可能であり，

(1) 定値写像 $c: X \to F$ について，$c' = 0$, $c'' = 0$ が成立する．

(2) 線形写像 $u: E \to F$ について，$u' = u$, $u'' = 0$ が成立する．

(3) X を凸開集合としてアフィン写像 $a: X \to F$ について，$a' = u$, $a'' = 0$ が成立する．ここで u は定理 5.1.2 により一意的な存在が保証されている $L(E,F)$ の点を表す．

(4) 双線形写像 $b: E \times F \to G$ について，

$$b'(x,y)(d,e) = b(x,e) + b(d,y), \quad (x,y),(d,e) \in E \times F$$

$$b''(x,y)(d_2,e_2)(d_1,e_1) = b(d_1,e_2) + b(d_2,e_1),$$
$$(x,y),(d_1,e_1),(d_2,e_2) \in E \times F$$

が成立する．

(5) 対称双線形汎関数 $b: E \times E \to R$ より導入される 2 次形式 $\tilde{b}: E \to R$ について，

$$\tilde{b}'(x)(d) = 2b(x,d), \quad x,d \in E$$

$$\tilde{b}''(x)(d_2)(d_1) = 2b(d_1,d_2), \quad x,d_1,d_2 \in E$$

が成立する．

証明 (1) と (2) と (3) の証明は簡単なので省略する．また (5) の証明は (4) のそれとほぼ同じであるので (4) の証明のみを与える．

7.1 微分可能写像とその基本性質

任意の $\{\varepsilon_n\} \in \tilde{c}_0$ と $\{(d_n, e_n)\} \in c((d,e), E \times F)$ に対し，定理 1.5.8 より b が連続であることに注意すると以下の等式を確認できる．

$$\lim_{n\to\infty} \frac{b(x+\varepsilon_n d_n, y+\varepsilon_n e_n) - b(x,y)}{\varepsilon_n}$$
$$= \lim_{n\to\infty} \frac{\varepsilon_n b(x, e_n) + \varepsilon_n b(d_n, y) + \varepsilon_n^2 b(d_n, e_n)}{\varepsilon_n}$$
$$= b(x, e) + b(d, y)$$

ここで写像 $(d, e) \mapsto b(x, e) + b(d, y)$ が線形写像であることは容易に確認できるので，b はフレッシェ微分可能で，

$$b'(x,y)(d,e) = b(x,e) + b(d,y)$$

が成立する．

次に b が (x, y) で 2 階フレッシェ微分可能であることを示すために，$(d_2, e_2) \in E \times F$ を任意にとり，さらに $\{(d_2^n, e_2^n)\} \in c((d_2, e_2), E \times F)$ をとる．そして $\{\varepsilon_n\} \in \tilde{c}_0$ をとり，極限

$$\lim_{n\to\infty} \frac{b'(x+\varepsilon_n d_2^n, y+\varepsilon_n e_2^n) - b'(x,y)}{\varepsilon_n}$$

の存在を調べる．そのために，任意に $(d_1, e_1) \in E \times F$ をとり以下の計算を実行する．

$$\lim_{n\to\infty} \left[\left(\frac{b'(x+\varepsilon_n d_2^n, y+\varepsilon_n e_2^n) - b'(x,y)}{\varepsilon_n} \right)(d_1, e_1) \right]$$
$$= \lim_{n\to\infty} \frac{b'(x+\varepsilon_n d_2^n, y+\varepsilon_n e_2^n)(d_1, e_1) - b'(x,y)(d_1, e_1)}{\varepsilon_n}$$
$$= \lim_{n\to\infty} \frac{b(x+\varepsilon_n d_2^n, e_1) + b(d_1, y+\varepsilon_n e_2^n) - b(x, e_1) - b(d_1, y)}{\varepsilon_n}$$
$$= \lim_{n\to\infty} [b(d_2^n, e_1) + b(d_1, e_2^n)]$$
$$= b(d_1, e_2) + b(d_2, e_1)$$

ここで

$$u(d_2, e_2)(d_1, e_1) = b(d_1, e_2) + b(d_2, e_1), \quad (d_1, e_1) \in E \times F$$

と $u(d_2, e_2) \in L(E \times F, G)$ を定義すると,上の等式は

$$\lim_{n \to \infty} \frac{b'((x,y) + \varepsilon_n(d_2^n, e_2^n)) - b'(x,y)}{\varepsilon_n} = u(d_2, e_2)$$

が成立することを示している。さらに u が線形であること,即ち,$u \in L(E \times F, L(E \times F, G))$ であることは容易に確認できる。従って,b' はフレッシェ微分可能,即ち,b は2階フレッシェ微分可能であり,

$$b''(x,y)(d_2, e_2)(d_1, e_1) = b(d_1, e_2) + b(d_2, e_1)$$

が成立することが証明された。□

次元が等しい2つの線形空間 E と F について,E から F への全単射線形写像の全体の集合 $I(E, F)$ は $L(E, F)$ の開部分集合であることを定理 1.5.3 で示した。そして開集合 $I(E, F)$ 上で逆写像をとる操作 $\mathrm{inv} : I(E, F) \to L(F, E)$ は連続であることを定理 1.5.4 で証明した。次の定理 7.1.8 はこれが C^2 級であることを主張している。

定理 7.1.8 次元が等しい線形空間 E と F について,写像

$$\mathrm{inv} : I(E, F) \to L(F, E)$$

は C^2 級であり,任意の $d_1, d_2 \in L(E, F)$,$u \in I(E, F)$ に対し,

$$(\mathrm{inv})'(u)(d_1) = -u^{-1} \circ d_1 \circ u^{-1}$$

$(\mathrm{inv})''(u)(d_2)(d_1) = -u^{-1} \circ d_1 \circ u^{-1} \circ d_2 \circ u^{-1} - u^{-1} \circ d_2 \circ u^{-1} \circ d_1 \circ u^{-1}$

が成立する。

証明 点 $u \in I(E, F)$ を任意にとり固定する。写像 inv は u でガトー微分可能であることをまず示すために,$d_1 \in L(E, F)$ と $\{\varepsilon_n\} \in \tilde{c}_0$ を任意にとる。このとき以下の等式が成立する。

$$\lim_{n \to \infty} \frac{(u + \varepsilon_n d_1)^{-1} - u^{-1}}{\varepsilon_n}$$
$$= \lim_{n \to \infty} \frac{(u + \varepsilon_n d_1)^{-1} \circ (u - (u + \varepsilon_n d_1)) \circ u^{-1}}{\varepsilon_n}$$

7.1 微分可能写像とその基本性質

$$
\begin{aligned}
&= \lim_{n\to\infty} \frac{(u+\varepsilon_n d_1)^{-1} \circ (-\varepsilon_n d_1) \circ u^{-1}}{\varepsilon_n} \\
&= -\lim_{n\to\infty} (u+\varepsilon_n d_1)^{-1} \circ d_1 \circ u^{-1} \\
&= -u^{-1} \circ d_1 \circ u^{-1}
\end{aligned}
$$

ここで最後の等式の根拠は定理 1.5.4 である．写像 $d_1 \mapsto -u^{-1} \circ d_1 \circ u^{-1}$ は線形なので，inv はガトー微分可能であり，

$$(\mathrm{inv})'(u)(d_1) = -u^{-1} \circ d_1 \circ u^{-1}$$

をえる．そして，定理 1.5.4 と系 1.5.9 より $(\mathrm{inv})'$ は連続なので，inv は C^1 級である．

C^2 級に関する議論は上記の C^1 級のそれと同様の手順をふむ．$(\mathrm{inv})'$ がガトー微分可能であることが以下のようにして示される．$d_1, d_2 \in L(E, F)$ と $\{\varepsilon_n\} \in \tilde{c}_0$ を任意にとる．

$$
\begin{aligned}
&\lim_{n\to\infty} \frac{(\mathrm{inv})'(u+\varepsilon_n d_2)(d_1) - (\mathrm{inv})'(u)(d_1)}{\varepsilon_n} \\
&= -\lim_{n\to\infty} \frac{(u+\varepsilon_n d_2)^{-1} \circ d_1 \circ (u+\varepsilon_n d_2)^{-1} - u^{-1} \circ d_1 \circ u^{-1}}{\varepsilon_n} \\
&= -\lim_{n\to\infty} \left[\frac{(u+\varepsilon_n d_2)^{-1} \circ d_1 \circ (u+\varepsilon_n d_2)^{-1} - (u+\varepsilon_n d_2)^{-1} \circ d_1 \circ u^{-1}}{\varepsilon_n} \right. \\
&\qquad\qquad \left. + \frac{(u+\varepsilon_n d_2)^{-1} \circ d_1 \circ u^{-1} - u^{-1} \circ d_1 \circ u^{-1}}{\varepsilon_n} \right] \\
&= -\lim_{n\to\infty} \left[(u+\varepsilon_n d_2)^{-1} \circ d_1 \circ \frac{(u+\varepsilon_n d_2)^{-1} - u^{-1}}{\varepsilon_n} \right] \\
&\qquad - \lim_{n\to\infty} \left[\frac{(u+\varepsilon_n d_2)^{-1} - u^{-1}}{\varepsilon_n} \circ d_1 \circ u^{-1} \right] \\
&= -u^{-1} \circ d_1 \circ (\mathrm{inv})'(u)(d_2) - (\mathrm{inv})'(u)(d_2) \circ d_1 \circ u^{-1} \\
&= -u^{-1} \circ d_1 \circ u^{-1} \circ d_2 \circ u^{-1} - u^{-1} \circ d_2 \circ u^{-1} \circ d_1 \circ u^{-1}
\end{aligned}
$$

と計算され，最後の式は d_2 について線形であるので，$(\mathrm{inv})'$ は u においてガトー微分可能であることが示せた．さらにこの式は u について連続であるので，$(\mathrm{inv})'$ は C^1 級であり inv は C^2 級であることが証明された．それと同時

に inv の 2 階の導関数 $(\mathrm{inv})''$ は

$$(\mathrm{inv})''(u)(d_2)(d_1) = -u^{-1} \circ d_1 \circ u^{-1} \circ d_2 \circ u^{-1} - u^{-1} \circ d_2 \circ u^{-1} \circ d_1 \circ u^{-1}$$

を満たすことも示せた。□

次に合成写像の微分法について考察を進める。E, F, G を線形空間とし，X, Y をそれぞれ E と F の開集合とする。2つの写像 $f: X \to F$ と $g: Y \to G$ を考え，$f(X) \subset Y$ が成立しているならば，f と g の合成写像 $g \circ f$ が定義できる。この状況の下で次の定理 7.1.9 が成立する。

定理 7.1.9 X の点 x について $f \in D_f(x, F)$ であり $g \in D_f(f(x), G)$ とする。このとき，$g \circ f \in D_f(x, G)$ であり，

$$(g \circ f)'(x) = g'(f(x)) \circ f'(x)$$

が成立する。即ち，任意の $d \in E$ について，

$$(g \circ f)'(x)(d) = g'(f(x))(f'(x)(d))$$

が成立する。

証明 任意の $d \in E$ をとり固定する。任意の $\{\varepsilon_n\} \in \tilde{c}_0$ と $\{d_n\} \in c(d, E)$ をとる。このとき以下の等式が成立する。

$$\lim_{n \to \infty} \frac{(g \circ f)(x + \varepsilon_n d_n) - (g \circ f)(x)}{\varepsilon_n}$$
$$= \lim_{n \to \infty} \frac{g(f(x + \varepsilon_n d_n)) - g(f(x))}{\varepsilon_n}$$
$$= \lim_{n \to \infty} \frac{g(f(x) + (f(x + \varepsilon_n d_n) - f(x))) - g(f(x))}{\varepsilon_n}$$
$$= \lim_{n \to \infty} \frac{g\left(f(x) + \varepsilon_n \frac{f(x + \varepsilon_n d_n) - f(x)}{\varepsilon_n}\right) - g(f(x))}{\varepsilon_n}$$
$$= g'(f(x))(f'(x)(d))$$
$$= (g'(f(x)) \circ f'(x))(d)$$

をえる。ここで $f \in D_f(x, F)$ より

$$\left\{ \frac{f(x + \varepsilon_n d_n) - f(x)}{\varepsilon_n} \right\} \in c(f'(x)(d), F)$$

となり，さらに $g \in D_f(f(x), G)$ であることより下から 2 番目の等号が成立する。$g'(f(x)) \circ f'(x)$ が線形写像であることに注意すると，$g \circ f$ は x においてフレッシェ微分可能であり，微分係数については，

$$(g \circ f)'(x) = g'(f(x)) \circ f'(x)$$

が成立することが証明された。□

定理 7.1.9 はフレッシェ微分可能な写像の合成写像の微分公式が成立することを主張しているが，ガトー微分可能という条件だけでは同様の定理は期待できない。しかし，合成される 2 つの写像のうち 1 つが線形写像であるならば，合成写像の微分公式が成立する。

命題 7.1.10 X の点 x について $f \in D_g(x, F)$ であり，$u \in L(F, G)$ とする。このとき，$u \circ f \in D_g(x, G)$ であり，

$$(u \circ f)'(x) = u \circ f'(x), \quad x \in X$$

が成立する。

証明 任意の $d \in E$ と $\{\varepsilon_n\} \in \tilde{c}_0$ について

$$\begin{aligned}
&\lim_{n \to \infty} \frac{(u \circ f)(x + \varepsilon_n d) - (u \circ f)(x)}{\varepsilon_n} \\
&= \lim_{n \to \infty} \frac{u(f(x + \varepsilon_n d)) - u(f(x))}{\varepsilon_n} \\
&= u\left(\lim_{n \to \infty} \frac{f(x + \varepsilon_n d) - f(x)}{\varepsilon_n}\right) \\
&= u(f'(x)(d)) \\
&= (u \circ f'(x))(d)
\end{aligned}$$

が成立する。ここで写像 $u \circ f'(x)$ は線形なので $u \circ f \in D_g(x, G)$ であり

$$(u \circ f)'(x) = u \circ f'(x)$$

をえる。□

命題 7.1.11 $x \in E$, $u \in L(E, F)$ であり，写像 $f : F \to G$ は $f \in D_g(u(x), G)$ とする。このとき，$f \circ u \in D_g(x, G)$ であり，

$$(f \circ u)'(x) = f'(u(x)) \circ u, \quad x \in X$$

が成立する。

証明 命題 7.1.10 の証明と同じように考えればよいので証明は省略する。□

次に定理 7.1.9 に対応する合成写像の 2 階の微分に関する公式を求めておこう。そのために補題を用意する。

補題 7.1.12 線形空間 E, F と E の開部分集合 X を考える。写像 $v : X \to L(E, F)$ に対し，$\tilde{v} : X \times E \to F$ を

$$\tilde{v}(x, d) = v(x)(d), \quad (x, d) \in X \times E$$

と定義する。写像 v が連続であれば $\tilde{v}$ も連続である。また，写像 $w : X \to L(E, L(E, F))$ に対し，$\tilde{w} : X \times E \times E \to F$ を

$$\tilde{w}(x, d, e) = w(x)(e)(d), \quad (x, d, e) \in X \times E \times E$$

と定義する。写像 w が連続であれば $\tilde{w}$ も連続である。

証明 $E \times L(E, F)$ から F への写像 $(d, u) \mapsto u(d)$ は双線形写像なので定理 1.5.8 より連続である。これを $\tilde{v}$ に適用すれば前半の主張は明らかである。後半についてはこれを 2 回適用すればよい。□

定理 7.1.13 3 つの線形空間 E, F, G と E の開部分集合 X と F の開部分集合 Y を考える。$f \in D_f^2(X, F)$, $g \in D_f^2(Y, G)$ であり，$f(X) \subset Y$ が成立しているとする。このとき，$g \circ f \in D_f^2(X, G)$ であり，任意の $x \in X$ と任意の $d_1, d_2 \in E$ について，

$$(g \circ f)''(x)(d_2)(d_1)$$
$$= g'(f(x))(f''(x)(d_2)(d_1)) + g''(f(x))(f'(x)(d_2))(f'(x)(d_1))$$

が成立する。

7.1 微分可能写像とその基本性質 173

証明 定理 7.1.9 より $g \circ f \in D_f(X, G)$ が成立している．そして，任意の $x \in X$ について $(g \circ f)'(x) = g'(f(x)) \circ f'(x)$ が成立しているが，仮定より g' は $f(x)$ でフレッシェ微分可能であり，f も x でフレッシェ微分可能なので $x \mapsto g'(f(x))$ は x でフレッシェ微分可能である．仮定より f' も x でフレッシェ微分可能である．従って，写像 $x \mapsto (g'(f(x)), f'(x))$ は x でフレッシェ微分可能である．合成をとる演算 $\circ$ は双線形なので定理 7.1.7(4) よりフレッシェ微分可能である．よって，再び定理 7.1.9 よりそれらの合成である $(g \circ f)'$ は x でフレッシェ微分可能である．従って，$g \circ f \in D_f^2(X, G)$ をえる．

次に任意の $d_1, d_2 \in E$ について定理に主張する等式が成立することを示す．任意の $\{\varepsilon_n\} \in \tilde{c}_0$ ついて，以下の等式が成立する．

$$
\begin{aligned}
&(g \circ f)''(x)(d_2)(d_1) \\
&= \lim_{n \to \infty} \frac{(g \circ f)'(x + \varepsilon_n d_2)(d_1) - (g \circ f)'(x)(d_1)}{\varepsilon_n} \\
&= \lim_{n \to \infty} \frac{g'(f(x + \varepsilon_n d_2))(f'(x + \varepsilon_n d_2)(d_1)) - g'(f(x))(f'(x)(d_1))}{\varepsilon_n} \\
&= \lim_{n \to \infty} \frac{1}{\varepsilon_n} \left[g'(f(x + \varepsilon_n d_2))(f'(x + \varepsilon_n d_2)(d_1) - f'(x)(d_1) + f'(x)(d_1)) \right. \\
&\qquad \left. - g'(f(x))(f'(x)(d_1)) \right] \\
&= \lim_{n \to \infty} \left[g'(f(x + \varepsilon_n d_2)) \left(\frac{f'(x + \varepsilon_n d_2)(d_1) - f'(x)(d_1)}{\varepsilon_n} \right) \right] \\
&\qquad + \left[\lim_{n \to \infty} \frac{g'(f(x + \varepsilon_n d_2)) - g'(f(x))}{\varepsilon_n} \right] (f'(x)(d_1)) \\
&= g'(f(x))(f''(x)(d_2)(d_1)) + (g' \circ f)'(x)(d_2)(f'(x)(d_1)) \\
&= g'(f(x))(f''(x)(d_2)(d_1)) + g''(f(x))(f'(x)(d_2))(f'(x)(d_1))
\end{aligned}
$$

ここで，最初の等号は $(g \circ f)'$ が x でフレッシェ微分可能であることより保証される．2 番目と最後の等号は定理 7.1.9 を使っている．また，最後から 2 番目の等号は，定理 7.1.5 より g' が連続であることと補題 7.1.12 を根拠にしている．□

平均値の定理とその拡張であるテイラーの定理に興味を移そう．第 7.2 節における応用を考慮して，ガトー微分可能性よりも弱い概念の方向微分可能性を導入しておく．線形空間 E の開集合 X 上で定義され線形空間 F に値

をもつ写像 $f: X \to F$ を考える．X の点 x と E の点 d について，任意の $\{\varepsilon_n\} \in \tilde{c}_0$ に対し，共通の極限

$$\lim_{n \to \infty} \frac{f(x + \varepsilon_n d) - f(x)}{\varepsilon_n}$$

が存在するとき，f は x において d 方向微分可能であるという．そしてこの極限を $f'_\pm(x)(d)$ と表し，$f'_\pm(x)(d)$ を x における f の d 方向微分係数とよぶ．f が x において d 方向微分可能ならば，任意の $\lambda \in R$ について，f は x において λd 方向微分可能であり，

$$f'_\pm(x)(\lambda d) = \lambda f'_\pm(x)(d), \quad \lambda \in R$$

が成立する．特に，f が x においてガトー微分可能であるならば，f は x において，すべての $d \in E$ について d 方向微分可能であり，

$$f'_\pm(x)(d) = f'(x)(d), \quad d \in E$$

が成立するのは明らかである．

すべての $x \in X$ に対し f が d 方向微分可能であるとき，単に f は d 方向微分可能であるという．このとき $f'_\pm(\cdot)(d)$ は X から F への写像を定義するが，これを f の d 方向導関数とよぶ．f が d 方向微分可能であり，さらにその d 方向導関数 $f'_\pm(\cdot)(d)$ が d 方向微分可能であるとき，f は 2 階 d 方向微分可能であるという．このとき $f'_\pm(\cdot)(d)$ の d 方向導関数 $f''_\pm(\cdot)(d)(d)$ と表し，f の 2 階 d 方向導関数という．2 階の導関数の記法に揃えてこの記法を使用する．

以上の設定の下で補題を 2 つ証明する．

補題 7.1.14 線形空間 E とその開部分集合 X について，$[x, x+d] \subset X$ を満たす $x \in X$ と $d \in E$ と，線形空間 F 上の線形汎関数 $y^* \in F^*$ を考える．そして，写像 $f: X \to F$ は d 方向微分可能であるとする．このとき，十分小さい $\delta > 0$ について，実数値関数 $\varphi:]-\delta, 1+\delta[\to R$ を

$$\varphi(\lambda) = y^*(f(x + \lambda d)), \quad \lambda \in]-\delta, 1+\delta[$$

と定義すると，φ は初等的な意味で微分可能であり，

$$\frac{d\varphi}{d\lambda}(\lambda) = y^*(f'_\pm(x+\lambda d)(d)), \quad \lambda \in {]}-\delta, 1+\delta[$$

が成立する．さらに，f が 2 階 d 方向微分可能であれば，φ は初等的な意味で 2 階微分可能であり，

$$\frac{d^2\varphi}{d\lambda^2}(\lambda) = y^*(f''_\pm(x+\lambda d)(d)(d)), \quad \lambda \in {]}-\delta, 1+\delta[$$

が成立する．

証明 f が d 方向微分可能であるとすると，任意の $\{\varepsilon_n\} \in \tilde{c}_0$ について以下の等式

$$\begin{aligned}
\frac{d\varphi}{d\lambda}(\lambda) &= \lim_{n\to\infty} \frac{\varphi(\lambda+\varepsilon_n)-\varphi(\lambda)}{\varepsilon_n} \\
&= \lim_{n\to\infty} \frac{y^*(f(x+(\lambda+\varepsilon_n)d))-y^*(f(x+\lambda d))}{\varepsilon_n} \\
&= y^*\left(\lim_{n\to\infty} \frac{f((x+\lambda d)+\varepsilon_n d)-f(x+\lambda d)}{\varepsilon_n}\right) \\
&= y^*(f'_\pm(x+\lambda d)(d))
\end{aligned}$$

が成立するので，目的の等式をえると同時に φ が微分可能であることも証明された．

さらに f が 2 階 d 方向微分可能である場合には，

$$\begin{aligned}
\frac{d^2\varphi}{d\lambda^2}(\lambda) &= \lim_{n\to\infty} \frac{\frac{d\varphi}{d\lambda}(\lambda+\varepsilon_n)-\frac{d\varphi}{d\lambda}(\lambda)}{\varepsilon_n} \\
&= \lim_{n\to\infty} \frac{y^*(f'_\pm(x+(\lambda+\varepsilon_n)d)(d))-y^*(f'_\pm(x+\lambda d)(d))}{\varepsilon_n} \\
&= y^*\left(\lim_{n\to\infty} \frac{f'_\pm((x+\lambda d)+\varepsilon_n d)(d)-f'_\pm(x+\lambda d)(d)}{\varepsilon_n}\right) \\
&= y^*(f''_\pm(x+\lambda d)(d)(d))
\end{aligned}$$

が成立するので，目的の等式をえると同時に φ は 2 階微分可能であることも証明された．□

補題 7.1.15 線形空間 E とその開部分集合 X について $[x, x+d] \subset X$ を満たす $x \in X$ と $d \in E$ と,線形空間 F 上の線形汎関数 $y^* \in F^*$ を考える. そして,写像 $f: X \to F$ は d 方向微分可能であるとする. このとき,$\theta \in]0,1[$ が存在し,

$$y^*(f(x+d) - f(x)) = y^*(f'_\pm(x+\theta d)(d))$$

が成立する. さらに,f が 2 階 d 方向微分可能であれば,$\theta \in]0,1[$ が存在し,

$$y^*\big(f(x+d) - f(x) - f'_\pm(x)(d)\big) = \frac{1}{2} y^*(f''_\pm(x+\theta d)(d)(d))$$

が成立する.

証明 補題 7.1.14 の関数 φ に対して,平均値の定理を適用すると,

$$\varphi(1) - \varphi(0) = \frac{d\varphi}{dr}(\theta)$$

を満たす $\theta \in]0,1[$ が存在する. これより

$$y^*(f(x+d) - f(x)) = y^*(f'_\pm(x+\theta d)(d))$$

が成立する.

さらに f が 2 階 d 方向微分可能である場合には,テイラーの定理を適用すると,

$$\varphi(1) - \varphi(0) - \frac{d\varphi}{dr}(0) = \frac{1}{2} \frac{d^2\varphi}{dr^2}(\theta)$$

を満たす $\theta \in]0,1[$ が存在する. これより

$$y^*(f(x+d) - f(x) - f'_\pm(x)(d)) = \frac{1}{2} y^*(f''_\pm(x+\theta d)(d)(d))$$

が成立する. □

次の定理 7.1.16 は通常有限増分の公式とよばれている結果を劣線形汎関数を使い記述したものである.

定理 7.1.16 線形空間 E とその開部分集合 X について,$[x, x+d] \subset X$ を満たす $x \in X$ と $d \in E$ を考える. そして,X から線形空間 F への写像

$f: X \to F$ は d 方向微分可能であるとする．このとき，F 上の任意の劣線形汎関数 s に対し，$\theta \in]0,1[$ が存在し，

$$s(f(x+d) - f(x)) \leq s(f'_\pm(x+\theta d)(d))$$

が成立する．特に，F 上の任意のノルム $\|\cdot\|$ に対し，$\theta \in]0,1[$ が存在し，

$$\|f(x+d) - f(x)\| \leq \|f'_\pm(x+\theta d)(d)\|$$

が成立する．

証明 $y_0 = f(x+d) - f(x)$ とおいて定理 2.1.1 を適用すれば $y^*(y_0) = s(x_0)$ かつ $y^* \leq s$ である $y^* \in F^*$ が存在する．この y^* に補題 7.1.15 を適用すればよい．□

系 7.1.17 線形空間 E とその開部分集合 X について，$[x, x+d] \subset X$ を満たす $x \in X$ と $d \in E$ を考える．そして，X から線形空間 F への写像 $f: X \to F$ は $f \in D_g(X, F)$ とする．E 上の任意のノルムと F 上の任意のノルムを考え，さらに第 1.5 節で示したこれらのノルムから導入される $L(E, F)$ 上のノルムを考える．記号の繁雑を避けるためにこれら 3 つのノルムをすべて同じ記号 $\|\cdot\|$ で表す．このとき，

$$\|f(x+d) - f(x)\| \leq \left(\sup_{\theta \in [0,1]} \|f'(x+\theta d)\| \right) \|d\|$$

が成立する．

次の定理 7.1.18 は本書の設定に合わせて平均値の定理と 2 階のテイラーの定理を記述したものである．その主張に現れる記号 $\overline{\mathrm{co}}$ について，$\overline{\mathrm{co}} A$ は集合 A を含む最小の閉凸集合を表している．

定理 7.1.18 線形空間 E とその開部分集合 X について，$[x, x+d] \subset X$ を満たす $x \in X$ と $d \in E$ を考える．そして，X から線形空間 F への写像 $f: X \to F$ は d 方向微分可能であるとする．このとき，

$$f(x+d) - f(x) \in \overline{\mathrm{co}}\{f'_\pm(x+\theta d)(d) : \theta \in [0,1]\}$$

が成立する．さらに，f が 2 階 d 方向微分可能であれば，

$$f(x+d) - f(x) - f'(x)(d) \in \frac{1}{2}\overline{\text{co}}\{f''_\pm(x+\theta d)(d)(d) : \theta \in [0,1]\}$$

が成立する．

証明 もし

$$f(x+d) - f(x) \notin \overline{\text{co}}\{f'(x+\theta d)(d) : \theta \in [0,1]\}$$

とすると，定理 2.1.2 より $y^* \in F^*$ が存在して，すべての $\theta \in [0,1]$ について

$$y^*(f(x+d) - f(x)) < y^*(f'(x+\theta d)(d))$$

が成立する．しかし，これは補題 7.1.15 の前半の主張に矛盾する．後半の主張についても同様の考え方を踏襲することができる．□

7.2 連続微分可能写像

第 7.1 節ではいくつかの微分可能性とその基本性質を論じたが，本節では連続微分可能写像がもつ基本的な性質を議論する．第 7.1 節と同様 E, F, G は線形空間を表し，X, Y はそれぞれ E と F の開部分集合を表す．

次の定理 7.2.1 に示すように連続微分可能性よりフレッシェ微分可能性が自然に導かれる．

定理 7.2.1 写像 $f : X \to F$ について，$f \in C^1(X, F)$ ならば $f \in D_f(X, F)$ である．

証明 $x \in X$ と $d \in E$ を任意にとる．F のノルム $\|\cdot\|$ を 1 つとる．任意の $\{\varepsilon_n\} \in \tilde{c}_0$ と $\{d_n\} \in c(d, E)$ に対し，定理 7.1.16 より，各 n ごとに $\theta_n \in \,]0,1[$ が存在し

$$\left\| \frac{f(x+\varepsilon_n d_n) - f(x) - f'(x)(\varepsilon_n d_n)}{\varepsilon_n} \right\|$$

7.2 連続微分可能写像

$$= \frac{1}{|\varepsilon_n|}\|f(x+\varepsilon_n d_n) - f(x) - f'(x)(\varepsilon_n d_n)\|$$

$$= \frac{1}{|\varepsilon_n|}\|[(f - f'(x))(x + \varepsilon_n d_n) - (f - f'(x))(x)]\|$$

$$\leq \frac{1}{|\varepsilon_n|}\|(f - f'(x))'(x + \theta_n \varepsilon_n d_n)(\varepsilon_n d_n)\|$$

$$= \|(f - f'(x))'(x + \theta_n \varepsilon_n d_n)(d_n)\|$$

$$= \|f'(x + \theta_n \varepsilon_n d_n)(d_n) - f'(x)(d_n)\|$$

が成立する．よって，f' が連続であるので補題 7.1.12 より

$$\lim_{n\to\infty} \frac{f(x+\varepsilon_n d_n) - f(x) - f'(x)(\varepsilon_n d_n)}{\varepsilon_n} = 0$$

をえる．これより

$$\lim_{n\to\infty} \frac{f(x+\varepsilon_n d_n) - f(x)}{\varepsilon_n} = f'(x)(d)$$

が成立し，f が x においてフレッシェ微分可能であることが証明された．□

次に連続微分可能写像の合成写像の微分法を確認しておく．

定理 7.2.2 $f \in C^1(X, F)$, $g \in C^1(Y, G)$ であり $f(X) \subset Y$ とする．このとき，$g \circ f \in C^1(X, G)$ であり，

$$(g \circ f)'(x) = g'(f(x)) \circ f'(x), \quad x \in X$$

が成立する．即ち，任意の $d \in E$ と $x \in X$ について，

$$(g \circ f)'(x)(d) = g'(f(x))(f'(x)(d))$$

が成立する．

証明 定理 7.1.9 と定理 7.2.1 を考え合せれば合成写像の微分公式が成立することは明らかである．定理 7.1.5 により f は連続である．よって，写像 $x \mapsto g'(f(x))$ は連続である．f が連続微分可能なので明らかに写像 $x \mapsto f'(x)$ は連続である．さらに，系 1.5.9 より線形写像と線形写像の合成という操作は連続であるので，写像 $x \mapsto g'(f(x)) \circ f'(x)$ は連続である．従って，$(g \circ f)'$ は連続である．□

定理 7.2.3 $f \in C^2(X,F)$, $g \in C^2(Y,G)$ であり，$f(X) \subset Y$ とする．このとき，$g \circ f \in C^2(X,G)$ であり，任意の $d_1, d_2 \in E$ と $x \in X$ について，

$$(g \circ f)''(x)(d_2)(d_1)$$
$$= g'(f(x))(f''(x)(d_2)(d_1)) + g''(f(x))(f'(x)(d_2))(f'(x)(d_1))$$

が成立する．

証明 定理 7.1.13 を考慮すれば証明すべきことは $(g \circ f)''$ が連続であることのみである．これは f, f', g', f'', g'' がすべて連続であることと補題 7.1.12 を考え合わせ上記等式の右辺を見れば明らかである．□

次に連続微分可能写像の平均値の定理と 2 階のテイラーの定理を確認する．

定理 7.2.4 線形空間 E とその開部分集合 X について，$[x, x+d] \subset X$ を満たす $x \in X$ と $d \in E$ を考える．$f \in C^1(X,F)$ であれば，

$$f(x+d) - f(x) \in \mathrm{co}\{f'(x+\theta d)(d) : \theta \in [0,1]\}$$

が成立する．さらに，$f \in C^2(X,F)$ であれば，

$$f(x+d) - f(x) - f'(x)(d) \in \frac{1}{2}\mathrm{co}\{f''(x+\theta d)(d)(d) : \theta \in [0,1]\}$$

が成立する．

証明 連続微分可能性の仮定より凸包をとるべき集合はどちらもコンパクトとなるので，定理 2.3.6 よりその凸包は閉集合となる．従って，定理 7.1.18 より明らかである．□

次の定理 7.2.5 は方向導関数の連続性による連続微分可能性の特徴付けを与えている．

定理 7.2.5 線形空間 E, F と E の開部分集合 X が与えられたとき，X から F への写像 $f : X \to F$ に対し以下の主張は互いに同値である．

(1) $f \in C^1(X,F)$ である．

7.2 連続微分可能写像

(2) E の任意の基底 $\{b_1, \ldots, b_m\}$ に対し,各 $i = 1, \ldots, m$ について f は b_i 方向微分可能であり,$f'_\pm(\cdot)(b_i) : X \to F$ は連続である.

(3) E の基底 $\{b_1, \ldots, b_m\}$ が存在し,各 $i = 1, \ldots, m$ について f は b_i 方向微分可能であり,$f'_\pm(\cdot)(b_i) : X \to F$ は連続である.

証明 (1)⇒(2)⇒(3) は明らかなので (3)⇒(1) を証明する.

$x \in X$ を任意にとり固定する.最初に,任意の $d \in E$ に対し,f は x において d 方向微分可能であり,$f'(x)(d)$ は d について線形であることを証明する.このとき,f は x でガトー微分可能となり,x における微分係数 $f'(x)$ は $f'_\pm(x)$ に等しいことが分る.そして,$f' : X \to L(E, F)$ が連続であることを証明する.

任意の $d \in E$ について x における d 方向微分係数 $f'_\pm(x)(d)$ は確かに存在し,

$$f'_\pm(x)(d) = \sum_{i=1}^m b_i^*(d) f'_\pm(x)(b_i)$$

が成立することを示す.任意の $\varepsilon \in R$ と $i = 1, \ldots, m$ について,

$$x_i(\varepsilon) = x + \varepsilon \sum_{j=1}^i b_j^*(d) b_j$$

と定義する.そして,$x_0(\varepsilon) = x$ とする.このとき,$i = 1, \ldots, m$ に対し,$x_i(\varepsilon) = x_{i-1}(\varepsilon) + \varepsilon b_i^*(d) b_i$ が成立し,さらに,$x_m(\varepsilon) = x + \varepsilon d$ が成立する.

任意に $\{\varepsilon_n\} \in \tilde{c}_0$ をとる.十分大きい n を考えることにより,すべての $n = 1, 2 \ldots$ とすべての $i = 1, \ldots, m$ とすべての $\theta \in [0, 1]$ について,$x_{i-1}(\varepsilon_n) + \theta \varepsilon_n b_i^*(d) b_i \in X$ が成立するとしても一般性は失われない.$f'_\pm(\cdot)(b_i)$ が連続なので,集合

$$\{f'_\pm(x_{i-1}(\varepsilon_n) + \theta \varepsilon_n b_i^*(d) b_i)(b_i) : \theta \in [0, 1]\}$$

はコンパクトである.従って,定理 2.3.6 より,その凸包

$$\mathrm{co}\{f'_\pm(x_{i-1}(\varepsilon_n) + \theta \varepsilon_n b_i^*(d) b_i)(b_i) : \theta \in [0, 1]\}$$

もコンパクトである.よって定理 7.1.18 より各 $i = 1, \ldots, m$ について

$$f(x_i(\varepsilon_n)) - f(x_{i-1}(\varepsilon_n))$$

$$\in \varepsilon_n b_i^*(d) \operatorname{co}\{f'_\pm(x_{i-1}(\varepsilon_n) + \theta \varepsilon_n b_i^*(d)b_i)(b_i) : \theta \in [0,1]\}$$

が成立しているので，これらを $i = 1, \ldots, m$ にわたって足し合わせると，

$$\frac{f(x + \varepsilon_n d) - f(x)}{\varepsilon_n}$$
$$\in \sum_{i=1}^{m} b_i^*(d) \operatorname{co}\{f'_\pm(x_{i-1}(\varepsilon_n) + \varepsilon_n \theta b_i^*(d)b_i)(b_i) : \theta \in [0,1]\}$$

をえる．従って，F の次元を l とすると，定理 2.3.5 より各 $i = 1, \ldots, m$ に対し，$\theta_j^i \in [0,1]$ と，$\sum_{j=1}^{l+1} \lambda_j^i = 1$ を満たす $\lambda_j^i \geq 0$ $(j = 1, \ldots, l+1)$ が存在し，

$$\frac{f(x + \varepsilon_n d) - f(x)}{\varepsilon_n} = \sum_{i=1}^{m} b_i^*(d) \sum_{j=1}^{l+1} \lambda_j^i f'_\pm(x_{i-1}(\varepsilon_n) + \varepsilon_n \theta_j^i b_i^*(d)b_i)(b_i)$$

が成立している．上式の両辺の極限をとると，$f'_\pm(\cdot)(b_i)$ の連続性より，

$$f'_\pm(x)(d) = \sum_{i=1}^{m} b_i^*(d) f'_\pm(x)(b_i)$$

をえる．

この等式より $f'_\pm(x)$ が線形写像であることは明らかである．従って，f はガトー微分可能であり，$f'_\pm(x)$ は微分係数 $f'(x)$ に等しい．さらに写像 $f'_\pm(\cdot)(b_i)$ が連続であるという仮定より，すべての d について写像 $f'(\cdot)(d)$ は連続である．従って，f' は連続である．□

定理 7.2.6 線形空間 E, F と E の開部分集合 X が与えられたとき，$f \in C^2(X, F)$ とすると $f''(x)$ は対称である．即ち，任意の $d, e \in E$ について

$$f''(x)(e)(d) = f''(x)(d)(e)$$

が成立する．

証明 任意の $y^* \in F^*$ をとり固定する．

$$\varphi(\lambda, \mu) = y^*(f(x + \lambda d + \mu e))$$

と定義する.その絶対値が十分小さい実数 λ と μ について φ は定義可能である.

$$\frac{\partial^2 \varphi}{\partial \mu \partial \lambda}(\lambda, \mu) = y^*(f''(x + \lambda d + \mu e)(e)(d))$$

$$\frac{\partial^2 \varphi}{\partial \lambda \partial \mu}(\lambda, \mu) = y^*(f''(x + \lambda d + \mu e)(d)(e))$$

が成立することは容易に確認できる.$f \in C^2(X, F)$ より $\partial^2 \varphi / \partial \mu \partial \lambda$ と $\partial^2 \varphi / \partial \lambda \partial \mu$ は共に連続である.従って,φ は初等的な意味で 2 階連続微分可能であるのでこれら 2 つの偏導関数は等しい.特に,$(\lambda, \mu) = (0, 0)$ とおくと

$$y^*(f''(x)(e)(d)) = y^*(f''(x)(d)(e))$$

をえる.$y^* \in F^*$ は任意だったので

$$f''(x)(e)(d) = f''(x)(d)(e)$$

をえて,$f''(x)$ は対称である.□

第 8 章

可微分最適化問題

本章では，目的関数および制約を表現する写像が共に微分可能である場合の最適化問題を議論する．制約をもたない問題，等式制約をもつ問題，不等式制約をもつ問題の 3 種類の最適化問題を順に考察する．

8.1 制約無しの理論

本節では制約が存在しない状況での最適化問題を議論しよう．線形空間 E の開部分集合 X 上で定義された実数値関数 $f : X \to R$ と X の点 x を考える．点 x の近傍 $U \subset X$ が存在し任意の $y \in U$ に対し $f(x) \leq f(y)$ が成立するとき，関数 f は x において極小値をとるといい，値 $f(x)$ を関数 f の極小値という．そして，点 x を f の極小点とよぶ．極大値，極大点も同様に定義される．極小値と極大値を併せて極値とよぶ．そして，極小点と極大点を併せて極値点とよぶ．また，任意の $y \in U \setminus \{x\}$ に対し $f(x) < f(y)$ が成立するとき点 x は f の狭義の極小点であるという．狭義の極大点も同様に定義される．

次の定理 8.1.1 は最適性の 1 階の必要条件を与える．

定理 8.1.1 線形空間 E とその開部分集合 X と実数値関数 $f \in D_g(X, R)$ が与えられたとする．もし関数 f が点 $x \in X$ において極値をとるならば，$f'(x) = 0$ が成立する．

証明 任意の点 $d \in E$ をとる。十分小さい $\delta > 0$ をとり

$$\varphi(\lambda) = f(x + \lambda d), \quad \lambda \in]-\delta, 1+\delta[$$

と実数値関数を定義すると，補題 7.1.14 において y^* を R 上の恒等関数とみなしてそれを適用すれば，φ は微分可能で

$$\frac{d\varphi}{d\lambda}(\lambda) = f'(x + \lambda d)(d)$$

をえる。仮定より φ は $\lambda = 0$ において極値をとっているので，$(d\varphi/d\lambda)(0) = 0$ が成立する。よって $f'(x)(d) = 0$ をえるが，点 $d \in E$ は任意だったので $f'(x) = 0$ が成立する。□

次の定理 8.1.2 は最適性の 2 階の必要条件を与える。

定理 8.1.2 線形空間 E とその開部分集合 X と実数値関数 $f \in D_g^2(X, R)$ が与えられたとする。もし関数 f が点 $x \in X$ において極小値をとるならば，$f'(x) = 0$ かつ $f''(x)$ は非負定値である，即ち，すべての $d \in E$ について $f''(x)(d)(d) \geq 0$ が成立する。もし関数 f が点 $x \in X$ において極大値をとるならば，$f'(x) = 0$ かつ $f''(x)$ は非正定値である，即ち，すべての $d \in E$ について $f''(x)(d)(d) \leq 0$ が成立する。

証明 極大の場合も同様なので極小の場合だけを証明する。定理 8.1.1 より $f'(x) = 0$ が成立することはよい。

任意の $d \in E$ をとる。定理 8.1.1 の証明と同じ関数 $\varphi :]-\delta, 1+\delta[\to R$ を考える。補題 7.1.14 より，

$$\frac{d^2\varphi}{d\lambda^2}(\lambda) = f''(x + \lambda d)(d)(d)$$

が成立する。仮定より φ は $\lambda = 0$ において極小値をとっているので $(d^2\varphi/d\lambda^2)(0) \geq 0$ が成立する。これより $f''(x)(d)(d) \geq 0$ をえる。□

次の定理 8.1.3 は最適性の 2 階の十分条件を与える。

定理 8.1.3 線形空間 E とその開部分集合 X と実数値関数 $f \in C^2(X, F)$ が与えられたとする。X の点 x を考える。もし $f'(x) = 0$，かつ，すべて

の $d \in E$, $d \neq 0$ について $f''(x)(d)(d) > 0$, 即ち, $f''(x)$ が E の内積ならば, 点 x は狭義の極小点である. また, もし $f'(x) = 0$ かつすべての $d \in E$, $d \neq 0$ について $f''(x)(d)(d) < 0$, 即ち, $-f''(x)$ が E の内積ならば, x は狭義の極大点である.

証明 極大については同様なので, 極小に関する主張のみを証明する.

もし点 x が狭義の極小点ではなかったとすると, x に収束する X 内の点列 $\{x_n\}$ で, すべての n について $x_n \neq x$ で $f(x_n) \leq f(x)$ となっているものが存在する. E 上の任意のノルム $\|\cdot\|$ をひとつとり固定する. $x_n - x = d_n$ とおくと $d_n \to 0$ であり, 補題 7.1.15 において y^* を R 上の恒等関数とみなしてそれを適用すれば, 各 n に対し

$$f(x_n) - f(x) = \frac{1}{2} f''(x + \theta_n d_n)(d_n)(d_n)$$

が成立するような $\theta_n \in {]}0,1{[}$ が存在する. 点列 $\{d_n/\|d_n\|\}$ は収束部分列をもつので, その部分列を考えることにより $d_n/\|d_n\| \to d \neq 0$ と仮定してよい. f'' が連続であるので補題 7.1.12 より

$$\lim_{n \to \infty} \frac{f(x_n) - f(x)}{\|d_n\|^2} = \frac{1}{2} f''(x)(d)(d) > 0$$

をえる. 一方, $f(x_n) \leq f(x)$ より $\lim_{n \to \infty} (f(x_n) - f(x))/\|d_n\|^2 \leq 0$ をえて, 矛盾が生じる. □

8.2 等式制約下の理論

第 8.1 節では制約無しの極値問題を考察対象にしたが, 本節では等式制約下の極値問題を考えていく. そのための基本的道具として我々の文脈での逆写像定理を証明しておく.

定理 8.2.1 (逆写像定理) 線形空間 E, F と E の開部分集合 X と写像 $f \in C^1(X, F)$ を考える. 点 $a \in X$ において $f'(a) \in L(E, F)$ は全単射であるとする. このとき, 以下の性質を満たす a の開近傍 U が存在する.

(1) f は U 上で単射であり，$f(U)$ は F の開集合である．

(2) $f(U)$ 上で定義される f の逆写像 f^{-1} について $f^{-1} \in C^1(f(U), E)$ であり，任意の $y \in f(U)$ に対し $x = f^{-1}(y)$ とおくと

$$(f^{-1})'(y) = f'(f^{-1}(y))^{-1} = f'(x)^{-1} \tag{8.1}$$

が成立する．

さらに，$f \in C^2(X, F)$ であるならば，$f^{-1} \in C^2(f(U), E)$ であり，任意の $y \in f(U)$ に対し，

$$(f^{-1})''(y) = (\mathrm{inv})'(f'(x)) \circ f''(x) \circ f'(x)^{-1}$$

が成立する．従って，任意の $y \in f(U)$, $e_1, e_2 \in F$ について，

$$(f^{-1})''(y)(e_2)(e_1)$$
$$= -f'(x)^{-1} \left(f''(x)(f'(x)^{-1}(e_2))(f'(x)^{-1}(e_1)) \right)$$

が成立する．

証明 線形空間 E 上の内積，即ち，正定値対称双線形汎関数 b を 1 つとり固定して考える．この内積より定義される E 上のノルム $\|x\| = \sqrt{b(x,x)}$ を考え，さらに，F 上のノルムを 1 つとり固定する．この F 上のノルムも同じ記号 $\|\cdot\|$ で表し，これら 2 つのノルムから自然に定義される $L(E, F)$ 上のノルムも同じ記号 $\|\cdot\|$ で表す．

$f'(a)$ が全単射であるという仮定より E と F の次元は等しい．定理 1.5.3 より E から F への全単射線形写像の全体 $I(E, F)$ は $L(E, F)$ の開集合である．そして $\|f'(a)^{-1}\| > 0$ である．$\delta \|f'(a)^{-1}\| < 1$ を満たす十分小さい $\delta > 0$ をとり $f'(a)$ を中心とし半径 δ の開球 W で $W \subset I(E, F)$ となるものを考える．従って，

$$W = \{w \in L(E, F) : \|w - f'(a)\| < \delta\} \subset I(E, F)$$

が成立している．f' の連続性より $U \subset (f')^{-1}(W)$ を満たす a の凸近傍 U が存在する．u と v を任意の U の点とする．定理 7.2.4 より $\sum_{i=1}^{p} \lambda_i = 1$ であ

8.2 等式制約下の理論

る有限個の $\lambda_i \geq 0$ と $\theta_i \in [0,1]$ ($i=1,\ldots,p$) が存在し

$$f(u) - f(v) - f'(a)(u-v)$$
$$= \sum_{i=1}^{p} \lambda_i f'(\theta_i u + (1-\theta_i)v)(u-v) - f'(a)(u-v)$$
$$= \sum_{i=1}^{p} \lambda_i (f'(\theta_i u + (1-\theta_i)v) - f'(a))(u-v)$$

が成立しているので

$$\|f(u) - f(v) - f'(a)(u-v)\| \leq \delta \|u-v\|$$

をえる. これより

$$\|f'(a)(u-v)\| - \|f(u) - f(v)\| \leq \delta \|f'(a)^{-1}(f'(a)(u-v))\|$$
$$\leq \delta \|f'(a)^{-1}\| \|f'(a)(u-v)\|$$

となり

$$(1 - \delta \|f'(a)^{-1}\|) \|f'(a)(u-v)\| \leq \|f(u) - f(v)\|$$

をえる. よって

$$\|f'(a)(u-v)\| \leq \frac{1}{1 - \delta \|f'(a)^{-1}\|} \|f(u) - f(v)\| \tag{8.2}$$

が成立する. これより f は U 上で単射である.

$a \in U' \subset \mathrm{cl}\, U' \subset U$ を満たす a の有界開近傍 U' をとり, U' の境界を B とすると B はコンパクトである. 関数 $g : X \to R$ を

$$g(x) = \|f(x) - f(a)\|$$

と定義すると, 定理 7.2.1 と定理 7.1.5 より g は連続なので B 上で最小値 β に達するが, U 上で f は単射なので $\beta > 0$ となっている. そしてこの β を使い $f(a)$ の開近傍 V を

$$V = \left\{ y \in F : \|y - f(a)\| < \frac{\beta}{2} \right\}$$

と定義すると，任意の $y \in V$ と $x \in B$ に対して

$$\|y - f(a)\| < \frac{\beta}{2} < \|y - f(x)\|$$

が成立している．ここで，a の開近傍 U'' を

$$U'' = U' \cap f^{-1}(V)$$

と定義すると，$f(U'') = V$ が成立することが以下のようにして確認できる．任意の $y \in V$ に対し，$\mathrm{cl}\, U' = U' \cup B$ 上の関数 h を

$$h(x) = \|y - f(x)\|^2 = b(y - f(x), y - f(x))$$

と定義する．これは連続なのでコンパクト集合 $\mathrm{cl}\, U'$ 上で最小値をとる．B 上の点 x については $h(a) < h(x)$ なので U' 内で最小値に達する．この最小点を x とすると，定理 8.1.1 と定理 7.1.7 より

$$b(y - f(x), f'(x)(d)) = 0$$

がすべての $d \in E$ について成立し，$f'(x)$ が全射であることより $y = f(x)$ を得る．

次に $f^{-1} \in D_g(V, E)$ であり，$(f^{-1})'(y) = f'(f^{-1}(y))^{-1}$ が任意の $y \in V$ について成立することを示す．$y \in V$ を任意にとり固定する．そして，$\{\varepsilon_n\} \in \tilde{c}_0$ と $e \in F$ を任意にとる．

$$\frac{f^{-1}(y + \varepsilon_n e) - f^{-1}(y)}{\varepsilon_n} = d_n$$

とおき，$f^{-1}(y) = x$ とおくと，$f(x + \varepsilon_n d_n) = y + \varepsilon_n e$ が成立し，(8.2) 式より，

$$\|f'(a)(f^{-1}(y + \varepsilon_n e) - f^{-1}(y))\| \le \frac{1}{1 - \delta \|f'(a)^{-1}\|} \|\varepsilon_n e\|$$

が成立する．よって

$$\|f'(a)(d_n)\| \le \frac{\|e\|}{1 - \delta \|f'(a)^{-1}\|}$$

8.2 等式制約下の理論

より

$$\|d_n\| = \|f'(a)^{-1}(f'(a)(d_n))\| \le \|f'(a)^{-1}\|\|f'(a)(d_n)\| \le \frac{\|f'(a)^{-1}\|\|e\|}{1-\delta\|f'(a)^{-1}\|}$$

をえて点列 $\{d_n\}$ は有界である. ここで $\{d_n\}$ は収束点列であることを示す. $\{d_n\}$ の任意の収束部分列をとりそれを $\{d_{n_k}\}$ としその極限を d とする. このとき

$$\frac{f(x+\varepsilon_{n_k}d_{n_k})-f(x)}{\varepsilon_{n_k}} = e$$

が成立するが, 定理 7.2.1 より f は x でフレッシェ微分可能なので左辺は $f'(x)(d)$ に収束する. よって $f'(x)(d) = e$ が成立し, $d = f'(x)^{-1}(e)$ をえる. 点列 $\{d_n\}$ の任意の収束部分列が $f'(x)^{-1}(e)$ に収束することが示されたので, $\{d_n\}$ それ自身が $f'(x)^{-1}(e)$ に収束することになる. これより,

$$\lim_{n\to\infty} \frac{f^{-1}(y+\varepsilon_n e) - f^{-1}(y)}{\varepsilon_n} = f'(x)^{-1}(e) = f'(f^{-1}(y))^{-1}(e)$$

をえて, $f^{-1} \in D_g(V,E)$ であり, その導関数 $(f^{-1})'$ は

$$(f^{-1})'(y) = f'(f^{-1}(y))^{-1}, \quad y \in V$$

で与えられることが確認された. ここで, (8.2) 式より f^{-1} は V 上で連続であることは明らかであり, 仮定より f' は連続であり, 定理 1.5.4 より全単射線形写像の逆写像をとる演算も連続である. よって $(f^{-1})'$ は連続であり $f^{-1} \in C^1(V,E)$ であることが示せた.

$f \in C^2(X,F)$ であるときには, (8.1) 式より $(f^{-1})'$ は f^{-1} と f' と inv の合成となっているがこれらの写像はすべて連続微分可能であるので, 定理 7.2.2 より $(f^{-1})'$ は連続微分可能であり

$$\begin{aligned}(f^{-1})''(y) &= (\mathrm{inv})'(f'(f^{-1}(y))) \circ f''(f^{-1}(y)) \circ (f^{-1})'(y) \\ &= (\mathrm{inv})'(f'(f^{-1}(y))) \circ f''(f^{-1}(y)) \circ f'(f^{-1}(y))^{-1} \\ &= (\mathrm{inv})'(f'(x)) \circ f''(x) \circ f'(x)^{-1}\end{aligned}$$

が成立し, この式表現より $(f^{-1})''$ も連続であることが見てとれるので $f^{-1} \in C^2(V,E)$ である. そして, 定理 7.1.8 より, 任意の $e_2 \in F$ について

$$(f^{-1})''(y)(e_2) = (\mathrm{inv})'(f'(x))(f''(x)(f'(x)^{-1}(e_2)))$$

$$= -f'(x)^{-1} \circ f''(x)(f'(x)^{-1}(e_2)) \circ f'(x)^{-1}$$

が成立する。従って，任意の $e_1 \in F$ について

$$(f^{-1})''(y)(e_2)(e_1) = -f'(x)^{-1}\left(f''(x)(f'(x)^{-1}(e_2))(f'(x)^{-1}(e_1))\right)$$

が成立する。□

定理 8.2.2 線形空間 E, F と E の開部分集合 X と点 $a \in X$ を考える。そして，写像 $h \in C^1(X, F)$ について $h'(a)$ は全射とし，$M = h^{-1}(h(a))$ とおく。このとき，以下の性質を満たす $h'(a)$ の零空間 $\ker h'(a)$ の原点の開近傍 W と $\varphi \in C^1(W, E)$ が存在する。

(1) φ は W と $\varphi(W)$ の間の位相同形である。

(2) $\varphi(0) = a$, $\varphi(W) \subset M$ であり，$\varphi(W)$ は M における a の開近傍である。

(3) $\varphi'(0)(d) = d$, $d \in \ker h'(a)$

さらに $h \in C^2(X, F)$ であれば，$\varphi \in C^2(W, E)$ である。

証明 E と F の次元をそれぞれ n と m とする。$h'(a)$ は全射であるので $m \leq n$ であり，$\ker h'(a)$ の次元は $n - m$ である。E 内の $\ker h'(a)$ の補空間 E_1 をひとつとり，E_1 に沿った $\ker h'(a)$ への射影を P とする。X 上で定義され直積線形空間 $F \times \ker h'(a)$ に値をとる写像 $g : X \to F \times \ker h'(a)$ を

$$g(x) = (h(x), P(x)), \quad x \in X$$

と定義する。定理 7.1.7(2) より

$$g'(x) = (h'(x), P)$$

が成立する。h は仮定より連続微分可能なので g も連続微分可能である。また，$h'(a)$ が全射であるという仮定から，$g'(a) = (h'(a), P)$ は全射である。実際，任意の $(y, z) \in F \times \ker h'(a)$ をとる。$h'(a)$ は全射なので $h'(a)(x) = y$

8.2 等式制約下の理論

となる $x \in E$ が存在する. ここで, $x' = z + x - P(x) \in E$ とおくと, $z, P(x) \in \ker h'(a)$ なので $h'(a)(x') = h'(a)(x) = y$ が成立する. 一方

$$P(x') = P(z) + P(x) - P^2(x) = z + P(x) - P(x) = z$$

が成立するので, $g'(a)(x') = (y, z)$ を得る. E と $F \times \ker h'(a)$ は同じ次元 n をもっているので $g'(a)$ は全単射である.

よって, 定理 8.2.1 より a の開近傍 U が存在し, $g(U)$ は開集合であり $g(U)$ 上で g の逆写像 $g^{-1} : g(U) \to U$ を定義することができ g^{-1} は連続微分可能である. $(h(a), P(a)) \in g(U)$ なので, F の原点の開近傍 V と $\ker h'(a)$ の原点の開近傍 W が存在し,

$$(h(a), P(a)) \in (h(a) + V) \times (P(a) + W) \subset g(U)$$

が成立している. そして $\varphi : W \to E$ を

$$\varphi(x) = g^{-1}((h(a), P(a) + x)), \quad x \in W$$

と定義する. この定義より φ は単射であり $\varphi(0) = a$ が成立することは明らかである. そして g^{-1} が連続微分可能であることより φ も連続微分可能である. さらに W の任意の部分集合 U について

$$\varphi(U) = g^{-1}(\{h(a)\} \times (P(a) + U)) = (a + P^{-1}(U)) \cap M$$

が成立するので, これより $\varphi(W)$ は M における a の開近傍であり, さらに φ は開写像であることがみてとれる. 従って, φ は W と $\varphi(W)$ の間の位相同形である. 最後に, 定理 7.2.2 と定理 8.2.1 より, 任意の $d \in \ker h'(a)$ について

$$\begin{aligned}\varphi'(0)(d) &= (g^{-1})'((h(a), Pa))((0, I)(d)) \\ &= g'(a)^{-1}((0, d)) \\ &= g'(a)^{-1}(g'(a)(d)) \\ &= d\end{aligned}$$

が成立する. ここで I は $\ker h'(a)$ 上の恒等写像を表す.

$h \in C^2(X, F)$ であれば $g \in C^2(X, F \times \ker h'(a))$ であり,この場合定理 8.2.1 より $g^{-1} \in C^2(g(U), E)$ となり,定理 7.2.3 より $\varphi \in C^2(W, E)$ をえる。□

本節の主目的である微分可能写像による等式制約の下での微分可能目的関数の最適性の条件の議論を始める。次の定理 8.2.3 は最適性の 1 階の必要条件を与える。

定理 8.2.3 線形空間 E, F と E の開部分集合 X が与えられたとする。目的関数 $f: X \to R$ は $f \in C^1(X, R)$ とする。制約を表現する写像 $h: X \to F$ は $h \in C^1(X, F)$ であり, X の点 a は等式制約 $h(a) = 0$ を満たし,微分係数 $h'(a) \in L(E, F)$ は全射であると仮定する。このとき,目的関数 f が点 a において等式制約 $h(x) = 0$ の下で極値をとるならば,

$$(f + y^* \circ h)'(a) = 0$$

を満たす $y^* \in F^*$ が存在する。この y^* はラグランジュ乗数とよばれる。

証明 定理 8.2.2 で存在が保証されている $\ker h'(a)$ の原点の近傍 W と写像 $\varphi \in C^1(W, E)$ をとる。このとき φ と f の合成 $f \circ \varphi$ は 0 において極値をとっているので,定理 8.1.1 より

$$(f \circ \varphi)'(0) = f'(\varphi(0)) \circ \varphi'(0) = f'(a) \circ \varphi'(0) = 0$$

が成立する。従って, $\ker h'(a)$ の任意の要素 d に対し,

$$f'(a)(d) = f'(a)(\varphi'(0)(d)) = 0$$

が成立し, $d \in \ker f'(a)$ をえる。即ち,

$$\ker h'(a) \subset \ker f'(a)$$

が成立する。任意の $y \in F$ に対し, $h'(a)^{-1}(y)$ から任意に 1 点 x を選び,

$$y^*(y) = -f'(a)(x)$$

と定義する．この定義が整合的であることは上記の包含関係が成立していることから保証される．また y^* が線形であることもその定義より容易に確認できる．さらにこの定義から

$$f'(a) + y^* \circ h'(a) = 0$$

が成立していることも明らかである．これより

$$(f + y^* \circ h)'(a) = 0$$

をえる．□

次の定理 8.2.4 は最適性の 2 階の必要条件を与える．

定理 8.2.4 線形空間 E, F と E の開部分集合 X が与えられたとする．制約を表現する写像 $h : X \to F$ は $h \in C^2(X, F)$ であり，X の点 a は等式制約 $h(a) = 0$ を満たし，微分係数 $h'(a) \in L(E, F)$ は全射であると仮定する．目的関数 $f : X \to R$ は $f \in C^2(X, R)$ とする．

もし目的関数 f が等式制約 $h(x) = 0$ の下で a において極小値をとるならば，

$$(f + y^* \circ h)'(a) = 0$$

かつ，$(f + y^* \circ h)''(a)$ が $\ker h'(a)$ 上で非負定値である，即ち，

$$(f + y^* \circ h)''(a)(d)(d) \geq 0, \quad d \in \ker h'(a)$$

を満たす，$y^* \in F^*$ が存在する．

もし目的関数 f が等式制約 $h(x) = 0$ の下で a において極大値をとるならば，

$$(f + y^* \circ h)'(a) = 0$$

かつ，$(f + y^* \circ h)''(a)$ が $\ker h'(a)$ 上で非正定値である，即ち，

$$(f + y^* \circ h)''(a)(d)(d) \leq 0, \quad d \in \ker h'(a)$$

を満たす，$y^* \in F^*$ が存在する．

証明 極小の場合を証明する. 定理 8.2.3 より $(f + y^* \circ h)'(a) = 0$ を満たす $y^* \in F^*$ が存在するが, この y^* が求めるものであることを以下に示す.

定理 8.2.2 によりその存在が保証される $\ker h'(a)$ の原点の開近傍 W と写像 $\varphi \in C^2(W, E)$ を考える. このとき, 関数 $f \circ \varphi : W \to R$ は 0 において極小となっており, W 上では

$$f \circ \varphi = f \circ \varphi + y^* \circ h \circ \varphi$$

が成立している. 従って, 関数 $f \circ \varphi + y^* \circ h \circ \varphi$ は 0 において極小値をとる. 定理 8.1.2 より任意の $d \in \ker h'(a)$ について

$$(f \circ \varphi + y^* \circ h \circ \varphi)''(a)(d)(d) \geq 0$$

が成立している. 任意の $d \in \ker h'(a)$ をとり定理 7.2.3 を考慮すると以下の等式が成立する.

$$\begin{aligned}
& (f \circ \varphi + y^* \circ h \circ \varphi)''(0)(d)(d) \\
={}& (f \circ \varphi)''(0)(d)(d) + y^* \left((h \circ \varphi)''(0)(d)(d)\right) \\
={}& f'(\varphi(0))(\varphi''(0)(d)(d)) + f''(\varphi(0))(\varphi'(0)(d))(\varphi'(0)(d)) \\
& + y^* \left(h'(\varphi(0))(\varphi''(0)(d)(d)) + h''(\varphi(0))(\varphi'(0)(d))(\varphi'(0)(d))\right) \\
={}& f'(a)(\varphi''(0)(d)(d)) + y^* \left(h'(a)(\varphi''(0)(d)(d))\right) \\
& \qquad\qquad\qquad + f''(a)(d)(d) + y^*(h''(a)(d)(d)) \\
={}& [f'(a) + (y^* \circ h)'(a)](\varphi''(0)(d)(d)) + [f''(a) + (y^* \circ h)''(a)](d)(d) \\
={}& (f + y^* \circ h)'(a)(\varphi''(0)(d)(d)) + (f + y^* \circ h)''(a)(d)(d) \\
={}& (f + y^* \circ h)''(a)(d)(d)
\end{aligned}$$

従って, $(f + y^* \circ h)''(a)(d)(d) \geq 0$ がすべての $d \in \ker h'(a)$ について成立する.

極大の場合の証明は同様であるので省略する. □

定理 8.2.4 において h がアフィン写像である場合には $y^* \circ h$ がアフィン関数となり定理 7.1.7(3) より $(y^* \circ h)'' = 0$ が成立するので次の系 8.2.5 が成立する.

8.2 等式制約下の理論

系 8.2.5 線形空間 E, F と E の開凸部分集合 X が与えられたとする．制約を表現する写像 $h\colon X \to F$ はアフィン写像であり，X の点 a は等式制約 $h(a) = 0$ を満たし，微分係数 $h'(a) \in L(E, F)$ は全射であると仮定する．目的関数 $f\colon X \to R$ は $f \in C^2(X, R)$ とする．

もし目的関数 f が等式制約 $h(x) = 0$ の下で a において極小値をとるならば，

$$(f + y^* \circ h)'(a) = 0$$

を満たす $y^* \in F^*$ が存在する．そして，$f''(a)$ は $\ker h'(a)$ 上で非負定値である，即ち，

$$f''(a)(d)(d) \geq 0, \quad d \in \ker h'(a)$$

が成立する．

もし目的関数 f が等式制約 $h(x) = 0$ の下で a において極大値をとるならば，

$$(f + y^* \circ h)'(a) = 0$$

を満たす $y^* \in F^*$ が存在する．そして $f''(a)$ は $\ker h'(a)$ 上で非正定値である，即ち，

$$f''(a)(d)(d) \leq 0, \quad d \in \ker h'(a)$$

が成立する．

次の定理 8.2.6 は最適性の 2 階の十分条件を与える．

定理 8.2.6 線形空間 E, F と E の開部分集合 X が与えられたとする．制約を表現する写像 $h\colon X \to F$ は $h \in C^2(X, F)$ であり，X の点 a は等式制約 $h(a) = 0$ を満たし，微分係数 $h'(a) \in L(E, F)$ は全射であると仮定する．目的関数 $f\colon X \to R$ は $f \in C^2(X, R)$ であるとする．

このとき，

$$(f + y^* \circ h)'(a) = 0$$

かつ，$(f + y^* \circ h)''(a)$ が $\ker h'(a)$ 上で正定値である，即ち，0 ではない任意の $d \in \ker h'(a)$ に対し

$$(f + y^* \circ h)''(a)(d)(d) > 0$$

を満たす $y^* \in F^*$ が存在するならば，目的関数 f は等式制約 $h(x) = 0$ の下で点 a において狭義の極小値をとる．

そして，
$$(f + y^* \circ h)'(a) = 0$$

かつ，$(f + y^* \circ h)''(a)$ が $\ker h'(a)$ 上で負定値である，即ち，0 ではない任意の $d \in \ker h'(a)$ に対し

$$(f + y^* \circ h)''(a)(d)(d) < 0$$

を満たす $y^* \in F^*$ が存在するならば，目的関数 f は等式制約 $h(x) = 0$ の下で点 a において狭義の極大値をとる．

証明 極小の場合を証明する．定理 8.2.4 の証明と同様にして，定理 8.2.2 によりその存在が保証される $\ker h'(a)$ の原点の開近傍 W と C^2 級写像 $\varphi : W \to E$ について，

$$(f \circ \varphi + y^* \circ h \circ \varphi)''(0)(d)(d) = (f + y^* \circ h)''(a)(d)(d) > 0$$

がすべての $d \in \ker h'(a)$ に対し成立している．一方，仮定より

$$(f \circ \varphi + y^* \circ h \circ \varphi)'(0) = (f + y^* \circ h)'(a) = 0$$

が成立する．よって，定理 8.1.3 より $f \circ \varphi + y^* \circ h \circ \varphi$ は 0 において狭義の極小値をとる．従って，W の部分集合である $\ker h'(a)$ の原点の開近傍 W' が存在し，任意の $w \in W', w \neq 0$ に対し，

$$f(\varphi(w)) + y^*(h(\varphi(w))) > f(\varphi(0)) + y^*(h(\varphi(0)))$$

が成立し，$y^*(h(\varphi(w)) = y^*(h(\varphi(0)))$ に注意すると

$$f(\varphi(w)) > f(\varphi(0)) = f(a)$$

が成立している．よって，任意の $x \in \varphi(W), x \neq a$ に対し，$f(x) > f(a)$ をえる．$\varphi(W)$ が $M = h^{-1}(0)$ 内の a の開近傍であるので，f は制約 $h(x) = 0$ の下で a において狭義の極小値に達している．

極大に関する主張の証明も同様である。□

定理 8.2.4 から系 8.2.5 を導いたときと同様の考え方で，次の系 8.2.7 が定理 8.2.6 より求まる．

系 8.2.7 線形空間 E, F と E の開凸部分集合 X が与えられたとする．制約を表現する写像 $h: X \to F$ はアフィン写像であり，X の点 a は制約 $h(a) = 0$ を満たし，微分係数 $h'(a) \in L(E, F)$ は全射であると仮定する．目的関数 $f: X \to R$ は $f \in C^2(X, R)$ とする．

このとき，
$$(f + y^* \circ h)'(a) = 0$$
を満たす $y^* \in F^*$ が存在し，$f''(a)$ が $\ker h'(a)$ 上で正定値である，即ち，
$$f''(a)(d)(d) > 0, \quad d \in \ker h'(a),\ d \neq 0$$
が成立するならば，目的関数 f は制約 $h(x) = 0$ の下で a において狭義の極小値をとる．

そして，
$$(f + y^* \circ h)'(a) = 0$$
を満たす $y^* \in F^*$ が存在し，$f''(a)$ が $\ker h'(a)$ 上で負定値である，即ち，
$$f''(a)(d)(d) < 0, \quad d \in \ker h'(a),\ d \neq 0$$
が成立するならば，目的関数 f は制約 $h(x) = 0$ の下で a において狭義の極大値をとる．

8.3 不等式制約下の理論

本節では不等式制約をもつ最適化問題に興味を移そう．線形空間 E, アルキメデス的線形束 F, E の開部分集合 X, 目的関数 $f: X \to R$, 不等式制

約を表現する写像 $g: X \to F$ が与えられたとする。そして，不等式を制約としてもつ最小化問題

$$(\mathrm{P}) \quad \inf\{f(x): x \in X,\ g(x) \leq 0\} \quad \text{を求めよ}$$

を考察する。X の部分集合

$$S = \{x \in X: g(x) \leq 0\}$$

をこの最小化問題 (P) の**実行可能領域**とよぶのは第 4.4 節で議論した線形計画問題の場合と同じである。同じ制約の下での同じ目的関数の最大化問題を (P′) とする。即ち，

$$(\mathrm{P}') \quad \sup\{f(x): x \in X,\ g(x) \leq 0\} \quad \text{を求めよ}$$

である。最小化問題 (P) や最大化問題 (P′) を議論するときにはいつもその実行可能領域 S は非空であることを前提とする。

線形空間 E の部分集合 A と A の点 x について，正数列 $\{\lambda_n\}$ と点列 $\{x_n\} \in c(x, A)$ が存在し，

$$\lim_{n \to \infty} \lambda_n (x_n - x) = d$$

と表現できる点 $d \in E$ をすべて集めた集合を，A の x における**接楔**といい $T_A(x)$ と表す。

線形空間 E の部分集合 W が，非負スカラー乗法について閉じている，即ち，任意の $\lambda \geq 0$ について $\lambda W \subset W$ が成立するとき**前楔**という。線形空間の部分集合が凸前楔であることと楔であることは同値である。

命題 8.3.1 線形空間 E の部分集合 A と A の点 x について，A の点 x における接楔 $T_A(x)$ は閉前楔である。そして，A が凸集合であるならば $T_A(x)$ は閉楔である。

証明 接楔 $T_A(x)$ が前楔であることは明らかである。これが閉集合であることを示すために E 上のノルム $\|\cdot\|$ を 1 つ考える。$T_A(x)$ 内の点列 $\{d_n\}$ が点 $d \in E$ に収束するとする。そして，

$$d_n = \lim_{\nu \to \infty} \lambda_n^\nu (x_n^\nu - x), \quad \lambda_n^\nu > 0, \quad \{x_n^\nu: \nu = 1, 2, \ldots\} \in c(x, A)$$

8.3 不等式制約下の理論　　　201

と表現されているとする。任意の自然数 n に対し $\|x_n^{\nu_n}-x\| < 1/n$ であり，さらに $\|\lambda_n^{\nu_n}(x_n^{\nu_n}-x)-d_n\| < 1/n$ となっている増加自然数列 $\{\nu_n\}$ が存在する。$y_n = x_n^{\nu_n}$, $\mu_n = \lambda_n^{\nu_n}$ とおけば $\{y_n\} \in c(x,A)$ であり，$\lim_{n\to\infty} \mu_n(y_n-x) = d$ が成立することは容易に確認できる。従って，$d \in T_A(x)$ をえて $T_A(x)$ は閉集合である。

特に A が凸集合であるときは

$$[0,\infty[\,(A-x) \subset T_A(x) \subset \mathrm{cl}\,([0,\infty[\,(A-x))$$

が成立する。$T_A(x)$ が閉集合であることより

$$T_A(x) = \mathrm{cl}\,([0,\infty[\,(A-x))$$

をえる。$[0,\infty[\,(A-x)$ は凸集合であるので，命題 1.2.5 より $T_A(x)$ も凸集合となり，$T_A(x)$ は楔である。□

最小化問題 (P) の分析を始めるためにアルキメデス的線形束 F の正錐 F_+ の幾何的構造についていくつかの事項を確認しておこう。F の次元を m とすると，定理 4.2.4 により F の基底 $\{b_1,\ldots,b_m\}$ が存在し

$$F_+ = K(b_1,\ldots,b_m)$$

と表現される。

F の正錐 F_+ の点 y についてその補台面という概念とそれに関連するいくつかの概念を以下に定義する。y を含む最小の F_+ の面を y の台面という。このような面の存在は命題 4.1.1(5) より保証される。y の台面を F_y と表す。定理 4.2.5 より $\{1,\ldots,m\}$ の部分集合 $I(y)$ が存在し，

$$F_y = K(\{b_i : i \in I(y)\})$$

と表すことができる。そして $J(y) = \{1,\ldots,m\}\setminus I(y)$ とおく。F の面 $K(\{b_j : j \in J(y)\})$ を y の補台面といい $F_y^\perp$ と表す。ここで空集合 $\emptyset$ については $K(\emptyset) = \{0\}$ と約束する。y の台面 F_y より生成される F の線形部分空間 $F_y - F_y$ を L_y と表し，これを y の台空間とよぶ。そして，y の補台面 $F_y^\perp$ より生成される線形部分空間 $F_y^\perp - F_y^\perp$ を M_y と表し，これを y の補台空間と

よぶ．L_y と M_y は互いに F 内の補空間となっている．L_y に沿った M_y 上への射影を P_y と表し，これを y の補台射影とよぶ．本節では P_y の値域を F ではなく M_y と解釈する．$F_+ = F_y + F_y^\perp$ が成立していることに留意すると

$$P_y(y) = 0, \quad P_y(F_+) = F_y^\perp \subset F_+$$

が成立することは明らかである．また，

$$P_y(z) = \sum_{i \in J(y)} b_i^*(z) b_i, \quad z \in F$$

が成立する．

次の定理 8.3.2 は最小化問題 (P) の最適性の 1 階の必要条件を与える．

定理 8.3.2 最小化問題 (P) において $f \in C^1(X, R)$, $g \in C^1(X, F)$ であり，点 $x \in X$ が最小化問題 (P) の局所最適点，即ち，極小点であるとする．そして制約想定として，写像 g と点 $-g(x) (\in F_+)$ の補台射影 $P_{-g(x)}$ の合成写像の点 x における微分係数 $(P_{-g(x)} \circ g)'(x)$ が全射であることを仮定する．このとき，

(1) $y^* \geq 0$

(2) $(f + y^* \circ g)'(x) = 0$

(3) $y^*(g(x)) = 0$

を満たす $y^* \in F^*$ が存在する．

証明 実行可能領域 S の点 x における接楔 $T_S(x)$ に関し

$$T_S(x) = \{d \in E : (P_{-g(x)} \circ g)'(x)(d) \leq 0\}$$

が成立することを示す．この式の右辺の楔を W と表す．

任意の $d \in T_S(x)$ について $d \in W$ が成立することを示す．$d = 0$ の場合は明らかに $d \in W$ であるので，$d \neq 0$ とする．$\lambda_n(x_n - x) \to d$ となる $\lambda_n > 0$ と $x_n \to x$ である $x_n \in S$ が存在する．ここで $\varepsilon_n = 1/\lambda_n$, $d_n = \lambda_n(x_n - x)$

8.3 不等式制約下の理論

とおけば, $\varepsilon_n \to 0$, $d_n \to d$ で $x_n = x + \varepsilon_n d_n$ が成立する. 定理 7.2.1 より g はフレッシェ微分可能であるので,

$$
\begin{aligned}
&(P_{-g(x)} \circ g)'(x)(d) \\
&= \lim_{n \to \infty} \frac{P_{-g(x)}(g(x + \varepsilon_n d_n)) - P_{-g(x)}(g(x))}{\varepsilon_n} \\
&= -\lim_{n \to \infty} \frac{P_{-g(x)}(-g(x_n))}{\varepsilon_n} \\
&\leq 0
\end{aligned}
$$

をえる. よって $d \in W$ である. これで $T_S(x) \subset W$ が示された.

逆の包含関係を示すために $d \in W$ とする. 制約想定より

$$(P_{-g(x)} \circ g)'(x) : E \to M_{-g(x)}$$

が全射であるので, 定理 1.5.5 よりその双対写像は単射である. それを計算してみると,

$$
\begin{aligned}
((P_{-g(x)} \circ g)'(x))^* &= (P_{-g(x)} \circ g'(x))^* \\
&= g'(x)^* \circ P_{-g(x)}{}^*
\end{aligned}
$$

が成立する. F の正錐 F_+ を生成する F の基底 $\{b_1, \ldots, b_m\}$ の双対基底を例によって $\{b_1^*, \ldots, b_m^*\}$ とする. そして各 b_i^* の $M_{-g(x)}$ への制限を $\overline{b_i^*}$ とすると $\{\overline{b_i^*} : i \in J(-g(x))\}$ は $M_{-g(x)}{}^*$ (ここで $M_{-g(x)}{}^*$ は $M_{-g(x)}$ の双対空間を表しており, 双対楔ではないことに注意する.) の基底を成し, 命題 1.5.7 より $P_{-g(x)}{}^*(\overline{b_i^*}) = b_i^*$ がすべての $i \in J(-g(x))$ について成立する. よって,

$$(g'(x)^* \circ P_{-g(x)}{}^*)(\overline{b_i^*}) = g'(x)^*(b_i^*), \quad i \in J(-g(x))$$

は E^* 内で線形独立である. 従って, $d_0 \in E$ が存在して,

$$g'(x)^*(b_i^*)(d_0) = -1, \quad i \in J(-g(x))$$

が成立する. $g'(x)^*(b_i^*)(d_0) = b_i^*(g'(x)(d_0))$ に注意すると

$$V = \bigcap_{i \in J(-g(x))} \{d \in E : b_i^*(g'(x)(d)) < 0\}$$

は空ではない。

$$W = \{d \in E : P_{-g(x)}(g'(x)(d)) \leq 0\}$$
$$= \bigcap_{i \in J(-g(x))} \{d \in E : b_i^*(g'(x)(d)) \leq 0\}$$

が成立することに注意すると V は W の内部 $\operatorname{int} W$ に等しい。実際，V は開集合なので $V \subset \operatorname{int} W$ は明らかに成立する。よって，$\operatorname{int} W \subset V$ を確認する。もし $d_0 \in \operatorname{int} W \setminus V$ となる点 $d_0 \in E$ が存在したとすると，$d_0 \notin V$ より $b_{i_0}^*(g'(x)(d_0)) \geq 0$ となる $i_0 \in J(-g(x))$ が存在する。そして制約想定より $P_{-g(x)}(g'(x)(d_1)) = b_{i_0}$ となる $d_1 \in E$ が存在する。この両辺に $b_{i_0}^*$ を作用させて $b_{i_0}^*(g'(x)(d_1)) = 1$ をえる。$d_0 \in \operatorname{int} W$ より $\lambda > 0$ が存在し $d_0 + \lambda d_1 \in W$ が成立する。これより

$$0 \geq b_{i_0}^*(g'(x)(d_0 + \lambda d_1)) = b_{i_0}^*(g'(x)(d_0)) + \lambda > 0$$

となり矛盾が生じる。

従って，系 1.2.10 より $W = \operatorname{cl} V$ が成立する。命題 8.3.1 より $T_S(x)$ は閉集合なので $V \subset T_S(x)$ を示せば $W \subset T_S(x)$ をえて $T_S(x) = W$ の証明が完了する。$d \in V$ とする。このときすべての $i = 1, \ldots, m$ について十分大きい n に対しては，$b_i^*(g(x+d/n)) < 0$ となることを示す。$i \notin J(-g(x))$ なる i については g が連続であり $b_i^*(g(x)) < 0$ であることよりよい。$i \in J(-g(x))$ なるある i についてはこの結論が成立しないと仮定する。自然数列 $\{n\}$ の部分列 $\{n_k\}$ が存在し，すべての k について $b_i^*(g(x+d/n_k)) \geq 0$ となる。このとき

$$0 > b_i^*(g_i'(x)(d))$$
$$= \lim_{k \to \infty} \frac{b_i^*(g(x+d/n_k)) - b_i^*(g(x))}{1/n_k}$$
$$= \lim_{k \to \infty} n_k b_i^*(g(x+d/n_k))$$
$$\geq 0$$

が演繹され矛盾が生じる。よって，十分大きい n について $x + d/n \in S$ がえられ，$x_n = x + d/n$ とおくと $d = \lim_{n \to \infty} n(x_n - x)$ となるので $d \in T_S(x)$ をえて $V \subset T_S(x)$ が示された。以上で $T_S(x) = W$ の証明が完了する。

8.3 不等式制約下の理論

$(P_{-g(x)} \circ g)'(x)(d) \leq 0$ を満たす任意の $d \in E$ について，今示したことより $d \in T_S(x)$ をえる．よって，$\{\varepsilon_n\} \in \tilde{c}_0$，$\{d_n\} \in c(d, E)$，$x + \varepsilon_n d_n \in S$ を満たす数列 $\{\varepsilon_n\}$ と点列 $\{d_n\}$ が存在する．f は S 上で x において極小値をとり，x でフレッシェ微分可能であることより，

$$f'(x)(d) = \lim_{n \to \infty} \frac{f(x + \varepsilon_n d_n) - f(x)}{\varepsilon_n} \geq 0$$

が成立する．即ち $-f'(x)(d) \leq 0$ をえる．命題 4.4.1 より $-f'(x) = ((P_{-g(x)} \circ g)'(x))^*(\overline{y^*})$，即ち，

$$f'(x) + g'(x)^*(P_{-g(x)}{}^*(\overline{y^*})) = 0$$

を満たす $\overline{y^*} \in (M_{-g(x)} \cap F_+)^*$ が存在する．$i \notin J(-g(x))$ なる i については $y^*(b_i) = 0$ として F 全体へ $\overline{y^*}$ を拡張した線形汎関数 y^* を考えると，命題 1.5.7 より $y^* = P_{-g(x)}{}^*(\overline{y^*})$ が成立するので

$$f'(x) + g'(x)^*(y^*) = 0$$

をえる．これは

$$(f + y^* \circ g)'(x) = 0$$

を意味する．また y^* の定義の仕方より明らかに $y^* \geq 0$ と $y^*(g(x)) = 0$ が成立する．□

最小化問題の目的関数 f を $-f$ で置き換えて考えることにより，最大化問題に関する次の系 8.3.3 をえる．

系 8.3.3 最大化問題 (P') において $f \in C^1(X, R)$，$g \in C^1(X, F)$ であり，点 $x \in X$ が最大化問題 (P') の局所最適点，即ち，極大点であるとする．そして制約想定として，写像 g と点 $-g(x) \in F_+$ の補台射影 $P_{-g(x)}$ の合成写像の点 x における微分係数 $(P_{-g(x)} \circ g)'(x)$ が全射であることを仮定する．このとき，

(1) $y^* \geq 0$

(2) $(f - y^* \circ g)'(x) = 0$

(3) $y^*(g(x)) = 0$

を満たす $y^* \in F^*$ が存在する.

定理 8.3.2 の証明に現れた閉楔 W は問題 (P) の実行可能領域 $S = \{x \in X : g(x) \leq 0\}$ の点 x における**線形化楔**という．これを $D_S(x)$ と表すと

$$D_S(x) = \{d \in E : (P_{-g(x)} \circ g)'(x)(d) \leq 0\}$$

である．上記の証明において $(P_{-g(x)} \circ g)'(x)$ が全射であるという仮定の下で $T_S(x) = D_S(x)$ を示したことになる．定理 4.3.8 より線形化楔 $D_S(x)$ は有限楔である．

次の定理 8.3.4 は不等式制約をもつ最小化問題の最適性の 2 階の必要条件を与える．

定理 8.3.4 最小化問題 (P) において $f \in C^2(X, R)$，$g \in C^2(X, F)$ であり，点 $x \in X$ が最小化問題 (P) の局所最適解，即ち，極小点であるとする．そして制約想定として写像 g と点 $-g(x) \in F_+$ の補台射影 $P_{-g(x)}$ の合成写像の点 x における微分係数 $(P_{-g(x)} \circ g)'(x)$ が全射であることを仮定する．このとき，

(1) $y^* \geq 0$

(2) $(f + y^* \circ g)'(x) = 0$

(3) $(f + y^* \circ g)''(x)(d)(d) \geq 0, \quad d \in \ker(P_{-g(x)} \circ g)'(x)$

(4) $y^*(g(x)) = 0$

を満たす $y^* \in F^*$ が存在する．

証明 最小化問題 (P) に関連して新たな等式制約をもつ最小化問題 (Q) を以下の手順で設定する．点 x を含む開集合 X' を

$$X' = X \cap \bigcap_{i \notin J(-g(x))} \{y \in X : b_i^*(g(y)) < 0\}$$

8.3 不等式制約下の理論

と定義する。そして，X' 上の等式制約

$$(P_{-g(x)} \circ g)(z) = 0$$

の下での最小化問題

(Q) $\quad \inf\{f(z) : z \in X', (P_{-g(x)} \circ g)(z) = 0\}$ を求めよ

を考える。$(P_{-g(x)} \circ g)'(x)$ が全射であるという制約想定より，定理 8.2.4 を適用でき

$$(f + \overline{z^*} \circ P_{-g(x)} \circ g)'(x) = 0$$

かつ，任意の $d \in \ker(P_{-g(x)} \circ g)'(x)$ について

$$(f + \overline{z^*} \circ P_{-g(x)} \circ g)''(x)(d)(d) \geq 0 \tag{8.3}$$

を満たすラグランジュ乗数 $\overline{z^*} \in M_{-g(x)}{}^*$ が存在する。(ここで $M_{-g(x)}{}^*$ は線形空間 $M_{-g(x)}$ の双対空間を表しており，その双対楔を表しているのではない。)

一方，定理 8.3.2 より

(1) $y^* \geq 0$

(2) $(f + y^* \circ g)'(x) = 0$

(4) $y^*(g(x)) = 0$

を満たす $y^* \in F^*$ が存在する。問題 (Q) によってえた $\overline{z^*}$ を利用して，この $y^* \in F^*$ が求めるものであることを以下に示す。

y^* の $M_{-g(x)}$ への制限を $\overline{y^*}$ とする。そして，$y^*(g(x)) = 0$ と $y^* \geq 0$ より y^* は $L_{-g(x)}$ 上で 0 であるので，$P_{-g(x)}{}^*(\overline{y^*}) = y^*$ が成立する。このことより，

$$\begin{aligned}(g'(x)^* \circ P_{-g(x)}{}^*)(\overline{y^*}) &= g'(x)^*(P_{-g(x)}{}^*(\overline{y^*})) \\ &= g'(x)^*(y^*) \\ &= (y^* \circ g)'(x)\end{aligned}$$

$$= -f'(x)$$
$$= \overline{z^*} \circ P_{-g(x)} \circ g'(x)$$
$$= (g'(x)^* \circ P_{-g(x)}{}^*)(\overline{z^*})$$

が成立する．制約想定から $g'(x)^* \circ P_{-g(x)}{}^*$ は単射なので，$\overline{y^*} = \overline{z^*}$ をえる．よって，

$$y^* = P_{-g(x)}{}^*(\overline{y^*}) = P_{-g(x)}{}^*(\overline{z^*}) = \overline{z^*} \circ P_{-g(x)}$$

が成立する．式 (8.3) より，任意の $d \in \ker(P_{-g(x)} \circ g)'(x)$ について

$$(f + y^* \circ g)''(x)(d)(d) \geq 0$$

が成立する．以上でこの y^* が求めるものであることが証明された．□

最大化問題 (P′) に関しても次の系 8.3.5 に示すように同様の結果をえる．

系 8.3.5 最大化問題 (P′) において $f \in C^2(X, R)$，$g \in C^2(X, F)$ であり，点 $x \in X$ が最大化問題 (P′) の局所最適解，即ち，極大点であるとする．そして制約想定として写像 g と点 $-g(x) \in F_+$ の補台射影 $P_{-g(x)}$ の合成写像の点 x における微分係数 $(P_{-g(x)} \circ g)'(x)$ が全射であることを仮定する．このとき，

(1) $y^* \geq 0$

(2) $(f - y^* \circ g)'(x) = 0$

(3) $(f - y^* \circ g)''(x)(d)(d) \leq 0, \quad d \in \ker(P_{-g(x)} \circ g)'(x)$

(4) $y^*(g(x)) = 0$

を満たす $y^* \in F^*$ が存在する．

不等式制約をもつ最適化問題の 2 階の十分条件を求めるにあたっていくつか準備をしておこう．$y^* \in F_+^*$ に対し，F の正錐 F_+ を生成する F の基底 $\{b_1, \ldots, b_m\}$ の添字集合 $\{1, \ldots, m\}$ の部分集合 $I(y^*)$ を $I(y^*) = \{i : y^*(b_i) > 0\}$ と定義する．そして $J(y^*) = \{1, \ldots, m\} \setminus I(y^*)$ とおく．F_+ の面

$F_{y^*} = K(\{b_i : i \in I(y^*)\})$ を y^* の台面ととよび，$F_{y^*}^{\perp} = K(\{b_j : j \in J(y^*)\})$ を y^* の補台面とよぶ．F_{y^*} より生成される F の線形部分空間を L_{y^*} と表しこれを y^* の台空間とよび，$F_{y^*}^{\perp}$ から生成される F の線形部分空間を M_{y^*} と表しこれを y^* の補台空間とよぶ．明らかに L_{y^*} と M_{y^*} は互いに F 内の補空間となっている．そして y^* の補台空間 M_{y^*} に沿った台空間 L_{y^*} の上への射影を y^* の台射影とよび Q_{y^*} と表す．Q_{y^*} の値域を F と解釈すると $Q_{y^*}{}^*(y^*) = y^*$ が成立し，任意の $y \in F$ について，$y^*(y) = 0$ かつ $y \leq 0$ ならば $Q_{y^*}(y) = 0$ が成立する．そして $Q_{y^*}(F_+) \subset F_+$ が成立する．これらの事実を次の定理 8.3.6 の証明の中で断りなしに用いる．

定理 8.3.6 最小化問題 (P) において $f \in C^2(X, R)$，$g \in C^2(X, F)$ であり，点 $x \in X$ は実行可能解とする．このとき，

(1) $y^* \geq 0$

(2) $(f + y^* \circ g)'(x) = 0$

(3) $(f + y^* \circ g)''(x)(d)(d) > 0 \quad d \in \ker(Q_{y^*} \circ g)'(x) \cap D_S(x),\, d \neq 0$

(4) $y^*(g(x)) = 0$

を満たす $y^* \in F^*$ が存在するならば，x は最小化問題 (P) の狭義の局所最適解，即ち，狭義の極小点である．

証明 点 x が狭義の局所最適解ではないとして矛盾を導く．このとき x に収束する x とは異なる実行可能解の列 $\{x_n\}$ が存在し，$f(x_n) \leq f(x)$ が成立している．E 上のノルムを1つとりそれを $\|\cdot\|$ とする．$d_n = (x_n - x)/\|x_n - x\|$，$\|x_n - x\| = \varepsilon_n$ とおくと $x_n = x + \varepsilon_n d_n$ が成立している．そして必要ならば部分列に移行することにより，$d \neq 0$ が存在し，

$$\lim_{n \to \infty} d_n = d, \quad \lim_{n \to \infty} \varepsilon_n = 0$$

が成立しているとしても一般性は失われない．

この d が実行可能領域 S の点 x における線形化楔 $D_S(x)$ に属することは定理 8.3.2 の証明と同様にして証明することができる．

f は x でフレッシェ微分可能であるので，

$$f'(x)(d) = \lim_{n\to\infty} \frac{f(x+\varepsilon_n d_n) - f(x)}{\varepsilon_n} = \lim_{n\to\infty} \frac{f(x_n) - f(x)}{\varepsilon_n} \leq 0$$

が成立する．一方，仮定より $y^*(g(x)) = 0$ なので $Q_{y^*}(g(x)) = 0$ が成立する．そして $g(x+\varepsilon_n d_n) = g(x_n) \leq 0$ が成立しているので

$$(Q_{y^*} \circ g)'(x)(d) = \lim_{n\to\infty} \frac{Q_{y^*}(g(x+\varepsilon_n d_n)) - Q_{y^*}(g(x))}{\varepsilon_n}$$
$$= \lim_{n\to\infty} \frac{Q_{y^*}(g(x+\varepsilon_n d_n))}{\varepsilon_n}$$
$$\leq 0$$

をえる．これらの不等式に 1 階の条件 (2) を考え合せると，

$$0 \leq -f'(x)(d) = y^*(g'(x)(d)) = Q_{y^*}{}^*(y^*)(g'(x)(d))$$
$$= y^*\left((Q_{y^*} \circ g)'(x)(d)\right) \leq 0$$

となり，$y^*((Q_{y^*} \circ g)'(x)(d)) = 0$ をえる．これと上の不等式より，

$$Q_{y^*}((Q_{y^*} \circ g)'(x)(d)) = 0$$

が成立するが，$Q_{y^*}{}^2 = Q_{y^*}$ が成立するので

$$(Q_{y^*} \circ g)'(x)(d) = 0$$

をえる．即ち，$d \in \ker(Q_{y^*} \circ g)'(x)$ が成立する．以上で $d \neq 0$ と $d \in \ker(Q_{y^*} \circ g)'(x) \cap D_S(x)$ を示せたので，y^* の性質 (3) より

$$(f + y^* \circ g)''(x)(d)(d) > 0$$

が成立する．

一方，y^* の性質 (2) と (4) に注意すると，補題 7.1.15 より各 n に対し以下の式が成立するような $\theta_n \in\,]0,1[$ が存在する．

$$0 \geq \frac{f(x+\varepsilon_n d_n) - f(x)}{\varepsilon_n^2}$$

$$\geq \frac{(f+y^*\circ g)(x+\varepsilon_n d_n) - (f+y^*\circ g)(x)}{\varepsilon_n^2}$$
$$= \frac{1}{2}(f+y^*\circ g)''(x+\theta_n\varepsilon_n d_n)(d_n)(d_n)$$

これより $(f+y^*\circ g)''(x)(d)(d) \leq 0$ をえて，矛盾が生じる。□

最大化問題 (P′) に関しても次の系 8.3.7 に示すように同様の結果をえる。

系 8.3.7 最大化問題 (P′) において $f \in C^2(X,R)$, $g \in C^2(X,F)$ であり，点 $x \in X$ は実行可能解とする。このとき，

(1) $y^* \geq 0$

(2) $(f - y^*\circ g)'(x) = 0$

(3) $(f - y^*\circ g)''(x)(d)(d) < 0$, $d \in \ker(Q_{y^*}\circ g)'(x) \cap D_S(x)$, $d \neq 0$

(4) $y^*(g(x)) = 0$

を満たす $y^* \in F^*$ が存在するならば，x は最大化問題 (P′) の狭義の局所最適解，即ち，狭義の極大点である。

第 9 章
可微分凸関数類

本章では開凸集合上で定義された微分可能凸関数の基本的性質を議論する。凸関数は代数的概念を使い定義されるが，微分可能性と深く関わっていることが明らかになる。その議論の進め方は主に参考文献 [14] を参考にした。そして，凸関数の拡張概念である準凸関数と擬凸関数についても議論する。

9.1 凸関数

本節では凸関数の基本的な性質を整理する。線形空間 E の凸部分集合 X 上で定義された実数値関数 $f: X \to R$ は

$$f((1-\lambda)x + \lambda y) \leq (1-\lambda)f(x) + \lambda f(y)$$

が任意の $x, y \in X$ と $\lambda \in\,]0,1[$ について成立するとき，**凸関数**であるという。非協力ゲームのナッシュ均衡の存在性を議論した際に第 6.2 節で凹関数を定義したが，f が凸関数であることと $-f$ が凹関数であることは同値である。凸関数であると同時に凹関数であるとき，第 5 章の話題の中心であったアフィン関数の概念と一致する。系 5.1.3 より一般にアフィン関数は連続であるが，凸関数は一般に連続とは限らない。しかし，開凸集合で定義された凸関数については通常の連続性より強い結果がえられる。

ここで R のノルムについて注意しておく。絶対値をとる関数 $|\cdot|$ は R 上の

ノルムであり，R 上の任意のノルム $\|\cdot\|$ について

$$\|x\| = \|1\| |x|$$

がすべての $x \in R$ について成立している．よって R 上のノルムは絶対値の正数倍として表現できる．従って，線形空間 E の部分集合 A 上で定義された R を値域とする関数 f がリプシッツ連続関数であるための必要十分条件は，E 上のノルム $\|\cdot\|$ が存在し，任意の $x, y \in A$ について

$$|f(x) - f(y)| \leq \|x - y\|$$

が成立することである．次の定理 9.1.1 は，凸関数は常に局所リプシッツ連続であることを主張している．

定理 9.1.1 線形空間 E の開凸部分集合 X 上で定義された凸関数 f は局所リプシッツ連続関数である．即ち，X の任意の点 x について，その X 内の近傍 U と E 上のノルム $\|\cdot\|$ が存在し，U 内の任意の 2 点 y, z に対し，

$$|f(y) - f(z)| \leq \|y - z\|$$

が成立する．

証明 凸関数 $g : X - x \to R$ を

$$g(w) = f(w + x) - f(x), \quad w \in X - x$$

と定義すると g が 0 で局所リプシッツ連続であることが証明されれば，f も x で局所リプシッツ連続であることが確認できる．従って，$0 \in X$ と $f(0) = 0$ を仮定して証明を進めても一般性は失われない．E の次元を m とする．

任意の $x \in X$ と $\lambda \in [0,1]$ について $f(\lambda x) \leq \lambda f(x)$ が成立することに注意すると，E の基底 $\{b_1, \ldots, b_m\}$ で，すべての $i = 1, \ldots, m$ について

$$\pm b_i \in X, \quad f(b_i), f(-b_i) \leq 1/4$$

を満たすものをとることができる．この基底の双対基底 $\{b_1^*, \ldots, b_m^*\}$ を使い E 上のノルム $\|\cdot\|$ を

$$\|x\| = \sum_{i=1}^{m} |b_i^*(x)|, \quad x \in E$$

9.1 凸関数

と定義する．このノルムに関する 0 を中心とする半径 1 の閉球を V とすると

$$V = \mathrm{co}\{b_1, \ldots, b_m, -b_1, \ldots, -b_m\}$$

が成立するので，V は 0 の対称凸近傍で $V \subset X$ を満たす．そして，任意の $w \in V$ について $f(w) \leq 1/4$ が成立することを以下のようにして確認できる．$w = 0$ のときは明らかなので $w \neq 0$ とする．

$$b_i' = \begin{cases} b_i & b_i^*(w) \geq 0 \\ -b_i & b_i^*(w) < 0 \end{cases}$$

と定義すると，

$$\begin{aligned}
f(w) &= f\left(\sum_{i=1}^m b_i^*(w) b_i\right) \\
&= f\left(\|w\| \sum_{i=1}^m \frac{|b_i^*(w)|}{\|w\|} b_i'\right) \\
&\leq \|w\| \sum_{i=1}^m \frac{|b_i^*(w)|}{\|w\|} f(b_i') \\
&\leq \frac{1}{4} \sum_{i=1}^m |b_i^*(w)| \\
&\leq \frac{1}{4}
\end{aligned}$$

をえる．

ノルム $\|\cdot\|$ に関する 0 を中心とし半径 $1/2$ の開球を U とすると，U も 0 の対称凸近傍で $U \subset V \subset X$ を満たす．U 内の任意の異なる 2 点を x, y とする．

$$z = x + \frac{x-y}{2\|x-y\|}$$

とおくと $z \in V$ である．そして

$$x = \frac{1}{1 + 2\|x-y\|} y + \frac{2\|x-y\|}{1 + 2\|x-y\|} z$$

と表現されるので，

$$f(x) \leq \frac{1}{1 + 2\|x-y\|} f(y) + \frac{2\|x-y\|}{1 + 2\|x-y\|} f(z)$$

が成立する。よって，$f(z), f(-y) \leq 1/4$ と $-f(y) \leq f(-y)$ に注意すると

$$f(x) - f(y) \leq \frac{2\|x-y\|}{1+2\|x-y\|} f(z) - \frac{2\|x-y\|}{1+2\|x-y\|} f(y)$$
$$\leq \frac{2\|x-y\|}{1+2\|x-y\|} (f(z) + f(-y))$$
$$\leq \frac{\|x-y\|}{1+2\|x-y\|}$$
$$\leq \|x-y\|$$

が成立する。この不等式で x と y を交換することにより $f(y) - f(x) \leq \|x-y\|$ が成立するので，総合して

$$|f(x) - f(y)| \leq \|x-y\|, \quad x, y \in U$$

をえる。□

E と F を線形空間とし X を E の開部分集合とする。第 7.1 節で方向微分の概念を導入したが，ここでは片側方向微分の概念を紹介する。写像 $f : X \to F$ と X の点 x を考える。$d \in E$ とする。$\tilde{c}_0$ に属す数列のうちすべての項が正であるものをすべて集めた集合を $\tilde{c}_0^+$ と表すことにする。任意の $\{\varepsilon_n\} \in \tilde{c}_0^+$ に対し共通の極限

$$f'_+(x)(d) = \lim_{n \to \infty} \frac{f(x + \varepsilon_n d) - f(x)}{\varepsilon_n}$$

が存在するとき，f は x において片側 d 方向微分可能であるという。そして，この極限を f の x における片側 d 方向微分係数とよぶ。f が x において d 方向微分可能であるための必要十分条件が，x において f が片側 d 方向微分可能かつ片側 $(-d)$ 方向微分可能であり，この 2 つの片側方向微分係数が一致することであることは容易に確認できる。f が x において方向微分可能であるとは，すべての $d \in E$ について f が x において d 方向微分可能であることをいう。f が x において片側方向微分可能であることも同様に定義される。

線形空間 E の開凸部分集合 X 上の凸関数全体の集合を $c(X)$ と表す。凸関数は必ずしも方向微分可能とは限らない。しかし，常に片側方向微分可能である。次の命題 9.1.2 でこの事実を証明すると共に，片側方向微分の基本的な性質を証明する。

命題 9.1.2 線形空間 E と E の開凸部分集合 X を考える。$f \in c(X)$ とする。このとき，任意の $x \in X$ と $d \in E$ について f は x において片側 d 方向微分可能であり，写像 $f'_+ : X \times E \to R$ は以下の性質をもっている。

(1) $x \pm d \in X$ を満たす任意の $(x, d) \in X \times E$ について

$$f(x) - f(x-d) \leq f'_+(x)(d) \leq f(x+d) - f(x)$$

が成立する。

(2) $f'_+(x) : E \to R$ は劣線形である。従って，$f'_+(x)$ は連続である。

(3) $f'_+ : X \times E \to R$ は上半連続である。

(4) $(x, d) \in X \times E$ について，以下の主張は同値である。

  (a) f は x において d 方向微分可能である。
  (b) $f'_+(x)(d) = -f'_+(x)(-d)$ が成立する。

この場合，関数 $f'_+(\cdot)(d) : X \to R$ は x において連続であり

$$f'_\pm(x)(d) = f'_+(x)(d) = -f'_+(x)(-d)$$

が成立する。

(5) $\lambda < \mu$ かつ $x + \lambda d, x + \mu d \in X$ ならば，

$$f'_+(x + \lambda d)(d) \leq -f'_+(x + \mu d)(-d)$$

が成立する。

証明 $I = \{\lambda \in R : x + \lambda d \in X\}$ とおくと，I は無限区間の可能性も含めて開区間である。開区間 I 上の関数 $\varphi : I \to R$ を

$$\varphi(\lambda) = f(x + \lambda d), \quad \lambda \in I$$

と定義すると，この φ は凸関数である。$\varepsilon'' < 0 < \varepsilon < \varepsilon'$ を満たす実数 $\varepsilon, \varepsilon', \varepsilon'' \in I$ を考える。φ の平均変化率の間の大小関係

$$\frac{\varphi(\varepsilon'') - \varphi(0)}{\varepsilon''} \leq \frac{\varphi(\varepsilon) - \varphi(0)}{\varepsilon} \leq \frac{\varphi(\varepsilon') - \varphi(0)}{\varepsilon'}$$

第 9 章 可微分凸関数類

が成立するが，この不等式を f で書き換えると

$$\frac{f(x+\varepsilon''d) - f(x)}{\varepsilon''} \leq \frac{f(x+\varepsilon d) - f(x)}{\varepsilon} \leq \frac{f(x+\varepsilon'd) - f(x)}{\varepsilon'}$$

をえる。従って，

$$\inf_{\varepsilon>0} \frac{f(x+\varepsilon d) - f(x)}{\varepsilon}$$

は有限値として定まる。このことより f は片側 d 方向微分可能であり

$$f'_+(x)(d) = \inf_{\varepsilon>0} \frac{f(x+\varepsilon d) - f(x)}{\varepsilon}$$

が成立することが分る。

(1) 上記不等式で $\varepsilon'' = -1$ とすると

$$f(x) - f(x-d) \leq \frac{f(x+\varepsilon d) - f(x)}{\varepsilon}$$

が十分小さい $\varepsilon > 0$ について成立するので直前の等式より $f(x) - f(x-d) \leq f'_+(x)(d)$ をえる。また直前の等式で $\varepsilon = 1$ を考えれば $f'_+(x)(d) \leq f(x+d) - f(x)$ をえる。

(2) 任意の十分小さい $\varepsilon > 0$ と $d_1, d_2 \in E$ について

$$\frac{f(x+\varepsilon(d_1+d_2)) - f(x)}{\varepsilon}$$
$$= \frac{1}{\varepsilon}\left(f\left(\frac{x+2\varepsilon d_1}{2} + \frac{x+2\varepsilon d_2}{2}\right) - f(x)\right)$$
$$\leq \frac{f(x+2\varepsilon d_1) + f(x+2\varepsilon d_2) - 2f(x)}{2\varepsilon}$$
$$= \frac{f(x+(2\varepsilon)d_1) - f(x)}{2\varepsilon} + \frac{f(x+(2\varepsilon)d_2) - f(x)}{2\varepsilon}$$

が成立することに注意する。$f'_+(x)(d_1) + f'_+(x)(d_2) < f'_+(x)(d_1+d_2)$ が成立すると仮定すると，

$$\frac{f(x+(2\varepsilon)d_1) - f(x)}{2\varepsilon} + \frac{f(x+(2\varepsilon)d_2) - f(x)}{2\varepsilon} < f'_+(x)(d_1+d_2)$$

を満たす $\varepsilon > 0$ が存在する。この ε について

$$\frac{f(x+\varepsilon(d_1+d_2)) - f(x)}{\varepsilon} < f'_+(x)(d_1+d_2)$$

となるので $f'_+(x)(d_1+d_2) < f'_+(x)(d_1+d_2)$ をえて矛盾が生じる. 従って, $f'_+(x)(d_1+d_2) \leq f'_+(x)(d_1) + f'_+(x)(d_2)$ が成立する. また任意の $\lambda > 0$ と $d \in E$ と十分小さい $\varepsilon > 0$ について

$$\frac{f(x+\varepsilon(\lambda x)) - f(x)}{\varepsilon} = \lambda \frac{f(x+(\lambda \varepsilon)d) - f(x)}{\lambda \varepsilon}$$

が成立するので $f'_+(x)(\lambda d) = \lambda f'_+(x)(d)$ をえる. $f'_+(x)(0) = 0$ は明らかなので以上を総合して $f'_+(x)$ は劣線形であることが確認できた.

$f'_+(x)$ が連続であることは定理 1.3.2 あるいは定理 9.1.1 より保証される.

(3) $x \in X$ と $d \in E$ を任意にとり, $\{x_n\} \in c(x,X)$ と $\{d_n\} \in c(d,E)$ を任意にとる. さらに $f'_+(x)(d) < \alpha$ である $\alpha \in R$ を任意にとる. このとき

$$\frac{f(x+\varepsilon_0 d) - f(x)}{\varepsilon_0} < \alpha$$

を満たす $\varepsilon_0 > 0$ が存在するが, 定理 9.1.1 より f は連続なので, 十分大きいすべての n について

$$f'_+(x_n)(d_n) \leq \frac{f(x_n + \varepsilon_0 d_n) - f(x_n)}{\varepsilon_0} < \alpha$$

が成立する. これより $\limsup_{n \to \infty} f'_+(x_n)(d_n) \leq \alpha$ が成立し, $\limsup_{n \to \infty} f'_+(x_n)(d_n) \leq f'_+(x)(d)$ をえて, f'_+ の上半連続性が証明された.

(4) (4a) と (4b) が同値であることは, すべての n について $\varepsilon_n < 0$ を満たす任意の $\{\varepsilon_n\} \in \tilde{c}_0$ について

$$\lim_{n \to \infty} \frac{f(x+\varepsilon_n d) - f(x)}{\varepsilon_n}$$
$$= -\lim_{n \to \infty} \frac{f(x+(-\varepsilon_n)(-d)) - f(x)}{-\varepsilon_n}$$
$$= -f'_+(x)(-d)$$

が成立することに注意すれば明らかである. そしてこの場合 $f'_\pm(x)(d) = f'_+(x)(d) = -f'_+(x)(-d)$ が成立することも明らかである.

(4b) が成立していると仮定して $f'_+(\cdot)(d)$ の連続性を導く．上の (3) より $f'_+(\cdot)(d)$ が x で下半連続であることを見ればよいがそれは $\{x_n\} \in c(x, X)$ として以下の一連の式から確認できる．

$$\liminf_{n\to\infty} f'_+(x_n)(d) \geq \liminf_{n\to\infty}(-f'_+(x_n)(-d))$$
$$= -\limsup_{n\to\infty} f'_+(x_n)(-d)$$
$$\geq -f'_+(x)(-d)$$
$$= f'_+(x)(d)$$

最初の行の不等号は $f'_+(x_n)$ の劣線形性を，下から 2 行目の不等号は $f'_+(\cdot)(-d)$ の上半連続性を，最終行の等号は仮定 (4b) を適用している．

(5) $\lambda + \varepsilon < \mu - \varepsilon'$ を満たす任意の $\varepsilon, \varepsilon' > 0$ を考える．凸関数 φ の平均変化率の関係より

$$\frac{\varphi(\lambda+\varepsilon)-\varphi(\lambda)}{\varepsilon} \leq \frac{\varphi(\mu)-\varphi(\mu-\varepsilon')}{\varepsilon'}$$

が成立する．この不等式を f に書き換えると，

$$\frac{f((x+\lambda d)+\varepsilon d)-f(x+\lambda d)}{\varepsilon}$$
$$\leq -\frac{f((x+\mu d)+\varepsilon'(-d))-f(x+\mu d)}{\varepsilon'}$$

をえる．よって

$$\inf_{\varepsilon>0} \frac{f((x+\lambda d)+\varepsilon d)-f(x+\lambda d)}{\varepsilon}$$
$$\leq \sup_{\varepsilon'>0}\left[-\frac{f((x+\mu d)+\varepsilon'(-d))-f(x+\mu d)}{\varepsilon'}\right]$$
$$= -\inf_{\varepsilon'>0} \frac{f((x+\mu d)+\varepsilon'(-d))-f(x+\mu d)}{\varepsilon'}$$

が成立するので，これより

$$f'_+(x+\lambda d)(d) \leq -f'_+(x+\mu d)(-d)$$

をえる．

□

9.1 凸関数

線形空間 E のある基底 $\{b_1, \ldots, b_m\}$ が存在しすべての $i = 1, \ldots, m$ に対し f は x において b_i 方向微分可能であるとき f は x において**基底方向微分可能**であるという。次の定理 9.1.3 は，凸関数に限れば基底方向微分可能性から自然にフレッシェ微分可能性が演繹されることを明らかにしている。

定理 9.1.3 線形空間 E とその開部分集合 X を考え $f \in c(X)$, $x \in X$ とする。このとき以下の主張は互いに同値である。

(1) f は x において基底方向微分可能である。

(2) f は x において方向微分可能である。

(3) f は x においてガトー微分可能である。

(4) f は x においてフレッシェ微分可能である。

この場合 $f'(x) = f'_+(x)$ が成立する。

証明 (1) $\Rightarrow$ (2) E のある基底 $\{b_1, \ldots, b_m\}$ が存在しすべての $i = 1, \ldots, m$ に対し f は x において b_i 方向微分可能であるとする。任意の $d \in E$ をとる。$I = \{i : b_i^*(d) \geq 0\}$, $J = \{j : b_j^*(d) < 0\}$ とおくと，命題 9.1.2(2), (4) より以下の不等式が成立する。

$$f'_+(x)(-d) = f'_+(x)\left(\sum_{i \in I} b_i^*(d)(-b_i) + \sum_{j \in J}(-b_j^*(d))b_j\right)$$

$$\leq \sum_{i \in I} b_i^*(d) f'_+(x)(-b_i) + \sum_{j \in J}(-b_j^*(d)) f'_+(x)(b_j)$$

$$= -\sum_{i \in I} b_i^*(d) f'_+(x)(b_i) - \sum_{j \in J}(-b_j^*(d)) f'_+(x)(-b_j)$$

$$\leq -f'_+(x)\left(\sum_{i \in I} b_i^*(d)(b_i) + \sum_{j \in J}(-b_j^*(d))(-b_j)\right)$$

$$= -f'_+(x)(d)$$

さらに，逆向きの不等式が成立するのは $f'_+(x)$ の劣線形性より明らかなので，$f'_+(x)(-d) = -f'_+(x)(d)$ が成立し，命題 9.1.2(4) より f は x において d 方向微分可能である。d は任意であったので f は x において方向微分可能である。

(2) ⇒ (3) 命題 9.1.2(2) より $f'_\pm(x)$ は E 上の劣線形汎関数であり，命題 9.1.2(4) より，任意の $d \in E$ について，$f'_\pm(x)(d) = -f'_\pm(x)(-d)$ が成立する。従って，命題 1.3.6 より $f'_\pm(x)$ は E 上の線形汎関数となり，f は x においてガトー微分可能である。

(3) ⇒ (4) 定理 9.1.1 と定理 7.1.6 より明らかである。

(4) ⇒ (1) 明らかである。 □

ベール空間の復習をここでしておこう。位相空間 X の部分集合はその閉包の内部が空集合であるとき到る所で稠密ではないという。可算個の到る所で稠密ではない集合の和集合として表される集合を痩せた集合という。位相空間はその任意の非空開集合が痩せた集合ではないときベール空間という。次の定理 9.1.4 が示すように，本書が考察対象としている有限次元線形空間はベール空間である。

定理 9.1.4 線形空間の非空開部分集合 X は痩せた集合ではなく，X の境界 $\operatorname{bd} X$ は到る所で稠密ではない。

証明 X が痩せた集合であると仮定して矛盾を導く。集合列 $\{A_n\}$ は，$X = \bigcup_{n=1}^\infty A_n$ を満たし，各 A_n が到る所で稠密ではないものとする。もし $\operatorname{cl} A_1 \supset X$ とすると $\operatorname{int}(\operatorname{cl} A_1) \supset X$ となり A_1 が到る所で稠密ではないことに矛盾するので，$U_1 = X \setminus (\operatorname{cl} A_1)$ は非空開集合である。よって，系 1.1.5 より $K_1 \subset U_1$ かつ $\operatorname{int} K_1 \neq \emptyset$ を満たすコンパクト集合 K_1 が存在する。そして，A_2 は到る所で稠密ではないので，$U_2 = (\operatorname{int} K_1) \setminus (\operatorname{cl} A_2)$ は非空開集合である。よって，$K_2 \subset U_2$ かつ $\operatorname{int} K_2 \neq \emptyset$ を満たすコンパクト集合 K_2 が存在する。この過程を繰り返すことによりコンパクト集合の減少列 $\{K_n\}$ をえる。この減少列は明らかに有限交叉性をもつので，その交わり $X_0 = \bigcap_{n=1}^\infty K_n$ は空ではない。しかし，$X_0 \cap \bigcup_{n=1}^\infty A_n = \emptyset$ が成立するので $X = \bigcup_{n=1}^\infty A_n$ に矛盾する。

次に $\operatorname{bd} X$ が到る所で稠密ではないことを示す。もし $V = \operatorname{int}(\operatorname{bd} X)$ に属する点 x が存在したとすると，V は x の近傍で $x \in \operatorname{bd} X$ なので $V \cap X \neq \emptyset$ が成立する。点 $y \in V \cap X$ をひとつとる。$y \in \operatorname{bd} X$ なので $y \in \operatorname{cl}(X^c) = X^c$ が成立するが，これより $y \in X \cap X^c$ が結論され矛盾が生じる。 □

9.1 凸関数

命題 9.1.5 線形空間の開部分集合 X と，X の開部分集合列 $\{X_n\}$ を考える．各 X_n が X で稠密であるならば，$\bigcap_{n=1}^{\infty} X_n$ も X で稠密である．

証明 $\bigcap_{n=1}^{\infty} X_n$ が X で稠密でないと仮定して矛盾を導く．

$$U = X \setminus \mathrm{cl}\left(\bigcap_{n=1}^{\infty} X_n\right)$$

とおくと U は非空開集合である．そして，

$$U \subset X \setminus \bigcap_{n=1}^{\infty} X_n = \bigcup_{n=1}^{\infty} (X \setminus X_n)$$

が成立する．さらに，

$$X \setminus X_n \subset \mathrm{cl}\, X \setminus X_n = \mathrm{cl}\, X_n \setminus X_n = \mathrm{bd}\, X_n$$

と定理 9.1.4 の後半の主張より $X \setminus X_n$ は到る所で稠密ではないので，U は痩せた集合である．しかし，これは定理 9.1.4 の前半の主張に矛盾する．□

位相空間において可算個の開集合の共通部分として表すことのできる集合を G_δ 集合とよぶ．位相空間の部分集合 A が稠密な G_δ 部分集合 B をもつとすると，$A \setminus B$ は痩せた集合である．この事実は命題 9.1.5 の証明を参考にすれば容易に確認することができる．$A \setminus B$ が痩せた集合であることをもって，位相的に A のほとんどすべての点が B に属していると解釈する．次の定理 9.1.6 は，1 つの方向を固定したとき，凸関数はその定義域のほとんどすべての点でその方向に方向微分可能であることを主張している．

定理 9.1.6 線形空間 E とその開凸部分集合 X を考え，$f \in c(X)$, $d \in E$ とする．このとき，f が d 方向微分可能な X の点の集合は X の稠密な G_δ 部分集合である．さらに，この集合上で $f'_\pm(\cdot)(d)$ は連続である．

証明 f が d 方向微分可能な X の点の集合を D とする．$d = 0$ の場合には，$D = X$ と $f'_\pm(\cdot)(d) = 0$ が成立するので定理の主張は明らかに成立する．よって，$d \neq 0$ とする．命題 9.1.2(4) より

$$D = \{x \in X : f'_+(x)(d) = -f'_+(x)(-d)\}$$

が成立している.

$$h(x) = f'_+(x)(d) + f'_+(x)(-d), \quad x \in X$$

とおくと,命題 9.1.2(3) より h は上半連続であり $D = \{x \in X : h(x) = 0\}$ である.自然数 k に対し,$D_k = \{x \in X : h(x) < 1/k\}$ とおくと,D_k は開集合で $D = \bigcap_{k=1}^{\infty} D_k$ が成立することは明らかである.あとは D が X で稠密であることを示せばよいが,命題 9.1.5 よりすべての k に対し D_k が X で稠密であることを示せば十分である.もしある k で D_k が稠密ではないものがあったとすると,$x_0 \in X$ と $x_0 + U \subset X$ を満たす E の原点の凸近傍 U が存在し $(x_0 + U) \cap D_k = \emptyset$ が成立している.十分小さい $\varepsilon > 0$ をとれば $x_0 + \varepsilon d \in x_0 + U$ が成立するので $[x_0, x_0 + \varepsilon d] \subset x_0 + U$ をえる.よって $[x_0, x_0 + \varepsilon d] \cap D_k = \emptyset$,即ち,任意の $x \in [x_0, x_0 + \varepsilon d]$ に対し $h(x) \geq 1/k$ が成立している.線分 $[x_0, x_0 + \varepsilon d]$ を n 等分する点を $x_0, x_1, \ldots, x_n$ とする.即ち,$x_i = x_0 + (i\varepsilon/n)d$, $i = 1, 2, \ldots, n$ とおく.各点 x_i において,

$$-f'_+(x_i)(-d) + \frac{1}{k} \leq f'_+(x_i)(d)$$

が成立しているので,命題 9.1.2(5) より

$$\begin{aligned} f'_+(x_i)(d) - f'_+(x_{i-1})(d) &\geq -f'_+(x_i)(-d) + \frac{1}{k} - f'_+(x_{i-1})(d) \\ &\geq f'_+(x_{i-1})(d) + \frac{1}{k} - f'_+(x_{i-1})(d) \\ &= \frac{1}{k} \end{aligned}$$

がすべての $i = 1, \ldots, n$ について成立する.これより,

$$f'_+(x_0 + \varepsilon d)(d) - f'_+(x_0)(d) \geq \frac{n}{k}$$

をえるが,n は任意であるので矛盾が生じている.よって,すべての k について D_k は X において稠密であり,$D = \bigcap_{k=1}^{\infty} D_k$ は X で稠密な G_δ 集合である.さらに命題 9.1.2(4) より,$f'_+(\cdot)(d)$ は X 上で連続である.そして,$f'_\pm(\cdot)(d)$ は $f'_+(\cdot)(d)$ の D への制限に等しいので D 上で連続である.□

次の定理 9.1.7 は,定理 9.1.6 の結果を強め,凸関数はその定義域のほとんどすべての点でフレッシェ微分可能であり,その導関数が連続であることを主張している.

定理 9.1.7 線形空間 E と E の開凸部分集合 X を考える。$f \in c(X)$ とし，f がフレッシェ微分可能な X の点の集合を D とする。このとき，D は X の稠密な G_δ 部分集合であり，f の導関数 $f': D \to L(E, R)$ は D 上で連続である。

証明 $\{b_1, \ldots, b_m\}$ を E の基底とする。定理 9.1.6 より各 $i = 1, \ldots, m$ について f が b_i 方向微分可能な点の集合を D_i とすると，これらは X で稠密な G_δ 集合である。$D = \bigcap_{i=1}^m D_i$ とおくと D が G_δ 集合であることは明らかである。また，命題 9.1.5 より D は X で稠密である。そして定理 9.1.3 より D は f がフレッシェ微分可能な点の集合と一致する。そして $f'(x)(d) = f'_\pm(x)(d)$ が任意の $x \in D$ と $d \in E$ について成立するので，定理 9.1.6 より任意の $d \in E$ について $f'(\cdot)(d)$ は D 上で連続である。これは f' が D から $L(E, R)$ への写像として連続であることと同値であるので証明が完了する。□

定理 9.1.7 より次の系 9.1.8 をえる。

系 9.1.8 線形空間の開凸集合で定義された基底方向微分可能凸関数は C^1 級である。

証明 基底方向微分可能凸関数は定理 9.1.3 よりフレッシェ微分可能である。よって定理 9.1.7 より導関数 f' は連続である。□

以後しばらくは開凸集合で定義された微分可能凸関数の基本性質を調べていく。ここで「微分可能」という言葉を使ったが，定理 7.2.1 を考慮すると，基底方向微分可能，方向微分可能，ガトー微分可能，フレッシェ微分可能，連続微分可能という概念が凸関数に関してはすべて同値な概念であることを系 9.1.8 は主張している。従って，開凸集合で定義された凸関数に関してはただ 1 つの微分可能性について言及することになる。このため，単に微分可能という語を使用する。開凸集合 X で定義された凸関数 f が微分可能である場合，$f \in c(X) \cap D_g(X, R)$ の様にガトー微分の記号を用いて記述することにする。

凸関数の条件を若干強めた概念を導入しよう。線形空間 E の凸部分集合 X 上で定義された実数値関数 $f: X \to E$ は

$$f((1-\lambda)x + \lambda y) < (1-\lambda)f(x) + \lambda f(y)$$

が任意の $x, y \in X$ と $\lambda \in \,]0, 1[$ について成立するとき，**狭義凸関数**であるという。E の開凸部分集合 X 上で定義された狭義凸関数全体の集合を $sc(X)$ と表す。

次の定理 9.1.9 は関数の凸性を微分概念を使い特徴付けている。

定理 9.1.9 線形空間 E とその開凸部分集合 X と X で定義された実数値関数 $f : X \to R$ を考える。このとき以下の主張が成立する。

(1) X の点 x_0 について $f \in c(X) \cap D_g(x_0, R)$ ならば，すべての $x \in X$ について
$$f'(x_0)(x - x_0) \leq f(x) - f(x_0)$$
が成立する。

(2) $f \in D_g(X, R)$ であるとき，$f \in c(X)$ であるための必要十分条件はすべての $x, y \in X$ について
$$f'(x)(y - x) \leq f(y) - f(x)$$
が成立することである。

(3) $f \in D_g(X, R)$ であるとき，$f \in sc(X)$ であるための必要十分条件は $x \neq y$ なるすべての $x, y \in X$ について
$$f'(x)(y - x) < f(y) - f(x)$$
が成立することである。

証明

(1) 命題 9.1.2(1) より明らかである。

(2) 必要性は (1) より明らかなので十分性を証明する。任意の $\lambda \in \,]0, 1[$ について，$z = (1 - \lambda)x + \lambda y$ とおくと，
$$f(z) = f(z) + f'(z)((1 - \lambda)(x - z) + \lambda(y - z))$$
$$= (1 - \lambda)(f(z) + f'(z)(x - z)) + \lambda(f(z) + f'(z)(y - z))$$

$$\leq (1-\lambda)f(x) + \lambda f(y)$$

となり f の凸性が証明される。

(3) 十分性は上記の (2) の証明と同様であるので必要性のみを以下に示す。結論を否定して，X 内に異なる 2 点 x, y が存在し

$$f'(x)(y-x) \geq f(y) - f(x)$$

が成立していると仮定する。このとき

$$\begin{aligned} f\left(\frac{x+y}{2}\right) &\leq \frac{1}{2}(f(x)+f(y)) \\ &\leq \frac{1}{2}(f(x)+f(x)+f'(x)(y-x)) \\ &= f(x) + f'(x)\left(\frac{y-x}{2}\right) \\ &= f(x) + f'(x)\left(\frac{x+y}{2}-x\right) \\ &\leq f\left(\frac{x+y}{2}\right) \end{aligned}$$

をえる。これより

$$f\left(\frac{x+y}{2}\right) = \frac{1}{2}(f(x)+f(y))$$

をえるが，これは f の狭義凸性に矛盾する。

□

定理 9.1.9 を適用することにより，次の定理 9.1.10 に示すように凸関数に関する最適性の必要十分条件をえる。

定理 9.1.10 線形空間 E と E の開凸部分集合 X と点 $x \in X$ について，$f \in c(X) \cap D_g(x,R)$ とする。このとき点 x が f の最小点であるための必要十分条件は $f'(x) = 0$ である。さらに，$f \in sc(X)$ であるならば，f の最小点は高々1 点である。

証明　必要性は定理 8.1.1 より明らかであり十分性は定理 9.1.9(1) より明らかである。また狭義凸性に関する主張は定理 9.1.9(3) より明らかである。□

X を線形空間 E の部分集合とする。写像 $g : X \to E^*$ は，任意の $x, y \in X$ について
$$(g(x) - g(y))(x - y) \geq 0$$
が成立するとき単調写像であるという。そして相異なる任意の $x, y \in X$ について
$$(g(x) - g(y))(x - y) > 0$$
が成立するとき狭義単調写像であるという。

次の定理 9.1.11 は関数の凸性とその導関数の単調性との深い関わりを明らかにしている。

定理 9.1.11 線形空間 E と E の開凸部分集合 X について，$f \in D_g(X, R)$ とする。このとき f が凸関数であるための必要十分条件はその導関数 $f' : X \to E^*$ が単調写像であることである。また，f が狭義凸関数であるための必要十分条件は f' が狭義単調写像であることである。

証明　必要性。定理 9.1.9(2) より，任意の $x, y \in X$ に対し，
$$f'(x)(y - x) \leq f(y) - f(x)$$
$$f'(y)(x - y) \leq f(x) - f(y)$$
が成立するが，これらの辺々を足すことにより
$$(f'(x) - f'(y))(y - x) \leq 0$$
をえる。これより f' は単調写像である。

十分性。補題 7.1.14 より，十分小さい $\delta > 0$ に対し関数 $\varphi : \,]-\delta, 1 + \delta[\, \to R$ を $\varphi(\lambda) = f((1 - \lambda)x + \lambda y)$ と定義すると，
$$\frac{d\varphi}{d\lambda}(\lambda) = f'((1 - \lambda)x + \lambda y)(y - x)$$

が成立する。$0 \leq \lambda < \mu \leq 1$ なる実数 λ と μ について $u = (1-\lambda)x + \lambda y$, $v = (1-\mu)x + \mu y$ と定義すると，$v - u = (\mu - \lambda)(y - x)$ が成立している。

$$0 \leq (f'(v) - f'(u))(v - u) = (\mu - \lambda)(f'(v) - f'(u))(y - x)$$

より，$f'(u)(y-x) \leq f'(v)(y-x)$ が成立するので，$\varphi'(\lambda) \leq \varphi'(\mu)$ をえる。従って，φ は凸関数である。よって

$$f((1-\lambda)x + \lambda y) = \varphi(\lambda) \leq (1-\lambda)\varphi(0) + \lambda\varphi(1) = (1-\lambda)f(x) + \lambda f(y)$$

をえて，f が凸関数であることを示せた。f が狭義凸の場合も同様にして示すことができる。□

次の定理 9.1.12 は凸関数であるための 2 階の条件を明らかにしている。

定理 9.1.12 線形空間 E と E の開凸部分集合 X を考え，$f \in C^2(X, R)$ とする。このとき，$f \in c(X)$ であるための必要十分条件は，すべての $x \in X$ について $f''(x)$ が非負定値であることである。また，すべての x について $f''(x)$ が正定値であれば $f \in sc(X)$ である。

証明 X の任意の異なる 2 点 x, y に対し，十分小さい $\delta > 0$ をとり，$\varphi :]-\delta, 1+\delta[\to R$ を

$$\varphi(\lambda) = f((1-\lambda)x + \lambda y), \quad \lambda \in]-\delta, 1+\delta[$$

と定義すると，f が凸関数であることと X の任意の異なる 2 点から定義される上記の φ が凸関数となることが同値である。そして補題 7.1.14 より，

$$\frac{d^2\varphi}{d\lambda^2}(\lambda) = f''((1-\lambda)x + \lambda y)(y-x)(y-x)$$

が成立する。

$f''(x)$ がすべての $x \in X$ について非負定値であれば $(d^2\varphi/d\lambda^2)(\lambda) \geq 0$ がすべての $\lambda \in]0, 1[$ について成立する。よって，φ が凸関数であり，f が凸関数であることが証明される。

逆に f が凸関数であると仮定する。X の任意の点 z と 0 ではない $d \in E$ をとる。X が開集合であることより $z = (x+y)/2$ かつ $y - x = \alpha d$ となる X

の異なる2点x,yと実数$\alpha \neq 0$が存在する。このxとyについて上記の関数φを考えるとφは凸関数であり，$(d^2\varphi/d\lambda^2)(1/2) \geq 0$が成立する。よって

$$0 \leq \frac{d^2\varphi}{d\lambda^2}\left(\frac{1}{2}\right) = f''(z)(\alpha d)(\alpha d) = \alpha^2 f''(z)(d)(d)$$

が成立する。$d \neq 0$は任意であったので$f''(z)$は非負定値である。

次にすべての$x \in X$に対し$f''(x)$が正定値であると仮定する。任意の異なるXの2点x,yをとり上記の関数φを考える。このとき平均値の定理より，

$$\frac{d\varphi}{d\lambda}(1) - \frac{d\varphi}{d\lambda}(0) = \frac{d^2\varphi}{d\lambda^2}(\theta)$$

となる$\theta \in]0,1[$が存在する。これより

$$f'(y)(y-x) - f'(x)(y-x) = \frac{d^2\varphi}{d\lambda^2}(\theta) = f''((1-\theta)x + \theta y)(y-x)(y-x) > 0$$

が成立する。これはf'が狭義単調写像であることを示しているので，定理9.1.11よりfは狭義凸関数である。□

定理9.1.7によると開凸集合上で定義された凸関数は大部分の点で微分可能であるが微分可能ではない点も存在する可能性がある。このような点まで含めて定義域全体で定義可能な微分概念が劣微分である。これまでの議論で重要な役割をはたしてきた片側方向微分が再び活躍する。

fを開凸集合X上で定義された凸関数とする。即ち，$f \in c(X)$とする。そしてxをXの任意の点とする。fのxにおける**劣微分係数** $\partial f(x)$を

$$\partial f(x) = \{x^* \in E^* : x^*(d) \leq f'_+(x)(d),\ d \in E\}$$

と定義する。∂fは各xに対しE^*の部分集合を対応させる写像である。次の定理9.1.13で示すように$\partial f(x)$は非空であるので，$\partial f : X \twoheadrightarrow E^*$は**多価写像**である。$\partial f$のことを$f$の**劣導関数**といい，$\partial f(x)$に属する点$x^*$を$f$の$x$における**劣勾配**という。

次の定理9.1.13は片側微分係数と劣微分係数の関係を明らかにしており，定理9.1.13に現れる等式を最大値公式とよぶことがある。

定理 9.1.13 線形空間 E の開凸部分集合 X について, $x \in X$, $f \in c(X)$ とする. f の x における劣微分係数 $\partial f(x)$ は E^* の非空コンパクト凸部分集合であり,

$$f'_+(x)(d) = \max\{x^*(d) : x^* \in \partial f(x)\}, \quad d \in E$$

が成立する.

証明 $d \in E$ を任意にとる. $f'_+(x)$ は命題 9.1.2(2) より劣線形である. 定理 2.1.1 より

$$x^*(d) = f'_+(x)(d), \quad x^* \leq f'_+(x)$$

を満たす $x^* \in E^*$ が存在するので, $\partial f(x)$ は非空であり, 最大値公式

$$f'_+(x)(d) = \max\{x^*(d) : x^* \in \partial f(x)\}, \quad d \in E$$

が成立する. $f'_+(x)$ の劣線形性より

$$\partial f(x) = \{x^* \in E^* : -f'_+(x)(-d) \leq x^*(d) \leq f'_+(x)(d), d \in E\}$$

が成立する. 写像 $x^* \mapsto x^*(d)$ が E^* 上の線形汎関数であるので $\partial f(x)$ は閉凸集合であり, 命題 1.4.2(4) に注意するとそれは有界であるので, 定理 1.4.4 によりコンパクトである. □

次の定理 9.1.14 は劣勾配の特徴付けを与える.

定理 9.1.14 線形空間 E と E の開凸部分集合 X について $f \in c(X)$ とする. このとき, $x^* \in \partial f(x)$ であるための必要十分条件は, 任意の $y \in X$ について,

$$x^*(y - x) \leq f(y) - f(x)$$

が成立することである. また, f が $x \in X$ で微分可能であるための必要十分条件は $\partial f(x)$ が 1 点集合であることである. この場合

$$\partial f(x) = \{f'(x)\}$$

が成立する.

証明 $x^* \in \partial f(x)$ とする。任意の $y \in X$ に対し，命題 9.1.2(1) において $d = y - x$ とおくと，

$$x^*(y-x) \leq f'_+(x)(y-x) \leq f(y) - f(x)$$

をえる。

逆に任意の $y \in X$ に対し $x^*(y-x) \leq f(y) - f(x)$ が成立すると仮定する。$d \in E$ を任意にとる。十分小さいすべての $\varepsilon > 0$ に対し $x + \varepsilon d \in X$ が成立するので仮定より $x^*(\varepsilon d) \leq f(x + \varepsilon d) - f(x)$ が成立する。よって $x^*(d) \leq (f(x + \varepsilon d) - f(x))/\varepsilon$ がえられ，

$$f'_+(x)(d) = \inf_{\varepsilon > 0} \frac{f(x + \varepsilon d) - f(x)}{\varepsilon}$$

が成立しているので，$x^*(d) \leq f'_+(x)(d)$ をえて第 1 の主張の証明が完了する。

f が x で微分可能であると仮定し，$x^* \in \partial f(x)$ とする。任意の $d \in E$ について

$$x^*(d) \leq f'(x)(d) = -f'(x)(-d) \leq -x^*(-d) = x^*(d)$$

が成立するので，$x^* = f'(x)$ となり，$\partial f(x)$ は 1 点集合 $\{f'(x)\}$ である。逆に $\partial f(x)$ は 1 点集合 $\{x^*\}$ とする。定理 9.1.13 より $f'_+(x) = x^*$ が成立するので，$f'_+(x)$ は線形汎関数である。よって，命題 9.1.2(4) より，f は x において方向微分可能である。従って，定理 9.1.3 より f は x において微分可能である。□

定理 9.1.14 より微分可能とは限らない凸関数の劣導関数を使った最適性の 1 階の条件をえる。

系 9.1.15 線形空間 E と E の開凸部分集合 X について $f \in c(X)$ とする。このとき，点 $x \in X$ が f の最小点であるための必要十分条件は $0 \in \partial f(x)$ である。

定理 9.1.11 で示したように，凸関数 f が微分可能であるときその導関数 f' は単調写像であった。この事実に対応する劣導関数の性質を証明する。劣導関数は一般には多価写像であるので，まず多価写像の単調性を定義してお

く。X を線形空間 E の部分集合とする. 多価写像 $A: X \twoheadrightarrow E^*$ は任意の $(x, x^*), (y, y^*) \in \mathrm{Gr}(A)$ について

$$(x^* - y^*)(x - y) \geq 0$$

であるとき単調であるという. 集合 X で定義された単調多価写像は, そのグラフを真に含むようなグラフをもつ X で定義された単調多価写像が存在しないとき, 極大単調多価写像という. 凸関数の劣微分の単調性について次の定理 9.1.16 が成立する.

定理 9.1.16 線形空間 E と E の開凸部分集合 X について, $f \in c(X)$ とする. このとき, f の劣導関数 $\partial f: X \to E^*$ は極大単調多価写像である.

証明 ∂f が単調多価写像であること示すためには, 定理 9.1.14 を使い, 定理 9.1.11 の必要性の証明と同様の方法を適用できる. よってその極大性を以下に示す.

$(y, y^*) \in X \times E^*$ をとり, すべての $(x, x^*) \in \mathrm{Gr}(\partial f)$ に対し,

$$(x^* - y^*)(x - y) \geq 0$$

が成立しているとする. このとき, $(y, y^*) \in \mathrm{Gr}(\partial f)$ を示せばよい. 任意の $d \in E$ をとる. 十分大きい n については $y + d/n \in X$ であるので, このような n について $y_n = y + d/n$ と定義する. 各 n に対し $y_n^* \in \partial f(y_n)$ をとり点列 $\{y_n^*\}$ をつくる. (y, y^*) の仮定より,

$$(y_n^* - y^*)(y_n - y) \geq 0$$

が成立する. $d = n(y_n - y)$ なので,

$$(y_n^* - y^*)(d) \geq 0$$

が成立する. よって,

$$y^*(d) \leq y_n^*(d) \leq f'_+(y_n)(d)$$

が成立する。命題 9.1.2(3) より f'_+ は上半連続であるので

$$y^*(d) \leq \limsup_{n\to\infty} f'_+(y_n)(d) \leq f'_+(y)(d)$$

が成立する．$d \in E$ は任意だったので，$y^* \in \partial f(y)$ をえて，$(y, y^*) \in \mathrm{Gr}(\partial f)$ が証明された．□

9.2 準凸関数と擬凸関数

X を線形空間 E の凸部分集合としたとき，実数値関数 $f : X \to R$ は，任意の $x, y \in X$ と $\lambda \in\ ]0, 1[$ について，

$$f((1-\lambda)x + \lambda y) \leq \max\{f(x), f(y)\}$$

が成立するとき，準凸関数であるという。そして $-f$ が準凸関数であるとき，準凹関数であるという。関数 f が準凸関数であるための必要十分条件は，任意の $\alpha \in R$ について集合 $\{x \in X : f(x) \leq \alpha\}$ が凸集合となることである。そして，これらは任意の $\alpha \in R$ について集合 $\{x \in X : f(x) < \alpha\}$ が凸集合となることとも同値である。そして関数 f に微分可能性を仮定した場合の同値条件を明らかにしたものが次の定理 9.2.1 である。

定理 9.2.1 線形空間 E の開凸部分集合 X について $f \in D_g(X, R)$ とする。このとき，以下の主張は互いに同値である。

(1) f は準凸関数である。

(2) 任意の $x, y \in X$ について，

$$f(y) \leq f(x) \Rightarrow f'(x)(y - x) \leq 0$$

 が成立する。

(3) 任意の $x, y \in X$ について，

$$f(y) < f(x) \Rightarrow f'(x)(y - x) \leq 0$$

 が成立する。

9.2 準凸関数と擬凸関数

証明 (1) ⇒ (2)　$f(y) \leq f(x)$ とする．f は準凸関数なので，任意の $\lambda \in\ ]0,1[$ について

$$f(x+\lambda(y-x)) \leq \max\{f(x), f(y)\} = f(x)$$

が成立し，$f(x+\lambda(y-x)) - f(x) \leq 0$ をえる．よって

$$\frac{f(x+\lambda(y-x)) - f(x)}{\lambda} \leq 0$$

が成立する．従って，

$$f'(x)(y-x) = \lim_{n\to\infty} \frac{f(x+(1/n)(y-x)) - f(x)}{1/n} \leq 0$$

をえる．

(2) ⇒ (3)　明らかである．

(3) ⇒ (1)　f が準凸関数ではないと仮定して矛盾を導く．即ち，$f(x) \leq f(y)$ なる 2 点 $x, y \in X$ と $\lambda_1 \in\ ]0,1[$ が存在し，$f((1-\lambda_1)x + \lambda_1 y) > f(y)$ となっていたとする．十分小さい $\delta > 0$ をとり，$d = y-x$ とおいて，関数 $\varphi :\ ]-\delta, 1+\delta[\ \to R$ を $\varphi(\lambda) = f(x+\lambda d)$ と定義すると，補題 7.1.14 より任意の $\lambda \in\ ]-\delta, 1+\delta[$ について

$$\frac{d\varphi}{d\lambda}(\lambda) = f'(x+\lambda d)(d)$$

が成立する．

$I = \{\lambda \in [0, \lambda_1] : \varphi(\lambda) \leq \varphi(1)\}$ とおく．$\varphi(0) \leq \varphi(1) < \varphi(\lambda_1)$ が成立するので，$0 \in I$ より I は空集合ではない．さらに，φ の連続性より I は閉集合なので I には最大点 λ_2 が存在し，$\lambda_2 < \lambda_1$ かつ $\varphi(\lambda_2) < \varphi(\lambda_1)$ が成立している．平均値の定理より

$$\frac{d\varphi}{d\lambda}(\lambda_0) = \frac{\varphi(\lambda_1) - \varphi(\lambda_2)}{\lambda_1 - \lambda_2}, \quad \lambda_2 < \lambda_0 < \lambda_1$$

を満たす λ_0 が存在する．以上をまとめると，

$$\varphi(\lambda_0) > \varphi(1), \quad \frac{d\varphi}{d\lambda}(\lambda_0) > 0, \quad 0 < \lambda_0 < 1$$

という性質を λ_0 はもっている．ここで，$x_0 = x + \lambda_0 d$ とおくと，$f(y) < f(x_0)$ であるが，

$$f'(x_0)(y-x_0) = f'(x_0)((1-\lambda_0)d)$$

$$= (1-\lambda_0)f'(x_0)(d)$$
$$= (1-\lambda_0)\frac{d\varphi}{d\lambda}(\lambda_0) > 0$$

となり仮定 (3) に矛盾する．□

関数が準凸であるための 2 階の必要条件を導くために次の補題 9.2.2 を証明しておく．

補題 9.2.2 線形空間の開凸部分集合 X について $f \in D_g(X, R)$ とする．そして，点 $x_0 \in X$ において $f'(x_0) \neq 0$ とする．このとき，f が準凸関数であるならば，任意の $x \in X$ に対し

$$f'(x_0)(x - x_0) = 0 \Rightarrow f(x) \geq f(x_0)$$

が成立する．

証明 $f'(x_0)(x - x_0) = 0$ であるが $f(x) < f(x_0)$ である $x \in X$ が存在したとする．$f'(x_0)(d) > 0$ となる $d \in E$ をとる．命題 7.1.1 より，f は線形連続なので十分小さい $\delta > 0$ をとって，$x + \delta d \in X$ であり $f(x + \delta d) < f(x_0)$ を満たすようにできる．定理 9.2.1 より，

$$f'(x_0)(x) < f'(x_0)(x + \delta d) \leq f'(x_0)(x_0)$$

が成立する．よって，$f'(x_0)(x - x_0) < 0$ となり矛盾が生じる．□

次の定理 9.2.3 は，関数が準凸であるための 2 階の必要条件を与えている．

定理 9.2.3 線形空間 E と E の開凸部分集合 X について，実数値関数 $f : X \to R$ は準凸関数で $f \in C^2(X, R)$ とする．このとき，$f'(x) \neq 0$ である任意の $x \in X$ について，$f''(x)$ は $\ker f'(x)$ 上で非負定値である．即ち，

$$f''(x)(d)(d) \geq 0, \quad d \in \ker f'(x)$$

が成立する．

証明 補題 9.2.2 より，$f'(x) \neq 0$ であるとき x は変数 y に関するアフィン制約 $f'(x)(y) = f'(x)(x)$ の下での f の最小点である．そして，$f'(x) \neq 0$ より

$f'(x)$ は全射であるので，系 8.2.5 より $f''(x)$ は $\ker f'(x)$ 上で非負定値である。□

次の定理 9.2.4 は，関数が準凸であるための 2 階の十分条件を与える。

定理 9.2.4 線形空間 E と E の開凸部分集合 X について，$f \in C^2(X, R)$ とする。このとき，任意の $x \in X$ について $f''(x)$ が $\ker f'(x)$ 上で正定値であるならば，即ち，

$$f''(x)(d)(d) > 0, \quad d \in \ker f'(x), \ d \neq 0$$

が成立するならば，f は準凸関数である。

証明 f が準凸関数でないとすると，$f(x + \lambda d) > f(x) \geq f(x + d)$ を満たす $x \in X$ と $d \neq 0, x + d \in X$ なる $d \in E$ と $\lambda \in \,]0, 1[$ が存在する。従って，$[0, 1]$ 上の関数 $\varphi(\lambda) = f(x + \lambda d)$ の最大点はすべて開区間 $]0, 1[$ に含まれる。これら最大点の最大値が存在するので，それを λ_0 とし $x_0 = x + \lambda_0 d$ とおくと，$\lambda_0 \in \,]0, 1[$ なので関数 φ は λ_0 において停留する。即ち，

$$0 = \frac{d\varphi}{d\lambda}(\lambda_0) = f'(x + \lambda_0 d)(d) = f'(x_0)(d)$$

が補題 7.1.14 より成立する。そして，任意の $\lambda \in \,]\lambda_0, 1[$ について $f(x + \lambda d) < f(x_0)$ が成立している。

$f'(x_0) = 0$ の場合は，仮定より $d \neq 0$ なるすべての $d \in E$ について $f''(x_0)(d)(d) > 0$ が成立している。よって，定理 8.1.3 より x_0 は f の制約無しの極小点となることが結論され矛盾が生じる。

$f'(x_0) \neq 0$ の場合は，任意の $\lambda \in R$ について $f'(x_0)(x_0 + \lambda d) = f'(x_0)(x_0)$ が成立しているので，アフィン制約 $f'(x_0)(y) = f'(x_0)(x_0)$ の下で x_0 は f の極小点ではない。一方，系 8.2.7 において，$y^*(\lambda) = -\lambda$, $h = f'(x_0) - f'(x_0)(x_0)$ とおくと，仮定より x_0 は制約 $f'(x_0)(y) = f'(x_0)(x_0)$ の下での f の極小点と結論され矛盾が生じる。□

X を線形空間 E の開凸部分集合とし $f \in D_g(X, R)$ とする。任意の $x, y \in X$ について

$$f'(x)(y - x) \geq 0 \Rightarrow f(y) \geq f(x)$$

が成立するとき，関数 f は擬凸関数であるという。また，$-f$ が擬凸関数であるとき f は擬凹関数であるという。

次の定理 9.2.5 は凸関数と準凸関数と擬凸関数の間の関係を明らかにしている。

定理 9.2.5 線形空間 E の開凸部分集合 X について，$f \in D_g(X, R)$ とする。このとき，f が凸関数ならば擬凸関数である。そして，f が擬凸関数ならば準凸関数である。

証明 f が凸関数ならば定理9.1.9(2) より，任意の $x, y \in X$ に対し，

$$f(y) - f(x) \geq f'(x)(y - x)$$

が成立するので，$f'(x)(y - x) \geq 0$ より $f(y) \geq f(x)$ をえて，f は擬凸関数である。そして，f が擬凸関数ならば，定理 9.2.1(3) の主張の対偶を考えることにより，直ちに f は準凸関数であることが判明する。□

次の定理 9.2.6 は擬凸関数に関しては，最適性の 1 階の条件が十分条件でもあることを主張している。これは定理 9.1.10 の擬凸関数への拡張となっている。

定理 9.2.6 線形空間 E と E の開凸部分集合 X について，関数 $f : X \to R$ は擬凸関数とする。このとき，点 $x \in X$ で f が最小値をとるための必要十分条件は $f'(x) = 0$ が成立することである。

証明 必要性は定理8.1.1よりよいので，十分性を証明するするために $f'(x) = 0$ と仮定する。任意の $y \in X$ について，$f'(x)(y - x) = 0$ なので f の擬凸性より $f(y) \geq f(x)$ が成立する。よって x は f の最小点である。□

第 10 章

双対理論と凸計画問題

本章では無限値をもち微分可能とは限らない凸関数の理論を展開する．真凸関数とよばれる関数が話題の中心となり，その基本的性質を明らかにすると共にその双対理論を展開する．そして，これらの知見を凸計画問題に応用する．本章の理論展開には参考文献 [3] と [10] から多くの示唆を受けた．

10.1 無限値をもつ凸関数

本節では微分可能性を仮定しない凸関数の理論を展開する．実数値関数のみではなく ∞ や $-\infty$ を値としてもつ関数を，そしてその関数の定義域は線形空間 E 全体であるものを常に考える．これまで考察してきた凸集合を定義域としてもつ凸関数はその定義域の補集合上の各点の値を ∞ と定義して E 全体の凸関数に拡張して考える．

関数 $f : E \to [-\infty, \infty]$ に対し，集合

$$\mathrm{dom}\, f = \{x \in E : f(x) < \infty\}$$

を f の**実質領域**という．関数 $f : E \to [-\infty, \infty]$ のエピグラフとは，直積集合 $E \times R$ の部分集合

$$\{(x, \lambda) \in E \times R : f(x) \leq \lambda\}$$

のことをいい，記号では $\mathrm{epi}\, f$ とかく．関数 f は，任意の $x, y \in \mathrm{dom}\, f$ と任

意の $\lambda \in \,]0,1[$ について,

$$f((1-\lambda)x + \lambda y) \leq (1-\lambda)f(x) + \lambda f(y)$$

を満たすとき凸関数であるという。この凸関数の定義は，第 9.1 節で導入した実数値凸関数の定義と形式的に同じであるが，ここでは $\infty + \infty = \infty$, $(-\infty) + (-\infty) = -\infty$, $0 \cdot \pm\infty = 0$, $\lambda > 0$ については $\lambda \cdot \pm\infty = \pm\infty$(複号同順) という約束に従うものとする。凸関数に関する次の事実は基本的である。

命題 10.1.1 線形空間 E 上の関数 $f : E \to [-\infty, \infty]$ について，f が凸関数であるための必要十分条件はそのエピグラフ $\mathrm{epi}\, f$ が $E \times R$ の凸部分集合であることである。このとき，f の実質領域 $\mathrm{dom}\, f$ は E の凸部分集合である。

証明 必要性。f が凸関数であると仮定する。$f \equiv \infty$ である場合には $\mathrm{epi}\, f$ が空集合であるので $\mathrm{epi}\, f$ は凸集合である。

$f \not\equiv \infty$, 即ち，$\mathrm{epi}\, f \neq \emptyset$ であるとする。$(x, \lambda), (y, \mu) \in \mathrm{epi}\, f$ で $\nu \in \,]0, 1[$ とすれば，必然的に x と y は $\mathrm{dom}\, f$ に属し，f が凸関数であるという仮定より

$$f((1-\nu)x + \nu y) \leq (1-\nu)f(x) + \nu f(y) \leq (1-\nu)\lambda + \nu\mu$$

が成立する。従って,

$$(1-\nu)(x, \lambda) + \nu(y, \mu) = ((1-\nu)x + \nu y, (1-\nu)\lambda + \nu\mu) \in \mathrm{epi}\, f$$

となり $\mathrm{epi}\, f$ は凸集合である。

十分性。$\mathrm{epi}\, f$ が凸集合であると仮定する。$\mathrm{epi}\, f = \emptyset$ である場合には $f \equiv \infty$ であり f は凸関数である。

$\mathrm{epi}\, f \neq \emptyset$ とする。$x, y \in \mathrm{dom}\, f$ で $\nu \in \,]0, 1[$ とする。$f(x) > -\infty$ かつ $f(y) > -\infty$ である場合には，$\mathrm{epi}\, f$ が凸集合であることより

$$((1-\nu)x + \nu y, (1-\nu)f(x) + \nu f(y)) = (1-\nu)(x, f(x)) + \nu(y, f(y)) \in \mathrm{epi}\, f$$

10.1 無限値をもつ凸関数

が成立するので, $f((1-\nu)x+\nu y) \leq (1-\nu)f(x)+\nu f(y)$ をえる。$f(x) = -\infty$ かつ $f(y) > -\infty$ である場合には, 任意の $\mu \in R$ について $(x,\mu) \in \operatorname{epi} f$ となっている。よって, 任意の $\lambda \in]0,1[$ と任意の $\mu \in R$ について

$$((1-\lambda)x + \lambda y, (1-\lambda)\mu + \lambda f(y)) = (1-\lambda)(x,\mu) + \lambda(y, f(y)) \in \operatorname{epi} f$$

となっているので

$$f((1-\lambda)x + \lambda y) = -\infty$$

が成立する。これより $f((1-\lambda)x+\lambda y) \leq (1-\lambda)f(x)+\lambda f(y)$ が成立する。最後に $f(x) = f(y) = -\infty$ である場合には上記と同様に考えて $f((1-\lambda)x+\lambda y) = -\infty$ がえられ, これより $f((1-\lambda)x + \lambda y) \leq (1-\lambda)f(x) + \lambda f(y)$ をえて f が凸関数であることの証明が完了する。

$\operatorname{dom} f$ が凸集合であることは上の証明より明らかである。□

凸関数 $f: E \to [-\infty, \infty]$ はすべての $x \in E$ について $f(x) > -\infty$ であり $\operatorname{dom} f \neq \emptyset$ であるとき, **真凸関数**であるという。f が真凸関数ならば凸集合 $\operatorname{dom} f$ に f を制限した関数は第 9.1 節で定義した通常の凸関数である。

E の凸部分集合 C に対し, その**特性関数**$\delta_C : E \to]-\infty, \infty]$ を

$$\delta_C(x) = \begin{cases} 0 & x \in C \\ \infty & x \notin C \end{cases}$$

と定義すると, これは真凸関数である。一般に, E の凸部分集合 C で定義された凸関数を, $E \setminus C$ 上では常に ∞ を値としてとる関数として拡張したものは, 今定義した意味での真凸関数となっている。

命題 10.1.2 線形空間 E 上の関数 $f: E \to [-\infty, \infty]$ を凸関数とする。もし $\operatorname{ri}(\operatorname{dom} f)$ 内に $f(x) > -\infty$ となる点 x が存在するならば, すべての $y \in E$ について $f(y) > -\infty$ が成立する。

証明 ある $y \in E$ で $f(y) = -\infty$ が成立していると仮定して矛盾を導く。$y \in \operatorname{dom} f$ であるので $z \in \operatorname{dom} f$ と $\lambda \in]0,1[$ が存在し $x = (1-\lambda)y + \lambda z$ が成立している。f が凸関数であることより

$$-\infty < f(x) \leq (1-\lambda)f(y) + \lambda f(z) = -\infty$$

となり矛盾が生じる。□

関数 $s: E \to [-\infty, \infty]$ は，任意の $x, y \in \mathrm{dom}\, s$ と任意の $\lambda \in [0, \infty[$ について，
$$s(x+y) \leq s(x) + s(y)$$
$$s(\lambda x) = \lambda s(x)$$
を満たすとき**劣線形汎関数**であるという。この定義も第 1.3 節で与えた定義に比べて値域が拡張されている。劣線形汎関数 s は凸関数であることが以下の考察より確認できる。$s(x) \equiv \infty$ であるときは明らかに s は凸関数である。$\mathrm{dom}\, s \neq \emptyset$ であるときは $\mathrm{dom}\, s$ の要素 x をとると，
$$s(0) = s(0x) = 0s(x) = 0$$
より $s(0) = 0$ が成立する。任意の $\lambda, \mu \in [0, \infty[$ と $x, y \in \mathrm{dom}\, s$ について，$s(\lambda x) = \lambda s(x) < \infty$ より $\lambda x \in \mathrm{dom}\, s$ となる。同様にして $\mu y \in \mathrm{dom}\, s$ となるので，
$$s(\lambda x + \mu y) \leq s(\lambda x) + s(\mu y) = \lambda s(x) + \mu s(y)$$
をえて，特に $\lambda + \mu = 1$ となるものを考えれば s が凸関数であることが確認される。

一方，$s: E \to [-\infty, \infty]$ が任意の $x \in \mathrm{dom}\, s$ と $\lambda \in [0, \infty[$ について
$$s(\lambda x) = \lambda s(x)$$
を満たす凸関数であるとする。このとき，任意の $x, y \in \mathrm{dom}\, s$ について $(x+y)/2 \in \mathrm{dom}\, s$ を命題 10.1.1 よりえるので，$s(x+y)$，$s(x)$，$s(y)$ の値が $-\infty$ となる場合も含めて不等式
$$s(x+y) = 2s\left(\frac{x+y}{2}\right) \leq 2\left(\frac{s(x) + s(y)}{2}\right) = s(x) + s(y)$$
が成立し s は劣線形汎関数である。さらに凸関数の実質領域が凸集合であることより劣線形汎関数の実質領域が楔であることは容易に確認できる。以上の議論をまとめ次の命題をえる。

10.1 無限値をもつ凸関数

命題 10.1.3 関数 $s : E \to [-\infty, \infty]$ が劣線形汎関数であるための必要十分条件は s が凸関数でかつ任意の $\lambda \in [0, \infty[$ と $x \in \mathrm{dom}\, s$ について $s(\lambda x) = \lambda s(x)$ が成立することである。このとき $\mathrm{dom}\, s$ は E 内の楔である。

次の命題 10.1.4 は劣線形汎関数のエピグラフの性質を明らかにしている。

命題 10.1.4 関数 $s : E \to [-\infty, \infty]$ が劣線形汎関数であるための必要十分条件は s のエピグラフ $\mathrm{epi}\, s$ が $\mathrm{epi}\, s \cap (\{0\} \times R) = \{0\} \times [0, \infty[$ を満たす $E \times R$ 内の楔であることである。

証明 必要性。関数 s が劣線形汎関数であると仮定する。$(x, \lambda), (y, \mu) \in \mathrm{epi}\, s$ とする。このとき，$x, y \in \mathrm{dom}\, s$ によって

$$s(x+y) \leq s(x) + s(y) \leq \lambda + \mu$$

が成立するので，

$$(x, \lambda) + (y, \mu) = (x+y, \lambda+\mu) \in \mathrm{epi}\, s$$

をえる。また，任意の $\nu \in [0, \infty[$ に対し $s(\nu x) = \nu s(x) \leq \nu \lambda$ が成立することより $\nu(x, \lambda) = (\nu x, \nu \lambda) \in \mathrm{epi}\, s$ をえるので $\mathrm{epi}\, s$ は楔である。$s(0) = 0$ に注意すれば $\{0\} \times [0, \infty[\subset \mathrm{epi}\, s$ は明らかに成立するので，

$$\mathrm{epi}\, s \cap (\{0\} \times R) \subset \{0\} \times [0, \infty[$$

を示す。$(x, \lambda) \in \mathrm{epi}\, s \cap (\{0\} \times R)$ とすると，$x = 0$ であり $(0, \lambda) \in \mathrm{epi}\, s$ が成立する。よって $0 = s(0) \leq \lambda$ より $(x, \lambda) \in \{0\} \times [0, \infty[$ をえる。

十分性。$\mathrm{epi}\, s$ は $\mathrm{epi}\, s \cap (\{0\} \times R) = \{0\} \times [0, \infty[$ を満たす楔とする。$\mathrm{epi}\, s$ は凸集合であるので命題 10.1.1 より s は凸関数である。従って，任意の $x \in \mathrm{dom}\, s$ と $\lambda \in [0, \infty[$ について $s(\lambda x) = \lambda s(x)$ が成立することを示せば，命題 10.1.3 より s は劣線形汎関数であることが分る。

$\lambda = 0$，$x \in \mathrm{dom}\, s$ の場合を示す。$(0, 0) \in \mathrm{epi}\, s$ なので $s(0) \leq 0$ が成立する。もし $s(0) < 0$ とすると $\mathrm{epi}\, s \cap (\{0\} \times R) = \{0\} \times [0, \infty[$ に矛盾するので $s(0) = 0$ をえる。従って，$s(\lambda x) = s(0) = 0 = \lambda s(x)$ が成立する。

$\lambda \in]0, \infty[$, $x \in \mathrm{dom}\, s$ の場合を 2 つに分けて示す。$s(x) = -\infty$ の場合は任意の $\mu \in R$ に対し $(x, \mu) \in \mathrm{epi}\, s$ が成立しているので,$\mathrm{epi}\, s$ が楔であることより $(\lambda x, \lambda \mu) \in \mathrm{epi}\, s$ をえる。これより $s(\lambda x) = -\infty$ となり,$s(\lambda x) = -\infty = \lambda s(x)$ が成立する。一方,$s(x) > -\infty$ の場合は $s(\lambda x) > -\infty$ が成立している。実際,$s(\lambda x) = -\infty$ とすれば $s(x) = -\infty$ となって矛盾が生じることは既に示した。$(x, s(x)) \in \mathrm{epi}\, s$ なので $(\lambda x, \lambda s(x)) \in \mathrm{epi}\, s$ が成立し $s(\lambda x) \leq \lambda s(x)$ をえる。また,$s(\lambda x) \leq \lambda s(x) < \infty$ であることに注意すると $(\lambda x, s(\lambda x)) \in \mathrm{epi}\, s$ をえる。このとき,$(x, (1/\lambda) s(\lambda x)) \in \mathrm{epi}\, s$ が成立し $s(x) \leq (1/\lambda) s(\lambda x)$,即ち,$\lambda s(x) \leq s(\lambda x)$ をえる。従って,$s(\lambda x) = \lambda s(x)$ が成立する。

ここまでの議論によって,任意の $\lambda \in [0, \infty[$ と $x \in \mathrm{dom}\, s$ について $s(\lambda x) = \lambda s(x)$ が成立することを示したので証明が完了する。□

線形空間 E 上で定義された真凸関数 $f : E \to]-\infty, \infty]$ と $x \in \mathrm{dom}\, f$ と $d \in E$ に対し,x における f の片側 d 方向微分係数 $f'_+(x)(d)$ を

$$f'_+(x)(d) = \inf_{\varepsilon > 0} \frac{f(x + \varepsilon d) - f(x)}{\varepsilon}$$

で定義する。この定義は第 9 章で扱った E の開凸部分集合上で定義された実数値凸関数の場合を含む拡張された概念となっているが,∞ や $-\infty$ の値をとる可能性がある。また,

$$\frac{f(x + \varepsilon d) - f(x)}{\varepsilon}$$

が ε について単調減少であることより,任意の $\{\varepsilon_n\} \in \tilde{c}_0^+$ に対し,

$$f'_+(x)(d) = \lim_{n \to \infty} \frac{f(x + \varepsilon_n d) - f(x)}{\varepsilon_n}$$

が成立することも容易に確認することができる。従って,$f'_+(x)(d)$ の定義として上記 2 つのどちらをとっても問題が生じないのも第 9 章の場合と同様である。片側方向微分係数に関する次の命題 10.1.5 は基本的である。

命題 10.1.5 $f : E \to]-\infty, \infty]$ を真凸関数とし $x \in \mathrm{dom}\, f$ とする。このとき $f'_+(x) : E \to [-\infty, \infty]$ は劣線形汎関数である。そして $f'_+(x)$ の実質領域

は凸集合 $\mathrm{dom}\, f - x$ より生成される楔である，即ち，

$$\mathrm{dom}\, f'_+(x) = W(\mathrm{dom}\, f - x)$$

が成立する。

証明 命題 10.1.1 より $\mathrm{dom}\, f$ は凸集合であるので $\mathrm{dom}\, f - x$ は 0 を含む凸集合であり，これより生成される楔を W とすると

$$W = [0, \infty[\,(\mathrm{dom}\, f - x) = \{d \in E : \exists \lambda > 0; \lambda d \in \mathrm{dom}\, f - x\}$$

が成立する。このことより $f'_+(x)$ の実質領域 $\mathrm{dom}\, f'_+(x)$ は W に等しいことが容易に確認できる。次に $f'_+(x)$ は劣線形汎関数であることを示すが，そのためには $f'_+(x)$ の W への制限が劣線形であることを示せば十分である。$-\infty$ が現れることに注意する必要はあるが，命題 9.1.2(2) のそれと全く同じ方法で，E の代わりに W を考えることにより証明することができる。□

真凸関数 $f : E \to\,]-\infty, \infty]$ と $x \in E$ に対し，x における f の**劣微分係数** $\partial f(x)$ を

$$\partial f(x) = \begin{cases} \{x^* \in E^* : x^*(d) \leq f'_+(x)(d),\ d \in E\} & x \in \mathrm{dom}\, f \\ \emptyset & x \notin \mathrm{dom}\, f \end{cases}$$

と定義する。この定義も第 9.1 節の定義の拡張である。多価写像 $\partial f : E \twoheadrightarrow 2^{E^*}$ を f の**劣導関数**という。劣導関数 ∂f について $\partial f(x) \neq \emptyset$ なる点 x 全体の集合

$$\mathrm{dom}\, \partial f = \{x \in E : \partial f(x) \neq \emptyset\}$$

を ∂f の**実質領域**という。命題 10.1.1 より $\mathrm{dom}\, f$ は凸集合であるが，$\mathrm{dom}\, \partial f$ は必ずしも凸集合であるとは限らない。そしてその定義より

$$\mathrm{dom}\, \partial f \subset \mathrm{dom}\, f$$

が常に成立する。

次の定理 10.1.6 は定理 9.1.13 の真凸関数への拡張版である。

定理 10.1.6 線形空間 E で定義された真凸関数 $f : E \to {]{-\infty}, \infty]}$ と，点 $x_0 \in \mathrm{ri}(\mathrm{dom}\, f)$ を考える。このとき，劣微分係数 $\partial f(x_0)$ は非空閉凸集合である。特に $x_0 \in \mathrm{int}(\mathrm{dom}\, f)$ である場合は劣微分係数 $\partial f(x_0)$ は非空コンパクト凸集合である。さらに，L を凸集合 $\mathrm{dom}\, f - x_0$ が生成する E の線形部分空間とすると，

$$f'_+(x_0)(d) = \begin{cases} \max\{x^*(d) : x^* \in \partial f(x_0)\} & d \in L \\ \sup\{x^*(d) : x^* \in \partial f(x_0)\} = \infty & d \notin L \end{cases}$$

が成立する。

証明 関数 $g : E \to {]{-\infty}, \infty]}$ を $g(x) = f(x + x_0)$ と定義すると，g も真凸関数であり，$\mathrm{dom}\, g = \mathrm{dom}\, f - x_0$ と $0 \in \mathrm{ri}(\mathrm{dom}\, g)$ が成立する。そして $g'_+(0)(d) = f'_+(x_0)(d)$ がすべての $d \in E$ について成立する。そしてこれより $\partial g(0) = \partial f(x_0)$ をえる。

$0 \in \mathrm{ri}(\mathrm{dom}\, g)$ より $\mathrm{dom}\, g$ より生成される楔は E の線形部分空間であり，これは $\mathrm{dom}\, f - x_0$ より生成される線形部分空間 L に等しい。E 内の L の補空間の 1 つを M とし，M に沿った L 上への射影を P とし，L に沿った M 上への射影を Q とする。そして，P の値域は L であり，Q の値域は M であるとみなす。命題 10.1.5 より $\mathrm{dom}\, g'_+(0) = L$ が成立している。L を全空間と考えれば 0 は $\mathrm{dom}\, g$ の内点である。よって $U \subset \mathrm{dom}\, g$ を満たす L の 0 の開凸近傍 U が存在する。g の U への制限を h とするとこれは通常の凸関数であるので，定理 9.1.13 より

$$h'_+(0)(d) = \max\{y^*(d) : y^* \in \partial h(0)\}$$

が成立し，$\partial h(0)$ は L の双対空間 L^* 内の非空コンパクト凸集合である。そして

$$g'_+(0)(d) = \begin{cases} h'_+(0)(d) & d \in L \\ \infty & d \notin L \end{cases}$$

が成立することは容易に確認できる。命題 1.5.7 に注意すると，この式より

$$\partial g(0) = P^*(\partial h(0)) + Q^*(M^*)$$

をえる。ここで M^* は M を線形空間とみなしその双対空間を表している。これより $\partial f(x_0) = \partial g(0)$ は非空コンパクト凸集合 $P^*(\partial h(0))$ と E^* の線形部分空間 $Q^*(M^*)$ の和であるので系 2.2.5 より非空閉凸集合である。特に $x_0 \in \mathrm{int}(\mathrm{dom}\, f)$ の場合には，$Q^*(M^*) = \{0\}$ となっているので $\partial f(x_0)$ はコンパクトである。

$d \in L$ のときは，

$$\begin{aligned}
f'_+(x_0)(d) &= g'_+(0)(d) \\
&= h'_+(0)(d) \\
&= \max\{y^*(d) : y^* \in \partial h(0)\} \\
&= \max\{x^*(d) : x^* \in P^*(\partial h(0))\} \\
&= \max\{x^*(d) : x^* \in \partial g(0)\} \\
&= \max\{x^*(d) : x^* \in \partial f(x_0)\}
\end{aligned}$$

が成立する。

$d \notin L$ のときは，$f'_+(x_0)(d) = g'_+(0)(d) = \infty$ が成立することは明らかである。一方，$y^* \in \partial h(0)$ を 1 つとると，

$$\begin{aligned}
&\sup\{x^*(d) : x^* \in \partial f(x_0)\} \\
&= \sup\{x^*(d) : x^* \in \partial g(0)\} \\
&\geq \sup\{x^*(d) : x^* \in P^*(y^*) + Q^*(M^*)\} \\
&= \infty
\end{aligned}$$

が成立するので，$f'_+(x_0)(d) = \infty = \sup\{x^*(d) : x^* \in \partial f(x_0)\}$ をえる。□

次の定理 10.1.7 は真凸関数の劣勾配の特徴付けを与えており，これは定理 9.1.14 の拡張となっている。

定理 10.1.7 線形空間 E で定義された真凸関数 $f : E \to \,]-\infty, \infty]$ と，点 $x \in \mathrm{dom}\, f$ を考える。このとき，$x^* \in \partial f(x)$ であるための必要十分条件は

$$x^*(y - x) \leq f(y) - f(x)$$

がすべての $y \in E$ について成立することである．また，$x \in \mathrm{int}(\mathrm{dom}\, f)$ であるとき，f が x において微分可能であるための必要十分条件は $\partial f(x)$ が 1 点集合であることである．この場合

$$\partial f(x) = \{f'(x)\}$$

が成立する．

証明 第 1 の主張の証明は定理 9.1.14 のそれと同様である．

第 2 の主張については，$U \subset \mathrm{dom}\, f$ を満たす点 x の開凸近傍 U をひとつとり f の U への制限 f_U を考えると，これは第 9 章で議論した通常の実数値凸関数である．定理 9.1.14 より f_U が x で微分可能であることと $\partial f_U(x)$ が 1 点集合であることは同値であり，このとき $\partial f_U(x) = \{f'_U(x)\}$ が成立する．そして $f'_U(x) = f'(x)$ と $\partial f_U(x) = \partial f(x)$ が成立することは明らかであるので求める結果をえる．□

次に凸関数の最適性の条件を考察する．凸関数に関しては 1 階の条件が十分条件にもなっている点が特徴的である．

定理 10.1.8 $f : E \to\,]-\infty, \infty]$ を真凸関数とする．このとき，点 $x \in E$ が f の最小点であるための必要十分条件は $0 \in \partial f(x)$ である．

証明 x が f の最小点であると仮定すると，$x \in \mathrm{dom}\, f$ であり，

$$f(y) - f(x) \geq 0 = 0(y - x)$$

が任意の $y \in E$ について成立するので，定理 10.1.7 より $0 \in \partial f(x)$ が成立する．

逆に，$0 \in \partial f(x)$ とすると $x \in \mathrm{dom}\, \partial f \subset \mathrm{dom}\, f$ であり，定理 10.1.7 より

$$f(y) - f(x) \geq 0(y - x) = 0$$

が任意の $y \in E$ について成立するので，f は x において最小値をとる．□

10.2　ファンシェルの双対理論

線形空間 E と真凸関数 $f : E \to]-\infty, \infty]$ を考える。この f に対しその共役関数 $f^* : E^* \to [-\infty, \infty]$ を

$$f^*(x^*) = \sup_{x \in E} \{x^*(x) - f(x)\} = \sup_{x \in \mathrm{dom}\, f} \{x^*(x) - f(x)\}$$

で定義する。簡単な計算より明らかであるが，共役関数 f^* はすべての $x^* \in E^*$ に対して $f^*(x^*) > -\infty$ が成立する E^* 上の凸関数である。そして，この共役をとるという操作は順序を逆転させる。即ち，$f \leq g$ を満たす真凸関数 f と g について $f^* \geq g^*$ が成立する。

最も単純な凸関数の一例として E の凸部分集合 C の特性関数 δ_C を挙げることができるが，その共役関数 δ_C^* は

$$\delta_C^*(x^*) = \sup_{x \in C} x^*(x), \quad x^* \in E^*$$

と計算される。この δ_C^* を凸集合 C の**支持関数**という。

次の命題 10.2.1 は，真凸関数の共役関数は再び真凸関数となることを示している。

命題 10.2.1 真凸関数 $f : E \to]-\infty, \infty]$ に対しその共役関数 f^* は E^* 上の真凸関数である。

証明　示すべきことは $f^*(x^*) < \infty$ となる $x^* \in E^*$ の存在である。命題 10.1.1 より $\mathrm{dom}\, f$ は凸集合であるので定理 1.2.6 より $\mathrm{ri}(\mathrm{dom}\, f)$ は空ではない。点 $x_0 \in \mathrm{ri}(\mathrm{dom}\, f)$ をとる。定理 10.1.6 より $\partial f(x_0)$ は空ではないので $x_0^* \in \partial f(x_0)$ をとると，定理 10.1.7 よりすべての $y \in E$ について

$$x_0^*(y - x_0) \leq f(y) - f(x_0)$$

が成立する。よって $f(y) = \infty$ の場合も含めて $x_0^*(y) - f(y) \leq x_0^*(x_0) - f(x_0)$ が成立する。これより

$$f^*(x_0^*) \leq x_0^*(x_0) - f(x_0) < \infty$$

をえて，f^* が真凸関数であることが証明された。□

次の命題 10.2.2 は真凸関数と，その共役関数との間の対称的な関係，及び，劣微分との関係を明らかにしたものである。そこに現れる不等式はファンシェル–ヤングの不等式とよばれることがある。

命題 10.2.2 $f : E \to {]{-\infty}, \infty]}$ を真凸関数とする。任意の $x \in E$ と $x^* \in E^*$ とに対し，
$$x^*(x) \leq f(x) + f^*(x^*)$$
が成立する。この不等式において，等号が成立するための必要十分条件は $x^* \in \partial f(x)$ が成立することである。

証明 命題の不等式は共役関数 f^* の定義より明らかに成立する。

$x^*(x) = f(x) + f^*(x^*)$ が成立したとすると $f(x)$ は有限値なので
$$x^*(x) - f(x) = f^*(x^*) \geq x^*(y) - f(y)$$
がすべての $y \in E$ について成立する。従って，$f(y) = \infty$ の場合も含めて $x^*(y-x) \leq f(y) - f(x)$ が成立するので，定理 10.1.7 より $x^* \in \partial f(x)$ をえる。

逆に $x^* \in \partial f(x)$ とすると，$x \in \mathrm{dom}\, f$ に注意して，上の議論を逆にたどることにより $x^*(x) - f(x) \geq f^*(x^*)$ をえる。これより $x^*(x) \geq f(x) + f^*(x^*)$ が成立するが，逆向きの不等式が成立することはすでに確認済みなので等式 $x^*(x) = f(x) + f^*(x^*)$ をえる。□

E と F を 2 つの線形空間とし，2 つの真凸関数 $f : E \to {]{-\infty}, \infty]}$，$g : F \to {]{-\infty}, \infty]}$ と線形写像 $A \in L(E, F)$ が与えられたとする。最小化問題

$$\text{(P)} \quad \inf_{x \in E} \{f(x) + g(A(x))\} \text{ を求めよ。}$$

を考える。そしてその双対問題として，最大化問題

$$\text{(D)} \quad \sup_{y^* \in F^*} \{-f^*(A^*(y^*)) - g^*(-y^*)\} \text{ を求めよ。}$$

を考える。このときファンシェルの双対定理とよばれる次の定理 10.2.3 が成立する。これは主問題 (P) とその双対問題 (D) に関し，適当な条件の下でそれらの最適値が一致することを主張するものである。

定理 10.2.3 線形空間 E と F, そして真凸関数 $f: E \to]-\infty, \infty]$, $g: F \to]-\infty, \infty]$ と線形写像 $A \in L(E, F)$ が与えられたとする。もし

$$0 \in \mathrm{ri}(\mathrm{dom}\, g - A(\mathrm{dom}\, f))$$

が成立しているならば，等式

$$\inf_{x \in E}\{f(x) + g(A(x))\} = \sup_{y^* \in F^*}\{-f^*(A^*(y^*)) - g^*(-y^*)\}$$

が成立し，この値が有限値であれば右辺の上限は最大値として達成される。そして

$$\partial(f + g \circ A)(x) = \partial f(x) + A^*(\partial g(A(x)))$$

が成立する。

定理 10.2.3 に関して，$g \circ A$ は真凸関数であり，$\mathrm{dom}(g \circ A) = A^{-1}(\mathrm{dom}\, g)$ が成立している。そして，2 つの真凸関数はそれらの実質領域の交わりが非空であれば，それらの和も真凸関数となる。従って，$f + g \circ A$ は E 上の真凸関数であり，定理 10.2.3 に現れる主張に曖昧さが生じるものはない。定理 10.2.3 を証明するために 2 つ補題を用意する。

補題 10.2.4 f と g を $\mathrm{dom}\, f \cap \mathrm{dom}\, g \neq \emptyset$ を満たす線形空間 E 上で定義された 2 つの真凸関数とすると，

$$\partial f(x) + \partial g(x) \subset \partial(f + g)(x), \quad x \in E$$

が成立する。

証明 $x_1^* \in \partial f(x)$, $x_2^* \in \partial g(x)$ とすると，命題 10.2.2 より

$$(x_1^* + x_2^*)(x) = f(x) + f^*(x_1^*) + g(x) + g^*(x_2^*)$$
$$\geq (f+g)(x) + (f+g)^*(x_1^* + x_2^*)$$

が成立する。ここで，$(f+g)^*(x_1^* + x_2^*) \leq f^*(x_1^*) + g^*(x_2^*)$ が成立することを使っているが，この不等式は共役関数の定義より容易に導くことができる。そして，再び命題 10.2.2 より $x_1^* + x_2^* \in \partial(f+g)(x)$ をえる。□

補題 10.2.5 E と F を線形空間とし，g は F 上の真凸関数であり，$A \in L(E,F)$ とする．このとき

$$A^*(\partial g(A(x))) \subset \partial(g \circ A)(x), \quad x \in E$$

が成立する．

証明 $x^* \in A^*(\partial g(A(x)))$ とすると，$x^* = A^*(y^*)$ となる $y^* \in \partial g(A(x))$ が存在する．命題 10.2.2 より，

$$x^*(x) = A^*(y^*)(x) = y^*(A(x)) = (g \circ A)(x) + g^*(y^*)$$

が成立する．そして

$$\begin{aligned}(g \circ A)^*(x^*) &= (g \circ A)^*(A^*(y^*)) \\ &= \sup_{x \in E}\left\{A^*(y^*)(x) - (g \circ A)(x)\right\} \\ &= \sup_{x \in E}\left\{y^*(A(x)) - g(A(x))\right\} \\ &\leq \sup_{y \in F}\left\{y^*(y) - g(y)\right\} \\ &= g^*(y^*)\end{aligned}$$

が成立するので，

$$x^*(x) \geq (g \circ A)(x) + (g \circ A)^*(x^*)$$

をえる．再び命題 10.2.2 を適用して $x^* \in \partial(g \circ A)(x)$ をえる．□

定理 10.2.3 の証明

第 1 の等式を証明する．まず不等式

$$\inf_{x \in E}\{f(x) + g(A(x))\} \geq \sup_{y^* \in F^*}\{-f^*(A^*(y^*)) - g^*(-y^*)\}$$

が成立することは容易に確認できる．よって $\inf_{x \in E}\{f(x) + g(A(x))\} = -\infty$ の場合には明らかに求める等式が成立するので

$$\inf_{x \in E}\{f(x) + g(A(x))\} > -\infty$$

10.2 ファンシェルの双対理論

と仮定して以下の証明を進める。$h : F \to [-\infty, \infty]$ を

$$h(y) = \inf_{x \in E}\{f(x) + g(A(x) + y)\}$$

と定義する。上の仮定は $h(0) > -\infty$ を意味する。

この h が真凸関数であることを以下に証明する。任意の $y, y' \in \operatorname{dom} h$ と $\lambda \in\ ]0, 1[$ をとる。$h(y) < \infty$ なので $\gamma > h(y)$ なる任意の実数 γ に対し，$f(x) + g(A(x) + y) < \gamma$ となる $x \in E$ が存在する。同様にして，$\gamma' > h(y')$ なる任意の実数 γ' に対し，$f(x') + g(A(x') + y') < \gamma'$ となる $x' \in E$ が存在する。従って，

$$\begin{aligned}&f((1-\lambda)x + \lambda x') + g(A((1-\lambda)x + \lambda x') + ((1-\lambda)y + \lambda y'))\\ &\leq (1-\lambda)(f(x) + g(A(x)+y)) + \lambda(f(x') + g(A(x')+y'))\\ &< (1-\lambda)\gamma + \lambda\gamma'\end{aligned}$$

となり $h((1-\lambda)y + \lambda y') < (1-\lambda)\gamma + \lambda\gamma'$ が成立する。これより

$$h((1-\lambda)y + \lambda y') \leq (1-\lambda)h(y) + \lambda h(y')$$

をえて h は凸関数である。さらに h の実質領域 $\operatorname{dom} h$ については

$$\operatorname{dom} h = \operatorname{dom} g - A(\operatorname{dom} f)$$

が成立することが容易に確認できるので，仮定より $0 \in \operatorname{ri}(\operatorname{dom} h)$ をえる。$h(0) > -\infty$ が成立しているので，命題 10.1.2 より h は真凸関数である。

定理 10.1.6 より $\partial h(0)$ は空集合ではないので $-y_0^* \in \partial h(0)$ となる点 $y_0^* \in F^*$ が存在する。任意の $y \in F$ と $x \in E$ について以下の不等式が成立する。

$$\begin{aligned}h(0) &\leq h(y) + y_0^*(y)\\ &\leq f(x) + g(A(x) + y) + y_0^*(y)\\ &= f(x) - A^*(y_0^*)(x) + g(A(x) + y) + A^*(y_0^*)(x) + y_0^*(y)\\ &= \{f(x) - A^*(y_0^*)(x)\} + \{g(A(x) + y) - (-y_0^*)(A(x) + y)\}\end{aligned}$$

$y \in F$ は任意であったので，任意の $x \in E$ に対し

$$h(0) \leq \{f(x) - A^*(y_0^*)(x)\} - g^*(-y_0^*)$$

が成立する。従って，

$$h(0) \leq -f^*(A^*(y_0^*)) - g^*(-y_0^*)$$

が成立する。これより

$$\begin{aligned}h(0) &\leq -f^*(A^*(y_0^*)) - g^*(-y_0^*) \\ &\leq \sup_{y^* \in F^*} \{-f^*(A^*(y^*)) - g^*(-y^*)\} \\ &\leq \inf_{x \in E} \{f(x) + g(A(x))\} \\ &= h(0)\end{aligned}$$

をえて，定理の第 1 の等式が成立することが示せた。同時に上記の上限は y_0^* によって達成されているので実際は最大値となっている。

次に第 2 の劣導関数に関する等式の証明に進む。補題 10.2.4 と補題 10.2.5 より

$$\partial(f + g \circ A)(x) \supset \partial f(x) + A^*(\partial g(A(x)))$$

が成立することは明らかであるので逆の包含関係を証明する。$x^* \in \partial(f + g \circ A)(x)$ とする。$x \in \mathrm{dom}(f + g \circ A)$ なので，定理 10.1.7 より x は最小化問題

$$\inf_{x' \in E} \{(f - x^*)(x') + g(A(x'))\} \text{ を求めよ。}$$

の最適解である。従って，今証明した本定理の前半の主張より点 $y^* \in F^*$ が存在し，

$$(f(x) - x^*(x)) + g(A(x)) = -(f - x^*)^*(A^*(y^*)) - g^*(-y^*)$$

が成立している。そして

$$(f - x^*)^*(A^*(y^*)) = \sup_{x \in E} \{A^*(y^*)(x) - (f - x^*)(x)\}$$

10.2 ファンシェルの双対理論

$$= \sup_{x \in E} \{(A^*(y^*) + x^*)(x) - f(x)\}$$
$$= f^*(A^*(y^*) + x^*)$$

が成立するので,

$$(f(x) - x^*(x)) + g(A(x)) = -f^*(A^*(y^*) + x^*) - g^*(-y^*)$$

をえる。命題 10.2.2 による 2 つの不等式

$$f(x) + f^*(A^*(y^*) + x^*) \geq (A^*(y^*) + x^*)(x)$$

と

$$g(A(x)) + g^*(-y^*) \geq -y^*(A(x))$$

より

$$x^*(x) = f(x) + f^*(A^*(y^*) + x^*) + g(A(x)) + g^*(-y^*)$$
$$\geq (A^*(y^*) + x^*)(x) - y^*(A(x))$$
$$= x^*(x)$$

となり,

$$f(x) + f^*(A^*(y^*) + x^*) + g(A(x)) + g^*(-y^*)$$
$$= (A^*(y^*) + x^*)(x) - y^*(A(x))$$

をえる。この等式と, 上記の 2 つの不等式に再度留意すると, 2 つの等式

$$f(x) + f^*(A^*(y^*) + x^*) = (A^*(y^*) + x^*)(x)$$

と

$$g(A(x)) + g^*(-y^*) = -y^*(A(x))$$

をえる。従って, 命題 10.2.2 より $A^*(y^*) + x^* \in \partial f(x)$ と $-y^* \in \partial g(A(x))$ が成立する。これより

$$x^* \in A^*(-y^*) + \partial f(x) \subset \partial f(x) + A^*(\partial g(A(x)))$$

をえる。□

定理 10.2.3 において $F = E$ とし A を恒等写像とすると，次の系 10.2.6 がえられる。

系 10.2.6 線形空間 E と真凸関数 $f : E \to]-\infty, \infty]$ と $g : E \to]-\infty, \infty]$ が与えられたとする。もし

$$\mathrm{dom}\, f \cap \mathrm{int}(\mathrm{dom}\, g) \neq \emptyset$$

が成立しているならば，等式

$$\inf_{x \in E}\{f(x) + g(x)\} = \sup_{x^* \in E^*}\{-f^*(x^*) - g^*(-x^*)\}$$

が成立し，この値が有限値であれば右辺の上限は最大値として達成される。そして

$$\partial(f + g)(x) = \partial f(x) + \partial g(x)$$

が成立する。

次の系 10.2.7 は線形制約をもつ最適化問題に関する双対定理である。

系 10.2.7 線形空間 E, F と真凸関数 $f : E \to]-\infty, \infty]$ と線形写像 $A \in L(E, F)$ と点 $b \in F$ が与えられたとする。もし

$$b \in \mathrm{ri}\, A(\mathrm{dom}\, f)$$

が成立しているならば，

$$\inf\{f(x) : x \in E,\ A(x) = b\} = \sup_{y^* \in F^*}\{y^*(b) - f^*(A^*(y^*))\}$$

が成立し，この値が有限値であれば右辺の上限は最大値として達成される。

証明 定理 10.2.3 において g として 1 点集合 $\{b\}$ の特性関数 $\delta_{\{b\}}$ を考える。$\delta_{\{b\}}^*(y^*) = y^*(b)$ がすべての $y^* \in F^*$ について成立することに留意すれば，求める結論をえる。□

10.3 真凸関数の双対性

f を線形空間 E 上の真凸関数とすると，その共役関数 f^* は E^* 上の真凸関数となることは命題 10.2.1 で見た．前にも述べたように E^* の双対空間 E^{**} は E と同一視できるので f^* の共役関数 f^{**} は E 上の真凸関数となる．この f^{**} を f の第 2 共役関数という．また，命題 10.2.2 より $f^{**} \leq f$ が成立することは明らかである．定理 10.3.3 はこの不等号が等号になるための条件を明らかにしている．

この定理の証明に入る前にいくつかの準備をする．例によって E は線形空間とする．実数値関数の半連続性の概念が第 1 章と第 9 章に現れたが，これらについては既知として定義を与えることはせずに議論を進めた．ここでは確認の意味も含めて無限値をとる関数の下半連続性の定義を与える．点 $x \in E$ について，関数 $f : E \to [-\infty, \infty]$ は，任意の $\{x_n\} \in c(x, E)$ に対し

$$\liminf_{n \to \infty} f(x_n) = \lim_{n \to \infty} \inf_{m \geq n} f(x_m) \geq f(x)$$

が成立するとき，x で下半連続であるという．そして E のすべての点 x で下半連続であるとき，f は単に**下半連続**であるという．

また，関数 $f : E \to [-\infty, \infty]$ は，そのエピグラフ $\operatorname{epi} f$ が $E \times R$ の閉部分集合であるとき**閉**であるという．次の命題 10.3.1 は下半連続性と閉性が同値であることを主張する．

命題 10.3.1 線形空間 E 上の関数 $f : E \to [-\infty, \infty]$ について以下の 3 つの主張は互いに同値である．

(1) f は閉である．

(2) f は下半連続である．

(3) 任意の $r \in R$ に対し集合 $\{x \in E : f(x) \leq r\}$ は E の閉部分集合である．

証明 (1) ⇒ (2) 下半連続でないと仮定すると，$\liminf_{n\to\infty} f(x_n) < f(x)$ となる $x \in E$ と $\{x_n\} \in c(x, E)$ が存在する。$\liminf_{n\to\infty} f(x_n) < r < f(x)$ を満たす実数 r をとる。このとき $\{x_n\}$ の部分列 $\{x_{n_k}\}$ が存在し $f(x_{n_k}) < r$ がすべての k について成立している。よって $(x_{n_k}, r) \in \mathrm{epi}\, f$ となっており仮定より $(x, r) \in \mathrm{epi}\, f$ が導かれる。よって $f(x) \le r < f(x)$ となり矛盾が生じる。

(2) ⇒ (3) 集合 $\{x \in E : f(x) \le r\}$ 内の点列 $\{x_n\}$ がある点 $x_0 \in E$ に収束しているとする。このとき $f(x_0) \le \liminf_{n\to\infty} f(x_n) \le r$ をえるので集合 $\{x \in E : f(x) \le r\}$ は閉集合である。

(3) ⇒ (1) $\{(x_n, r_n)\}$ を点 $(x_0, r_0) \in E \times R$ に収束する $\mathrm{epi}\, f$ 内の点列とする。任意の $\varepsilon > 0$ に対し，十分大きいすべての n について $f(x_n) \le r_n < r_0 + \varepsilon$ となる。よって $\{x_n\} \subset \{x \in E : f(x) \le r_0 + \varepsilon\}$ が成立するが，仮定より集合 $\{x \in E : f(x) \le r_0 + \varepsilon\}$ は閉集合であるので $f(x_0) \le r_0 + \varepsilon$ をえる。$\varepsilon > 0$ は任意であったので $f(x_0) \le r_0$ が成立し $(x_0, r_0) \in \mathrm{epi}\, f$ をえる。よって $\mathrm{epi}\, f$ は閉集合である。□

次の命題 10.3.2 は真凸関数の共役関数は自然に閉となることを主張している。

命題 10.3.2 線形空間 E 上の真凸関数 $f : E \to \,]{-}\infty, \infty]$ に対し，その共役関数 f^* は E^* 上の閉真凸関数である。

証明 f^* が真凸関数であることは命題 10.2.1 で見た。f^* が閉であることは，命題 10.3.1(3) に注目して
$$\{x^* \in E^* : f^*(x^*) \le r\} = \bigcap_{x \in \mathrm{dom}\, f} \{x^* \in E^* : x^*(x) \le f(x) + r\}$$
がすべての $r \in R$ について成立し，この右辺が閉集合であることに留意すればよい。□

次の定理 10.3.3 は真凸関数がその第 2 共役関数と一致するための条件を明らかにしている。

定理 10.3.3 真凸関数 $f : E \to \,]{-}\infty, \infty]$ について以下の主張は互いに同値である。

10.3 真凸関数の双対性

(1) f は閉である。

(2) $f = f^{**}$ が成立する。

(3) 任意の $x \in E$ について，
$$f(x) = \sup\{a(x) : a \text{ は } E \text{ 上のアフィン関数}, a \leq f\}$$

が成立する。

従って，共役をとるという操作は E 上の閉真凸関数全体の集合から E^* 上の閉真凸関数全体の集合への全単射 $f \mapsto f^*$ を与え，E^* 上の閉真凸関数全体の集合から E 上の閉真凸関数全体の集合への全単射 $f^* \mapsto f^{**} = f$ を与える。そして，これら 2 つの共役をとるという操作は互いに逆写像である。

証明 $(3) \Rightarrow (2)$　E 上のアフィン関数 a について，定理 5.1.2 より a は E 上の線形汎関数と定値関数の和として表現されるので，$a^{**} = a$ が成立することが容易に確認できる。従って，$a \leq f$ を満たす任意の E 上のアフィン関数 a について $a = a^{**} \leq f^{**} \leq f$ が成立する。よって (3) より $f = f^{**}$ が導かれる。

$(2) \Rightarrow (1)$　命題 10.3.2 より共役関数は閉であるので仮定 $f = f^{**}$ より f は閉である。

$(1) \Rightarrow (3)$　任意に点 $x_0 \in E$ をとり，$x_0 \in \mathrm{cl}(\mathrm{dom}\, f)$ の場合と $x_0 \notin \mathrm{cl}(\mathrm{dom}\, f)$ の場合の 2 つに分けて示す。

$x_0 \in \mathrm{cl}(\mathrm{dom}\, f)$ の場合。$r < f(x_0)$ となる任意の実数 r をとり固定する。f が閉であるので命題 10.3.1 より集合 $\{x \in E : f(x) > r\}$ は x_0 の近傍である。よって x_0 の開凸近傍 U で $U \subset \{x \in E : f(x) > r\}$ を満たすものが存在する。また，$x \notin U$ については $f(x) + \delta_U(x) = \infty$ であるから，すべての $x \in E$ について $f(x) + \delta_U(x) > r$ が成立する。よって，
$$r \leq \inf_{x \in E}\{f(x) + \delta_U(x)\}$$

が成立する。一方，
$$\mathrm{dom}\, f \cap \mathrm{int}(\mathrm{dom}\, \delta_U) = \mathrm{dom}\, f \cap U \neq \emptyset$$

が成立している。$\mathrm{dom}\,f \cap U$ 上で $f + \delta_U$ は有限値をとるので，$\inf_{x \in E}\{f(x) + \delta_U(x)\}$ は有限値である。系 10.2.6 より

$$r \leq \inf_{x \in E}\{f(x) + \delta_U(x)\} = -f^*(x^*) - \delta_U^*(-x^*)$$

を満たす $x^* \in E^*$ が存在する。この不等式より $\delta_U^*(-x^*)$ は有限値であることが分る。従って，

$$r \leq -\sup_{x \in E}\{x^*(x) - f(x)\} - \delta_U^*(-x^*)$$
$$= \inf_{x \in E}\{f(x) - x^*(x)\} - \delta_U^*(-x^*)$$

より，任意の $x \in E$ について

$$r \leq f(x) - x^*(x) - \delta_U^*(-x^*)$$

をえて

$$f(x) \geq x^*(x) + \delta_U^*(-x^*) + r$$

が成立する。アフィン関数 $a_r : E \to R$ を次の様に定義する。

$$a_r(x) = x^*(x) + \delta_U^*(-x^*) + r, \quad x \in E$$

このとき，任意の $x \in E$ について $a_r(x) \leq f(x)$ であり，

$$x^*(x_0) + \delta_U^*(-x^*) = x^*(x_0) - \inf_{x \in U} x^*(x) \geq 0$$

より，$a_r(x_0) \geq r$ が分る。r は $r < f(x_0)$ を満たす任意の実数であったので，

$$f(x_0) = \sup\{a(x_0) : a \text{ は } E \text{ 上のアフィン関数}, a \leq f\}$$

が成立する。

$x_0 \notin \mathrm{cl}(\mathrm{dom}\,f)$ の場合。命題 10.1.1 より $\mathrm{dom}\,f$ は凸集合であるので，定理 2.1.2 より $x^* \in E^*$ と実数 r が存在して，

$$x^*(x_0) > r > \sup_{x \in \mathrm{dom}\,f} x^*(x)$$

が成立している。$y_0 \in \text{cl}(\text{dom} f)$ を満たす点 y_0 を任意にとり,さらに $f(y_0) > r_0$ を満たす実数 r_0 を任意にとる。前半の議論から,$a_{r_0} \leq f$ を満たす E 上のアフィン関数 a_{r_0} が存在する。このアフィン関数 a_{r_0} を使い,各自然数 $k = 1, 2, 3, \ldots$ に対し,E 上のアフィン関数 a_k を

$$a_k(x) = a_{r_0}(x) + k(x^*(x) - r), \quad x \in E$$

と定義する。$x \notin \text{dom} f$ については $f(x) = \infty$ であり,$x \in \text{dom} f$ については $k(x^*(x) - r) < 0$ となるので,すべての $k = 1, 2, 3, \ldots$ について $a_k \leq f$ が成立している。また,$x^*(x_0) - r > 0$ であることから $\lim_{k \to \infty} a_k(x_0) = \infty$ となる。従って,

$$f(x_0) = \infty = \sup\{a(x_0) : a \text{ はアフィン関数}, a \leq f\}$$

が成立する。

なお,定理の最後の主張は明らかである。□

定理 10.3.3 により,共役関数をとるという操作は,E 上の閉真凸関数全体の集合から E^* 上の閉真凸関数全体の集合への全単射を与えることが明らかになった。E 上の閉真凸関数全体の集合の部分集合として E のコンパクト凸集合の特性関数全体で作られた集合を考えることにする。共役関数をとるという操作で,この集合に E^* 上の閉真凸関数のどのような集合が対応するか探ってみよう。

定理 10.3.4 線形空間 E が与えられたとする。

(1) C が E のコンパクト凸部分集合であれば,その支持関数 δ_C^* は実数値劣線形汎関数である。

(2) s が E^* 上の実数値劣線形汎関数であれば,

$$C = \{x \in E : x^*(x) \leq s(x^*),\ x^* \in E^*\}$$

と定義すると C はコンパクト凸集合であり,$s^* = \delta_C$ が成立する。

従って,閉真凸関数の共役をとるという操作 $f \mapsto f^*$ は,E のコンパクト凸部分集合の特性関数全体の集合と E^* 上の実数値劣線形汎関数全体の集合との間の全単射を与える。

証明

(1) $\delta_C{}^*(x^*) = \sup_{x \in C} x^*(x)$ が成立していることに注意すれば，$\delta_C{}^*$ が実数値劣線形汎関数であることは明らかである．

(2) $x \in C$ とすると $-s(-x^*) \leq x^*(x) \leq s(x^*)$ がすべての $x^* \in E^*$ について成立しているので，命題 1.4.2 より C は有界である．そして x^* の連続性より C は閉集合でもあるのでコンパクトである．x^* の線形性より C が凸集合であることは明らかである．

次に $s^* = \delta_C$ を証明する．$s^*(x) = \sup_{x^* \in E^*}\{x^*(x) - s(x^*)\}$ が成立しているので，$x^* = 0$ を考えると $s^*(x) \geq 0$ は明らかである．$x \in C$ とすると，すべての $x^* \in E^*$ について $x^*(x) \leq s(x^*)$ が成立しているので $s^*(x) \leq 0$ をえて，$s^*(x) = 0$ が成立する．$x \notin C$ とすると，$x^*(x) > s(x^*)$ となる $x^* \in E^*$ が存在する．$x^*(x) - s(x^*) = \alpha > 0$ とおく．そして任意の自然数 n について

$$s^*(x) \geq (nx^*)(x) - s(nx^*) = n\alpha$$

が成立するので $s^*(x) = \infty$ をえる．以上で $s^* = \delta_C$ が証明された．

□

線形空間 E 上の真凸関数 f に対しその**閉包**とよばれる関数 $\mathrm{cl}\, f : E \to [-\infty, \infty]$ を

$$(\mathrm{cl}\, f)(x) = \inf\{r \in R : (x, r) \in \mathrm{cl}(\mathrm{epi}\, f)\}, \quad x \in E$$

と定義する．次の命題 10.3.5 は真凸関数の閉包の基本的な性質を明らかにしている．

命題 10.3.5 線形空間 E 上の真凸関数 f の閉包 $\mathrm{cl}\, f$ は閉真凸関数であり，f 以下の閉真凸関数のうちで最大のものである．そして，$\mathrm{epi}(\mathrm{cl}\, f) = \mathrm{cl}(\mathrm{epi}\, f)$ が成立する．

証明 命題 10.3.2 より f^{**} は E 上の閉真凸関数であり，$f^{**} \leq f$ を満たすので $\mathrm{epi}\, f \subset \mathrm{epi}\, f^{**}$ が成立し，これより $\mathrm{cl}(\mathrm{epi}\, f) \subset \mathrm{epi}\, f^{**}$ をえる．よって

$f^{**} \leq \operatorname{cl} f$ が成立する。すべての $x \in E$ について $f^{**}(x) > -\infty$ が成立しているので $(\operatorname{cl} f)(x) > -\infty$ であり，さらに $\operatorname{cl}(\operatorname{epi} f)$ の閉性より上記の $\operatorname{cl} f$ の定義式で，下限をとる集合が空集合でない限り，右辺の下限は最小値となっている。即ち，$(x, r) \in \operatorname{cl}(\operatorname{epi} f)$ を満たす実数 r が存在する $x \in E$ については，$(x, (\operatorname{cl} f)(x)) \in \operatorname{cl}(\operatorname{epi} f)$ が成立する。

このことより $\operatorname{epi}(\operatorname{cl} f) = \operatorname{cl}(\operatorname{epi} f)$ が成立することが分る。実際，$(x, r) \in \operatorname{epi}(\operatorname{cl} f)$ とすると $(\operatorname{cl} f)(x) \leq r$ が成立している。$r = (\operatorname{cl} f)(x)$ の場合は $(x, r) \in \operatorname{cl}(\operatorname{epi} f)$ はよい。$r > (\operatorname{cl} f)(x)$ の場合は，$(x, (\operatorname{cl} f)(x)) \in \operatorname{cl}(\operatorname{epi} f)$ より $\operatorname{epi} f$ 内の点列 $\{(x_n, r_n)\}$ で $(x, (\operatorname{cl} f)(x))$ に収束するものが存在する。十分大きいすべての n について $r_n < r$ が成立しているので $(x_n, r) \in \operatorname{epi} f$ をえる。よって，$(x, r) \in \operatorname{cl}(\operatorname{epi} f)$ が成立する。以上で $\operatorname{epi}(\operatorname{cl} f) \subset \operatorname{cl}(\operatorname{epi} f)$ をえる。逆の包含関係 $\operatorname{epi}(\operatorname{cl} f) \supset \operatorname{cl}(\operatorname{epi} f)$ は $\operatorname{cl} f$ の定義より明らかであるので $\operatorname{epi}(\operatorname{cl} f) = \operatorname{cl}(\operatorname{epi} f)$ が成立する。

命題 10.1.1 より $\operatorname{cl}(\operatorname{epi} f)$ は閉凸集合であるので，再び命題 10.1.1 より $\operatorname{cl} f$ は閉真凸関数である。そして $\operatorname{cl} f \leq f$ が成立することは $\operatorname{cl} f$ の定義より明らかである。

一方，g を任意の f 以下の閉真凸関数とする。このとき，$\operatorname{epi} g \supset \operatorname{epi} f$ より，$\operatorname{epi} g \supset \operatorname{cl}(\operatorname{epi} f) = \operatorname{epi}(\operatorname{cl} f)$ が成立するので，$g \leq \operatorname{cl} f$ をえる。よって，$\operatorname{cl} f$ は f より小さい閉真凸関数のうちで最大のものである。□

命題 10.3.5 により，$\operatorname{cl} f$ という記号や，これを f の閉包とよぶことの正当性が確認される。

定理 10.3.6 線形空間 E 上の真凸関数 $f : E \to \,]-\infty, \infty]$ に対し，$f^{**} = \operatorname{cl} f$ が成立する。そして，点 $x \in \operatorname{dom} f$ に対し，$f(x) = f^{**}(x)$ が成立するための必要十分条件は f が x において下半連続であることである。

証明 1番目の主張の証明を示す。命題 10.3.2 より f^{**} は閉真凸関数であり，そして $f^{**} \leq f$ が成立している。よって命題 10.3.5 より $f^{**} \leq \operatorname{cl} f \leq f$ が成立する。この $\operatorname{cl} f \leq f$ より $(\operatorname{cl} f)^{**} \leq f^{**}$ が成立し，$\operatorname{cl} f$ が閉であるので定理 10.3.3 より $\operatorname{cl} f = (\operatorname{cl} f)^{**}$ が成立する。よって，$\operatorname{cl} f \leq f^{**}$ をえる。これと上の $f^{**} \leq \operatorname{cl} f$ を考え合わせて $f^{**} = \operatorname{cl} f$ をえる。

2番目の主張の証明を示す。$f(x) = f^{**}(x)$ と仮定する。命題 10.3.1 と命題 10.3.2 より f^{**} は下半連続である。よって，任意の $\{x_n\} \in c(x, E)$ について

$$f(x) = f^{**}(x) \leq \liminf_{n \to \infty} f^{**}(x_n) \leq \liminf_{n \to \infty} f(x_n)$$

が成立し，f が x において下半連続であることをえる。

逆に f が x において下半連続であると仮定する。1番目の主張より $f(x) = (\mathrm{cl}\, f)(x)$ が成立することを示せばよい。$x \in \mathrm{dom}\, f$ については $(x, (\mathrm{cl}\, f)(x)) \in \mathrm{cl}(\mathrm{epi}\, f)$ が成立しているので，$\mathrm{epi}\, f$ 内の点列 $\{(x_n, r_n)\}$ で $x_n \to x$, $r_n \to (\mathrm{cl}\, f)(x)$ となっているものが存在する。これより，

$$f(x) \leq \liminf_{n \to \infty} f(x_n) \leq \lim_{n \to \infty} r_n = (\mathrm{cl}\, f)(x)$$

が成立するので $f(x) = (\mathrm{cl}\, f)(x)$ をえる。□

本節の最後に今までえた知識を使い劣導関数の極大単調性を示す。第9章で議論した線形空間 E の開凸部分集合 X で定義された凸関数 f の劣導関数 ∂f はすべての $x \in X$ について $\partial f(x) \neq \emptyset$ が成立していた。しかし，本章で議論してきた E 上で定義された真凸関数 f の劣導関数 ∂f については $\partial f(x) = \emptyset$ となる $x \in E$ が存在する可能性があった。

前者のように定義域のすべての点における値が非空集合である写像を多価写像とよんだ。しかし，値が空集合となることを許した場合の写像を多価写像とはよばず，対応とよび区別することにする。従って，本章で現れた ∂f は E 上の対応である。対応に関するグラフは多価写像のそれと同様に考える。そして，対応が単調であることの意味やその極大性も多価写像のそれらと全く同様である。対応を表す記号も多価写像のそれと同様に2重矢印 $\twoheadrightarrow$ を使用する。

次の定理 10.3.7 は定理 9.1.16 に対応する真凸関数に関する主張である。定理 10.3.7 の証明は定理 9.1.16 のそれと比べるとかなり複雑である。証明のための道具として写像 J を定義する。線形空間 E の次元を m とし，E の基底 $\{b_1, \ldots, b_m\}$ を1つとり，その双対基底を $\{b_1^*, \ldots, b_m^*\}$ とする。写像 $J : E \to E^*$ を

$$J(x) = \sum_{i=1}^m b_i^*(x) b_i^*, \quad x \in E$$

と定義する．J は線形写像であり全単射である．そして，J より $E \times E$ 上の関数 b を

$$b(x,y) = J(x)(y), \quad x,y \in E$$

と定義すると，b が E 上の内積，即ち，正定値対称双線形汎関数であることは容易に確認できる．そして 2 次形式 $\tilde{b}(x) = b(x,x) = J(x)(x)$ をえる．定理 7.1.7(5) より $\tilde{b}'(x) = 2J(x)$ と $\tilde{b}''(x) = 2J$ がすべての $x \in E$ について成立する．よって，定理 9.1.12 より $\tilde{b}$，即ち，写像 $x \mapsto J(x)(x)$ は E 上の狭義凸関数である．

さらに，x_0^* を任意の線形汎関数，α を任意の実数とし，

$$L = \{x \in E : \tilde{b}(x) + x_0^*(x) \le \alpha\}$$

とおく．このとき，$\tilde{b}$ と線形汎関数 x_0^* との和のレベル集合 L はコンパクト凸集合である．実際，実数 λ_i を使い $x_0^* = \sum_{i=1}^m 2\lambda_i b_i^*$ と表現されているとする．任意の $x \in L$ に対し，

$$\begin{aligned}
\tilde{b}(x) + x_0^*(x) &= J(x)(x) + x_0^*(x) \\
&= \sum_{i=1}^m b^*(x)^2 + \sum_{i=1}^m 2\lambda_i b_i^*(x) \\
&= \sum_{i=1}^m (b_i^*(x) + \lambda_i)^2 - \sum_{i=1}^m \lambda_i^2 \\
&\le \alpha
\end{aligned}$$

が成立するので，$b_i^*(L)$ がすべての $i = 1, \ldots, m$ について有界である．これより任意の $x^* \in E^*$ について $x^*(L)$ が有界であるので，命題 1.4.2 より L は有界である．L が閉凸集合であることは $\tilde{b}$ と x_0^* の連続性と凸性より明らかである．よって L はコンパクト凸集合である．

以上の準備の下で次の定理 10.3.7 を証明する．

定理 10.3.7 線形空間 E 上の下半連続真凸関数 $f : E \to\,]{-}\infty, \infty]$ の劣導関数 $\partial f : E \twoheadrightarrow E^*$ は極大単調対応である．

証明 ∂f が単調対応であることは定理 9.1.16 の証明と同様にして証明できるので，その極大性のみを証明する．$A : E \twoheadrightarrow E^*$ を $\mathrm{Gr}(A) \supset \mathrm{Gr}(\partial f)$ を満たす単調対応であると仮定する．このとき $\mathrm{Gr}(A) \subset \mathrm{Gr}(\partial f)$ を導くことにより ∂f が極大単調対応であることを証明する．

$(x_0, x_0^*) \in \mathrm{Gr}(A)$ とする．この x_0 と x_0^* と J を使用して，関数 $g : E \to \,]{-\infty}, \infty]$ を

$$g(x) = f(x) + J(x)(x) - x_0^*(x) - 2J(x_0)(x), \quad x \in E$$

と定義すると，上で述べた J の性質より g は真凸関数である．

一方，命題 10.3.1 と定理 10.3.3 より，アフィン関数 a が存在して，すべての $x \in E$ について $a(x) \leq f(x)$ が成立している．これより，

$$g(x) \geq a(x) + J(x)(x) - x_0^*(x) - 2J(x_0)(x), \quad x \in E$$

が成立する．この不等式の右辺を $h(x)$ とおくと，上で述べたことより任意の実数 α について，レベル集合 $\{x \in E : h(x) \leq \alpha\}$ はコンパクト集合である．$\mathrm{dom}\, g = \mathrm{dom}\, f$ より 1 点 y_0 をとると，

$$\{x \in E : g(x) \leq g(y_0)\} \subset \{x \in E : h(x) \leq g(y_0)\}$$

が成立する．左辺を L とおくと，g が下半連続であることより，L は y_0 を含む非空コンパクト集合である．よって，g は L 上で最小値に達するが，これは E 全体での最小値でもある．この最小点を x_1 とする．

定理 10.1.8 と系 10.2.6 より，

$$0 \in \partial g(x_1) = \partial f(x_1) + 2J(x_1) - x_0^* - 2J(x_0)$$

が成立する．これより $x_1^* \in \partial f(x_1)$ が存在し，

$$x_1^* - x_0^* = -2J(x_1 - x_0)$$

が成立する．$(x_1, x_1^*) \in \mathrm{Gr}(\partial f) \subset \mathrm{Gr}(A)$ と A の単調性より，

$$0 \leq (x_1^* - x_0^*)(x_1 - x_0) = -2J(x_1 - x_0)(x_1 - x_0)$$

が成立するので，$x_1 - x_0 = 0$ をえる．よって，これより $x_1^* - x_0^* = 0$ をえて，$(x_0, x_0^*) = (x_1, x_1^*) \in \mathrm{Gr}(\partial f)$ が成立し，証明が完了する．□

10.4 凸計画問題とラグランジュ双対性

これまでの議論でえた知見を前提として不等式制約をもつ凸計画問題に興味を移そう．第 4.4 節で考察した線形計画問題の双対理論を思い出してみる．主問題 (P) は制約条件

$$T(x) \leq a$$

の下で目的関数 $c^*(x)$ の最大化を図る最適化問題であった．後の議論との整合性を図るためにこの問題を $-c^*(x)$ の最小化を図る最適化問題と解釈する．そして主問題 (P) の双対問題 (D) は制約条件

$$T^*(y^*) = c^*, \quad y^* \geq 0$$

の下で目的関数 $y^*(a)$ の最小化を図る最適化問題であった．これも $-y^*(a)$ の最大化を図る最適化問題と読み替えることにする．

直積空間 $E \times F^*$ 上の関数 $L : E \times F^* \to [-\infty, \infty]$ を

$$L(x, y^*) = \begin{cases} -c^*(x) - y^*(a) + y^*(T(x)) & y^* \geq 0 \\ -\infty & y^* \not\geq 0 \end{cases}$$

と定義すると

$$\sup_{y^* \in F^*} L(x, y^*) = \begin{cases} -c^*(x) & T(x) \leq a \\ \infty & その他 \end{cases}$$

そして

$$\inf_{x \in E} L(x, y^*) = \begin{cases} -y^*(a) & y^* \geq 0,\ T^*(y^*) = c^* \\ -\infty & その他 \end{cases}$$

が成立することは容易に確認できる．従って，主問題 (P) の最適値は $\inf_{x \in E} \sup_{y^* \in F^*} L(x, y^*)$ であり，双対問題 (D) の最適値は $\sup_{y^* \in F^*} \inf_{x \in E} L(x, y^*)$ である．定理 4.4.2 は両問題が実行可能解をもつ

ときにはこれらふたつの最適値は一致することを主張していた. 即ち, 関数 L に関し等式

$$\inf_{x \in E} \sup_{y^* \in F^*} L(x, y^*) = \sup_{y^* \in F^*} \inf_{x \in E} L(x, y^*)$$

が成立する. この等式のことを**ミニマックス等式**という.

本節では上記の線型計画問題を拡張して凸計画問題を扱う. E と F は線形空間で F にはアルキメデス的半順序 $\leq$ が定義されおり順序単位をもつと仮定する. 即ち, F の正錐 F_+ は内点をもつ閉錐であるとする. 第 3.1 節で述べたように F の双対空間 F^* は F の正錐 F_+ の双対楔 $(F_+)^*$ を正錐とすることにより自然な形で順序線形空間の構造をもった. このとき F^* もアルキメデス的であり順序単位元をもった. そして F^* の双対順序線形空間は F に一致することも見た.

C を E の凸部分集合とし, C で定義され F に値をもつ写像 $g : C \to F$ は, 任意の $x, y \in C$ と $\lambda \in \,]0,1[$ について

$$g((1-\lambda)x + \lambda y) \leq (1-\lambda)g(x) + \lambda g(y)$$

が成立するとき**凸写像**であるという. E の凸部分集合 C 上で定義された実数値凸関数 f と F に値をもつ凸写像 g が与えられたとする. 次の凸計画問題を考察する.

$$(\text{P}) : \inf\{f(x) : x \in C, \ g(x) \leq 0\} \text{ を求めよ.}$$

この凸計画問題の実行可能領域を S とする. 即ち,

$$S = \{x \in C : g(x) \leq 0\}$$

とおく. そして, この凸計画問題のラグランジュ関数 $L : E \times F^* \to [-\infty, \infty]$ を

$$L(x, y^*) = \begin{cases} f(x) + y^*(g(x)) & x \in C, \ y^* \geq 0 \\ -\infty & x \in C, \ y^* \not\geq 0 \\ \infty & x \notin C \end{cases}$$

と定義する．このとき

$$\sup_{y^* \in F^*} L(x, y^*) = \begin{cases} f(x) & x \in S \\ \infty & x \notin S \end{cases}$$

が成立する．実際，$x \in S$ のときは $x \in C$ かつ $g(x) \leq 0$ が成立しているので，

$$\sup_{y^* \in F^*} L(x, y^*) = \sup_{y^* \geq 0} L(x, y^*) = \sup_{y^* \geq 0} (f(x) + y^*(g(x))) = f(x)$$

をえる．また，$x \notin S$ のときは，$x \notin C$ の場合と $x \in C$ かつ $g(x) \nleq 0$ の場合に分けられる．前者の場合は明らかに $\sup_{y^* \in F^*} L(x, y^*) = \infty$ である．後者の場合は $-g(x) \notin F_+$ が成立するが，$F_+ = (F_+)^{**}$ より $y^*(-g(x)) < 0$ を満たす $y^* \geq 0$ が存在する．よって，いずれにしても $\sup_{y^* \in F^*} L(x, y^*) = \infty$ をえる．従って，問題 (P) の最適値は

$$\inf_{x \in E} \sup_{y^* \in F^*} L(x, y^*)$$

に等しい．このようにラグランジュ関数 L を導入することにより問題 (P) は

$$(\mathrm{P_L}) : \inf_{x \in E} \sup_{y^* \in F^*} L(x, y^*) \text{ を求めよ．}$$

と書きかえることができるが，その双対問題 $(\mathrm{D_L})$ として

$$(\mathrm{D_L}) : \sup_{y^* \in F^*} \inf_{x \in E} L(x, y^*) \text{ を求めよ．}$$

を考える．この主問題 $(\mathrm{P_L})$ と双対問題 $(\mathrm{D_L})$ を結び付ける概念として問題 (P) の**価値関数**とよばれる F 上の関数 $v : F \to [-\infty, \infty]$ を

$$v(b) = \inf\{f(x) : x \in C, \ g(x) \leq b\}, \quad b \in F$$

と定義する．ここで，空集合の下限については通常の約束に従い $\inf \emptyset = \infty$ とする．問題 (P) の制約 $g(x) \leq 0$ に $b \in F$ だけ摂動を加え制約を $g(x) \leq b$ としたときの最適値を $v(b)$ と定義している．

凸計画問題 (P) の制約条件 $g(x) \leq 0$ について，$g(x_0) \ll 0$ を満たす $x_0 \in C$ が存在するとき，この制約条件はスレイターの制約想定を満たすという．こ

こで $g(x_0) \ll 0$ は，$-g(x_0) \gg 0$，即ち，$-g(x_0)$ が順序線形空間 F の順序単位元であることを表している．次の定理 10.4.1 が示すように，スレイターの制約想定を満たす凸計画問題の価値関数 v は好ましい性質をもつ．

定理 10.4.1 凸計画問題 (P) がスレイターの制約想定を満たし，その最適値 $\inf\{f(x) : x \in C, \, g(x) \leq 0\}$ が有限値であると仮定する．このとき，価値関数 v は以下の性質をもつ真凸関数である．

(1) 0 は $\mathrm{dom}\, v$ の内点であり，v は 0 で連続である．

(2) $v(0) = \inf_{x \in E} \sup_{y^* \in F^*} L(x, y^*)$ が成立する．

(3) 任意の $y^* \in F^*$ について，
$$v^*(-y^*) = -\inf_{x \in E} L(x, y^*)$$
が成立する．

(4) $v^{**}(0) = \sup_{y^* \in F^*} \inf_{x \in E} L(x, y^*)$ が成立する．

証明 任意の $b \in F$ について

$$D(b) = \{x \in C : g(x) \leq b\}$$

と定義する．このとき，任意の $b, c \in F$ と任意の $\lambda \in \,]0,1[$ について

$$(1-\lambda)D(b) + \lambda D(c) \subset D((1-\lambda)b + \lambda c)$$

が成立することは容易に確認できる．v が凸関数であることを示すために，$\mathrm{dom}\, v$ より任意の 2 点 $b,\, c$ と $\lambda \in \,]0,1[$ をとる．このとき以下の式が任意の $x \in D(b)$ と $y \in D(c)$ について成立する．

$$\begin{aligned}
v((1-\lambda)b + \lambda c) &= \inf\{f(z) : z \in D((1-\lambda)b + \lambda c)\} \\
&\leq \inf\{f(z) : z \in (1-\lambda)D(b) + \lambda D(c)\} \\
&\leq f((1-\lambda)x + \lambda y) \\
&\leq (1-\lambda)f(x) + \lambda f(y)
\end{aligned}$$

10.4 凸計画問題とラグランジュ双対性　　271

これより
$$v((1-\lambda)b + \lambda c) \leq (1-\lambda)v(b) + \lambda v(c)$$
をえて，v が凸関数であることが示せた．

次に 0 が $\operatorname{dom} v$ の内点であることを示す．先に述べたように $v(0)$ は問題 (P) の最適値に等しく，仮定よりこれは有限値である．よって $0 \in \operatorname{dom} v$ が成立する．0 が $\operatorname{dom} v$ の内点であることを示すには，定理 1.2.2 より，それが線形内点であることを示せばよいので，任意の $b \in F$ に対し，$\delta > 0$ をみつけて $\lambda \in\ ]0, \delta[$ なるすべての λ について $\lambda b \in \operatorname{dom} v$ を示す．$\lambda b \in \operatorname{dom} v$ は $D(\lambda b) \neq \emptyset$ と同値であることに留意する．スレイターの制約想定より $g(z) \ll 0$ を満たす $z \in C$ が存在する．従って，F の正錐 F_+ について $g(z) + F_+$ は 0 の近傍となる．十分小さい $\lambda > 0$ については $\lambda b \in g(z) + F_+$，即ち，$g(z) \leq \lambda b$ となるので $z \in D(\lambda b)$ をえる．よって 0 は $\operatorname{dom} v$ の内点である．

そして $v(0) > -\infty$ なので，命題 10.1.2 よりすべての $y \in E$ について $v(y) > -\infty$ が確認できる．以上で v が真凸関数であることが証明できた．さらに，定理 9.1.1 より v は 0 で連続である．以上で v は (1) と (2) を満たす真凸関数であることが証明された．

(3) については，$y^* \not\geq 0$ の場合と $y^* \geq 0$ の場合に分けて証明する．

$y^* \not\geq 0$ の場合．$y \geq 0$ で $y^*(y) < 0$ を満たす $y \in F$ が存在する．任意の $\lambda > 0$ について，$-\infty < v(\lambda y) \leq v(0) < \infty$ に留意すると，
$$v^*(-y^*) \geq -y^*(\lambda y) - v(\lambda y)$$
$$\geq -\lambda y^*(y) - v(0)$$
が成立するので，$v^*(-y^*) = \infty$ をえる．一方，$x \in C$ について $L(x, y^*) = -\infty$，$x \notin C$ について $L(x, y^*) = \infty$ と定義されているので，$-\inf_{x \in E} L(x, y^*) = \infty$ が成立することは明らかである．

$y^* \geq 0$ の場合．任意の $x \in C$ について $f(x) \geq v(g(x))$ が成立するので，
$$-(f(x) + y^*(g(x))) \leq -y^*(g(x)) - v(g(x))$$
$$\leq \sup_{y \in F}(-y^*(y) - v(y))$$
$$= v^*(-y^*)$$

をえる．これより $-L(x,y^*) \leq v^*(-y^*)$ が任意の $x \in C$ について成立する．また，$x \notin C$ なる x については $L(x,y^*) = \infty$ なのでこの不等式は明らかに成立するので

$$-\inf_{x \in E} L(x,y^*) = \sup_{x \in E} (-L(x,y^*)) \leq v^*(-y^*)$$

をえる．

逆向きの不等号を証明するために，

$$v(y) \geq -y^*(y) + \inf_{x' \in E} L(x',y^*)$$

がすべての $y \in F$ について成立することを示す．$y \in F$ を任意にとる．$x \in C$ かつ $g(x) \leq y$ を満たす点 x が存在しない場合は $v(y) = \infty$ なので問題の不等式は明らかに成立する．$x \in C$ かつ $g(x) \leq y$ を満たす点 x が存在する場合には

$$L(x,y^*) = f(x) + y^*(g(x)) \leq f(x) + y^*(y)$$

が成立するので，

$$\inf_{x' \in E} L(x',y^*) \leq f(x) + y^*(y)$$

をえる．よって，$f(x) \geq -y^*(y) + \inf_{x' \in E} L(x',y^*)$ より

$$v(y) \geq -y^*(y) + \inf_{x' \in E} L(x',y^*)$$

をえる．以上ですべての $y \in F$ について

$$-y^*(y) - v(y) \leq -\inf_{x' \in E} L(x',y^*)$$

が成立するので

$$v^*(-y^*) \leq -\inf_{x' \in E} L(x',y^*)$$

をえる．

(4) については，(3) より次の等式が成立することより証明される．

$$\sup_{y^* \in F^*} \inf_{x \in E} L(x,y^*) = -\inf_{y^* \in F^*} \left(-\inf_{x \in E} L(x,y^*)\right)$$
$$= -\inf_{y^* \in F^*} v^*(-y^*)$$

10.4 凸計画問題とラグランジュ双対性

$$= \sup_{y^* \in F^*} -v^*(-y^*)$$
$$= v^{**}(0)$$

□

以上の準備の下に凸計画問題の双対定理をえる。

定理 10.4.2 凸計画問題 (P) の最適値は有限値であり，スレイターの制約想定を満たすとする。そして問題 (P) の価値関数を v とする。このとき，主問題 (P_L) の最適値と双対問題 (D_L) の最適値は一致する。さらに，双対問題 (D_L) の最適解が存在し，その最適解全体の集合は $-\partial v(0)$ に一致する。

証明 定理 10.4.1(1), (2), (4) と定理 10.3.6 を考え合わせれば最初の主張は明らかである。

関数 $h : F^* \to]-\infty, \infty]$ を $h(y^*) = v^*(-y^*)$ と定義すると定理 10.4.1 と命題 10.2.1 より h は真凸関数である。共役関数の定義より $h^*(0) = v^{**}(0)$ が成立することは簡単に確認でき，$v^{**}(0) = v(0)$ が成立しているので，$h^*(0) = v(0)$ をえる。この事実に留意すると以下の一連の同値関係が成立する。

y_0^* が (D_L) の最適解である。

$$\Leftrightarrow \inf_{x \in E} L(x, y_0^*) = \sup_{y^* \in F^*} \inf_{x \in E} L(x, y^*)$$

$$\Leftrightarrow -\inf_{x \in E} L(x, y_0^*) = \inf_{y^* \in F^*} \left(-\inf_{x \in E} L(x, y^*) \right)$$

$$\Leftrightarrow v^*(-y_0^*) = \inf_{y^* \in F^*} v^*(-y^*) \quad (\text{定理 10.4.1(3) より})$$

$$\Leftrightarrow 0 \in \partial h(y_0^*) \quad (\text{定理 10.1.8 より})$$

$$\Leftrightarrow y_0^* \in -\partial v(0) \quad (\text{命題 10.2.2 より})$$

これより双対問題 (D_L) の最適解全体の集合は $-\partial v(0)$ に一致することが分る。そして定理 10.4.1(1) と定理 10.1.6 より $\partial v(0)$ は非空であるので，双対問題 (D_L) は最適解をもつ。□

凸計画問題 (P) の実行可能解 $x \in E$ に対し，次の条件を満たす $y^* \in F^*$ を x のラグランジュ乗数という。

(1) $y^* \geq 0$

(2) x はラグランジュ関数 $L(\cdot, y^*)$ の最小点である.

(3) $y^*(g(x)) = 0$

次の定理 10.4.3 は凸計画問題の最適性の必要十分条件がラグランジュ乗数の存在性であることを示している.

定理 10.4.3 凸計画問題 (P) はスレイターの制約想定を満しているとする. そして問題 (P) の価値関数を v とし, 点 $x \in E$ を問題 (P) の実行可能解とする. このとき, x が問題 (P) の最適解であるための必要十分条件は x のラグランジュ乗数 y^* が存在することである. そしてこのとき, x のラグランジュ乗数全体の集合は $-\partial v(0)$ に一致する.

証明 十分性. x のラグランジュ乗数 y^* が存在すると仮定する. x' を問題 (P) の任意の実行可能解とする. ラグランジュ乗数の性質 (1), (2), (3) を順次適用することにより,

$$f(x') \geq f(x') + y^*(g(x'))$$
$$\geq f(x) + y^*(g(x))$$
$$= f(x)$$

をえるので, x は問題 (P) の最適解である.

必要性. x を問題 (P) の最適解とする. 定理 10.4.2 よりその存在が保証される双対問題 (D_L) の最適解を y^* とする. 任意の $b \geq 0$ について $g(x) \leq b$ であり, $-y^* \in \partial v(0)$ が成立していることに注意すると,

$$f(x) = v(0) \leq v(b) + y^*(b) \leq f(x) + y^*(b)$$

が成立する. これより $y^* \geq 0$ をえる. そして, 任意の $x' \in C$ について,

$$f(x') \geq v(g(x')) \geq v(0) - y^*(g(x')) = f(x) - y^*(g(x'))$$

が成立しているが, 特に $x' = x$ とすると $y^*(g(x)) \geq 0$ をえる. そして, $y^*(g(x)) \leq 0$ は明らかなので $y^*(g(x)) = 0$ をえる. 最後に上の不等式を変

10.4 凸計画問題とラグランジュ双対性

形し
$$f(x') + y^*(g(x')) \geq f(x) = f(x) + y^*(g(x))$$

をえるので，x は $L(\cdot, y^*)$ を最小化している。よって y^* は x のラグランジュ乗数である。

最後の主張に関しては，上記必要性の証明により $-\partial v(0)$ の要素はすべて x のラグランジュ乗数であることが保証されるので逆を証明する。y^* を x の任意のラグランジュ乗数とすると定理 10.4.1(3) より以下の一連の等式が成立する。

$$\begin{aligned} v^*(-y^*) &= -\inf_{x' \in E} L(x', y^*) \\ &= -L(x, y^*) \\ &= -(f(x) + y^*(g(x))) \\ &= -f(x) \\ &= -v(0) \end{aligned}$$

従って，$v(0) + v^*(-y^*) = 0 = (-y^*)(0)$ が成立するので $-y^* \in \partial v(0)$ をえて，$y^* \in -\partial v(0)$ が証明される。□

凸計画問題 (P) の最適解に対するラグランジュ乗数の集合が $-\partial v(0)$ に一致するという定理 10.4.3 の後半の結論より，ラグランジュ乗数は価値関数 v の 0 における変化率の符号をかえたものであると解釈することができる。

参 考 文 献

[1] 川崎英文, 極値問題, 横浜図書, 2004.

[2] 川又邦雄, ゲーム理論の基礎, 培風館, 2012.

[3] 高橋渉, 凸解析と不動点近似, 横浜図書, 2000.

[4] 竹内幸雄, Brouwer's fixed point theorem とその周辺, バナッハ空間論の研究とその周辺(数理解析研究所講究録 1753), 140–151, 京都大学数理解析研究所, 2011.

[5] 田中謙輔, 凸解析と最適化理論, 牧野書店, 1994.

[6] 福島雅夫, 非線形最適化の理論, 産業図書, 1980.

[7] 丸山徹, 経済数学, 知泉書館, 2002.

[8] C.D. Aliprantis and K.C. Border, *Infinite Dimensional Analysis, 3rd ed.*, Springer, Berlin Heidelberg New York, 2006.

[9] C.D. Aliprantis and R. Tourky, *Cones and Duality*, American Math. Soc., Province, Rhode Island, 2007.

[10] J.M. Borwein and A.S. Lewis, *Convex Analysis and Nonlinear Optimization: Theory and Examples*, Canadian Math. Soc., Springer-Verlag, New York, 2000.

[11] P.R. Halmos, *Finite-Dimensional Vector Spaces*, Van Nostrand, Princeton, N.J., 1958.

[12] I.N. Herstein and J. Milnor, "An axiomatic approach to measurable utility," Econometrica, 21(1953), 291–297.

[13] V.L. Klee, "Extremal structure of convex sets," Arch. Math. 8(1957), 234–240.

[14] R.T. Rockafellar, *Convex Analysis*, Princeton Univ. Press, Princeton, N.J., 1970.

参考文献

[15] Y. Takeuchi and T. Suzuki, "An easily verifiable proof of the Brouwer fixed point theorem," Bill. Kyushu Inst. Tech. 59(2012), 1-5.

[16] S. Yamamuro, *Differential Calculus in Topological Linear Spaces*, L.N. in Math. 374, Springer-Verlag, Berlin・Heidelberg・New York, 1974.

索　引

ア　行

アフィン関数　130, 259
アフィン効用関数　135
アフィン写像　127, 196, 199
アルキメデス的順序　71, 109, 110
アルキメデス的錐　71
アルキメデス的線形束　107, 120, 124
位相線形空間　144
到る所で稠密ではない　222
一様収束位相（有界集合上の）　38
上に有界　75
エピグラフ　239
円形　6
円形近傍　6
遠離楔　31
遠離楔（多面体の）　111
凹関数　154
大きい　152

カ　行

開かつ閉　13
開区間　5
開写像　37
開線分　93
開半直線　30
下界　75
各点収束位相　38
確率分布　132
下限　75
片側双対集合　116
片側方向微分可能　216
片側方向微分係数　216, 244
価値関数　269
ガトー微分可能　160, 221
下半連続性（関数の）　20, 220, 257, 263
加法的非負実数値関数　86

加法の連続性　4
カラテオドリの定理　66
完全擬順序　133
完全な番号付け　147
完備　12
擬凹関数　238
期待効用　133
基底（錐の）　63, 105
基底錐　60, 107
基底方向微分可能　221
擬凸関数　238
基本近傍系　6, 11, 22
逆写像定理　187
極大単調多価写像　233
極大値　185
極大点　185
吸収的　6
共役関数　249
狭義単調写像　228
狭義凸関数　226
狭義の極小点　185
狭義の極大点　185
狭義の半順序　152
強分離（凸集合の）　51
共役写像　41
共役写像（合成写像の）　42
共役写像（射影の）　43
極小値　185
極小点　185
局所リプシッツ連続　165
局所リプシッツ連続関数　214
極大元（原始順序に関する）　152
極大閉線分　99
極値　185
距離　8
楔　30, 243
楔（集合により生成される）　52
グラフ　156
グラム-シュミットの正規直交化法　46
系列　146

280　　　　　　　　　　　索　引

原始順序　152, 157
原点の近傍系　4
合成写像（線形写像の）　39
合成写像の微分公式　170, 179
後退錐　31
効用関数　134
コーシー列　12
コンパクト性　7
コンパクト性（集合の）　28
コンパクト性（凸集合の）　36, 151
コンパクト性（凸包の）　67
コンパクト値多価写像　156
コンパクト凸近傍　28
コンパクト凸集合　145

サ　行

最大値公式　230
最適解　122
最適性の1階の条件　228, 232, 238, 248
最適性の1階の必要条件　185, 194, 202, 205
最適性の2階の十分条件　186, 197, 199, 209, 211
最適性の2階の必要条件　186, 195, 197, 206, 208
最適値　122
C^1 級　166, 225
G_δ 集合　223
C^2 級　166
次元（集合の）　17
次元（線形多様体の）　14
支持関数　249, 261
下に有界　75
実行可能解　122
実行可能領域　122, 200, 268
実質領域（関数の）　239
実質領域（劣導関数の）　245
始点　30
支配する　72
自明な　31
射影　43
収束点列　27
収束部分列　12
主問題（線形計画問題の）　122
主問題（凸計画問題の）　269
準凹関数　234
順序区間　75, 135
順序線形空間　70
順序単位元　72
順序有界　75, 85

準凸関数　234
上界　75
上逆像（多価写像の）　156
上限　75
上半連続　217
上半連続性（関数の）　21
上半連続性（多価写像の）　156
真凸関数　241
真に分離する（凸集合を）　52
錐　30, 101
推移性　69, 133
スカラー乗法の連続性　4
スレイターの制約想定　269
正元　70
正錐　70
正錐の内点　72
正定値　45, 229, 237
正の1次変換　136
正部分　78
制約条件　122
制約無し　185
接楔　200
絶対値　78
漸近錐　31
前楔　200
線形位相　3
線形開集合　15
線形化楔　206
線形空間（線形写像の）　37
線形計画問題　122
線形写像　36, 128
線形束　76
線形多様体　14
線形多様体（集合から生成される）　16
線形多様体の次元　14
線形同形　14
線形独立性（端方向ベクトルの）　106
線形内点　15
線形汎関数　9
線形汎関数（集合を支持する）　54
線形汎関数（順序有界性）　85
線形汎関数（劣線形汎関数を支持する）　49
線形部分空間　115, 117
線形部分空間（楔より生成される）　55
線形閉集合　18
線形有界　35
線形要素空間　30, 34, 104
線形連続　161
選好関係　133
全射線形写像　37, 42
全単射線形写像　39

索　引　　281

尖凸錐　　31
戦略集合　　153
双線形写像　　43
双線形汎関数　　45
相対的境界　　18, 97
相対的線形内点　　17
相対的内点　　17
相対的内部　　18
双対空間　　9
双対楔　　55
双対原理　　120
双対順序線形空間　　73
双対線形束　　89
双対定理（線形計画問題の）　　122
双対定理（凸計画問題の）　　273
双対ノルム　　38
双対問題（線形計画問題の）　　122
双対問題（凸計画問題の）　　269
束錐　　76
束ノルム　　90

タ　行

台空間　　201
台射影　　209
対称性（集合の）　　7
対称性（双線形汎関数の）　　45
対称性（2階微分係数の）　　182
代数的内点　　15
第2共役関数　　257
第2共役写像　　41
第2双対空間　　14
第2双対楔　　55
第2双対集合　　116
台面　　201, 209
互いに素　　82
多角形　　7, 114, 115, 117, 118
多角錐　　64, 114, 115, 117
多価写像　　156, 230
多面錐　　112
多面体　　110, 118
単位の分解　　153
単射線形写像　　42
単調写像　　228
単調多価写像　　233
端点　　93, 100, 105
端点（多面体の）　　112
端半直線　　96
端方向ベクトル　　104, 105
直積位相　　7
直線　　15
直線を含まない　　100, 103

ティーツェの拡張定理　　151
定値写像　　129
テイラーの定理　　177, 180
デデキンド完備　　109
導関数　　160
等式制約　　187
特性関数　　241, 261
独立錐　　60
凸関数　　213, 240
凸近傍（原点の）　　21
凸計画問題　　268
凸写像　　268
凸集合　　6
凸錐　　31
凸値多価写像　　156
凸包　　7
凸包（端点の）　　102

ナ　行

内積　　46
内部　　16
ナッシュ均衡　　154
2階ガトー微分可能　　165
2階導関数　　165
2階フレッシェ微分可能　　165
2階連続微分可能　　166
2次形式　　45
ノルム　　8
ノルム（線形写像の）　　38

ハ　行

ハウスドルフの分離公理　　8
半開線分　　93
番号付け（分割格子点集合の）　　146
反射性　　69, 133
半順序　　69
半順序集合　　69
半順序線形空間　　70
反対称性　　69
半直線　　30
比較可能性　　134
非協力ゲーム　　154
非正定値　　45
非反射性　　152
非負定値　　45, 229, 236
微分可能　　225
微分係数　　160
標準単体　　7, 133
ファルカスの補題　　120
ファンシェルの双対定理　　250, 256

ファンシェル・ヤングの不等式　250
負定値　45
不等式制約　199
不動点　145
不動点性質　151
負部分　78
ブラウア的な番号付け　147
ブラウアの不動点定理　145
フレッシェ微分可能　160, 221
分解性　86
分割格子点集合　146
分離（凸集合の）　51
分離定理（楔と線形要素空間の）　62
分離定理（凸集合の）　51
分離定理（閉錐の）　62
平均値の定理　177, 180
平行移動　4
平行体　146
閉性（楔の）　65
閉性（真凸関数の）　257
閉性（錐の）　63
閉性（正錐の）　71
閉性（有限楔の）　64
閉線分　93
閉半空間　110
閉半空間（線形多様体の）　97
閉半直線　30
閉包（集合の）　16
閉包（真凸関数の）　262
ベール空間　222
ベクトル順序　69, 104
ベクトル束　76
変分不等式　157
方向導関数　174
方向微分可能　174, 216, 221
方向微分係数　174
方向ベクトル　30
補空間　43, 104
補台空間　201
補台射影　202
補台面　201, 209

マ　行

ミニマックス等式　268
ミンコフスキー汎関数　21, 28
無差別　134
面（基底錐の）　108
面（凸集合の）　93
面と相対的内部　94
目的関数　122

ヤ　行

痩せた集合　222
有界　26
有界多面体　114
有限楔　64, 116, 118
有限増分の公式　176

ラ　行

ラグランジュ関数　268
ラグランジュ乗数　194, 273
リース空間　76
利得関数　154
リプシッツ連続　164
リプシッツ連続関数　214
零空間　192
劣勾配　230
劣線形汎関数　20, 242
劣導関数　230, 245
劣微分係数　230, 245
レベル集合　265
連続写像　145
連続性（アフィン写像の）　130
連続性（完全擬順序の）　135
連続性（合成の）　44
連続性（線形写像の）　37
連続性（双線形写像の）　43
連続性（束演算の）　92
連続性（2次形式の）　45
連続性（ノルムの）　12
連続性（フレッシェ微分可能写像の）　164
連続性（劣線形汎関数の）　20
連続微分可能　166, 225
連立線形不等式　110

小宮　英敏（こみや・ひでとし）
東京生まれ。昭和52年東京工業大学理学部情報科学科卒業。昭和57年東京工業大学理工学研究科情報科学専攻修了。理学博士。現在慶應義塾大学商学部教授。凸解析学専攻。
〔主論文〕Convexity on a Topological Space, Fund. Math. 111 (1981), 107-113. Coincidence Theorem and Saddle Point Theorem, Proc. Amer. Math. Soc. 96(1986), 599-602. Inverse of the Berge Maximum Theorem, Econ. Th. 9(1997), 371-375. A Distance and a Binary Relation Related to Income Comparisons, Adv. Math. Econ., 11(2008), 77-93. Fixed Point Properties Related to Multi-valued Mappings, Sixed Point Th. Appl., 2010(2010), doi: 10.1155/2010/ 581728.

〈数理経済学叢書3〉

〔最適化の数理Ⅰ〕　　　　　　　　　　ISBN978-4-86285-131-4
2012年5月10日　第1刷印刷
2012年5月15日　第1刷発行

著者　小宮英敏
発行者　小山光夫
製版　ジャット

発行所　〒113-0033 東京都文京区本郷1-13-2
電話03(3814)6161 振替00120-6-117170
http://www.chisen.co.jp
株式会社 知泉書館

Printed in Japan　　　　　　　　印刷・製本／藤原印刷